钱广荣伦理学著作集　第三卷

道德国情论

DAODE GUOQING LUN

钱广荣　著

安徽师范大学出版社
ANHUI NORMAL UNIVERSITY PRESS
· 芜湖 ·

图书在版编目(CIP)数据

道德国情论 / 钱广荣著 .— 芜湖 : 安徽师范大学出版社 , 2023.1（2023.5重印）
（钱广荣伦理学著作集 ; 第三卷）
ISBN 978-7-5676-5791-5

Ⅰ.①道… Ⅱ.①钱… Ⅲ.①道德—概况—中国—文集 Ⅳ.①B82-53

中国版本图书馆 CIP 数据核字（2022）第 217839 号

道德国情论　　　　　　　　　　　钱广荣◎著

责任编辑 : 李晴晴　　　　　　　责任校对 : 晋雅雯
装帧设计 : 张德宝　姚　远　　　责任印制 : 桑国磊
出版发行 : 安徽师范大学出版社
　　　　　芜湖市北京东路 1 号安徽师范大学赭山校区

网　　址 : http://www.ahnupress.com/
发 行 部 : 0553-3883578　5910327　5910310（传真）
印　　刷 : 江苏凤凰数码印务有限公司
版　　次 : 2023 年 1 月第 1 版
印　　次 : 2023 年 5 月第 2 次印刷
规　　格 : 700 mm × 1000 mm　1/16
印　　张 : 18.75　　插　页 : 2
字　　数 : 292 千字
书　　号 : ISBN 978-7-5676-5791-5
定　　价 : 138.00 元

凡发现图书有质量问题,请与我社联系（联系电话:0553-5910315）

出版前言

钱广荣，生于1945年，安徽巢湖人，安徽师范大学马克思主义学院教授、博士生导师，"全国百名优秀德育工作者"，国家级精品课程"马克思主义伦理学"课程负责人。在安徽师范大学曾先后任政教系辅导员、德育教研部主任、经济法政学院院长、安徽省高校人文社会科学重点研究基地安徽师范大学马克思主义研究中心主任。出版学术专著《中国道德国情论纲》《中国道德建设通论》《中国伦理学引论》《道德悖论现象研究》《思想政治教育学科建设论丛》等8部，主编通用教材12部，在《哲学研究》《道德与文明》等刊物发表学术论文200余篇。

钱广荣先生是国内知名的伦理学研究专家。为了系统整理、全面展现钱先生在伦理学和思想政治教育领域的主要学术成果，我社在安徽师范大学及马克思主义学院的大力支持下，将钱先生的著作、论文合成《钱广荣伦理学著作集》。钱先生的这些学术成果在学界均具有广泛而持久的影响，本次结集出版，对促进我国伦理学和思想政治教育学科建设与人才培养具有重要意义。

《钱广荣伦理学著作集》共十卷本：第一卷《伦理学原理》，第二卷《伦理应用论》，第三卷《道德国情论》，第四卷《道德矛盾论》，第五卷《道德智慧论》，第六卷《道德建设论》，第七卷《道德教育论》，第八卷《学科范式论》，第九卷《伦理沉思录 上》，第十卷《伦理沉思录 下》。这次结集出版，年事已高的钱先生对部分内容又作了修订。

　　由于本次收录的著作、论文大多已经公开出版或者发表，在编辑过程中，我们尽量遵从作品原貌，这也是对在学术田野上辛勤劳作近五十年的钱先生的尊重。由于编辑学养等方面的原因，文集难免有文字讹错之处，敬请方家批评指出，以便今后修订重印时改正。

安徽师范大学出版社

二〇二二年十月

总　序

一

第一次见到钱老师，是在我大学二年级的人生哲理课上。老师说，从这一年开始，他将在他的教学班推选一名课代表。这个想法说出来之后，几乎所有的学生都把头低了下去，教室里鸦雀无声。我偷偷地抬起头来，看到大家这样的状态，心里有些窃喜，因为我真的很想当这个课代表，只是不好意思一开始就主动说出来，于是我小声地跟坐在身边的班长说："我想当课代表。"没想到班长仿佛抓到了救命稻草一样，迅速站起来，指着我大声地说："他想当课代表！"课间休息时，我找到老师，一股脑儿把自己内心长期以来积累的思想上的小障碍"倾倒"给老师，期望他一下子能帮助我解决所有的问题，而这正是我主动要当课代表的初衷。老师和蔼地说："你的问题确实不少，可这不是一下子能解决的。这样吧，我有一个资料室，课后你跟我一起过去看看，我给你一项特权，每次可以从资料室借两本书带回去看，看完后再来换。你一边看书，我们一边交流，渐渐地你的这些问题就会解决了。"从此，我跟着老师的脚步，一步一步地走进了思想政治教育的领域，毕业后幸运地留在了老师的身边，成为思想政治教育战线上的一员。

转眼之间，我已经工作了三十年，从一个充满活力的青年小伙变成了一个头发灰白的小老头，本可以继续享用老师的恩泽，在思想政治教育领域徜徉，不料老师却在一次外出讲学时罹患脑梗，聆听老师充满激情的教诲的机会戛然而止，我们这些弟子义不容辞地承担起老师手头正在整理文稿的工作。

老师说："你把序言写一下吧，就你写合适。"我看着老师鼓励的眼神，掂量着自己的分量，尤其想到多年来，在思想政治教育领域学习、实践、深造，每一步都得益于老师的指点和影响，尽管我自己觉得，像文集这样的巨著，我来作序是不合适的，但从一个弟子的视角来表达对老师的尊重和挚爱，归纳自己对老师学术贡献的理解，不也有特殊的价值吗？更何况，这些年，我也确实见证了老师在学术领域走出的坚实步伐，留下的清晰印迹。于是，我坚定地点点头说："好，老师，我试一试。"

二

老师生于1945年的巢湖农村，"文革"前考入当时的合肥师范学院，毕业后在安徽师范大学工作。老师开始时从事行政管理工作，先后做过辅导员、团总支书记。1982年，学校在校党委宣传部下设立了思想政治教育教研室，老师是这个教研室最早的成员之一。后来随着教研室的调整升级，老师担任德育教研部主任。从原来的科级单位建制，3个成员，到处级建制的德育教研部，成员最多时达到13人，在老师的带领下，德育教研部成为一个和谐、快乐的战斗集体，为全校学生教授"大学生思想道德修养""人生哲理""法律基础""教师伦理学"四门公共课。老师一直是全省高校《大学生思想道德修养》教材的主编，在教师伦理学领域同样颇有建树，是当时安徽省伦理学学会第五届、第六届副会长。

受当时大环境的影响，老师从事科研工作是比较晚的，但是因为深知思想政治教育教学的不易，所以老师要求每一位来到德育教研部的新教师"首先要站稳讲台"。我清晰地记得，当我去德育教研部向老师报到的时候，老师就很和蔼地告诉我，为了讲好课，我得先到中文系去做辅导员。

我当时并不理解，自己是来当教师的，为什么要去做辅导员工作呢？老师说："如果你想讲好思想政治理论课，就必须去一线做一次辅导员，因为只有这样才能深入了解和认识教育对象。"老师亲自将我送回我毕业的中文系，中文系时任副书记胡亏生老师安排我担任93级汉语言文学专业60名学生的辅导员。正是因为有了这样的经历，我从此与学生结下了不解之缘，这不仅涵养了我的师生情怀，还培育了我的师德和师魂。

用老师自己的话说，他是逐步意识到科研对于教学的价值的。我最初看到的老师的作品是1991年发表在《道德与文明》第1期上的《"私"辨——兼谈"自私"不是人的本性》这篇文章。后来读到的早期作品印象比较深刻的是老师主编的《德育主体论》和独著的《学会自尊》，现在都通过整理收录在文集中。和所有的学者一样，老师从事科研也是慢慢起步的，后来的不断拓展和丰富都源于多年的教学实践。教学实践中遇到的问题逐步启发了老师的问题意识，从而铸就了他"崇尚'问题教学'和'问题研究'的心志和信仰"。与一般学者不同的是，老师从事科研后就没有停下过脚步，做科研不是为了职称评审而敷衍了事，而是为了把工作做得更好，不断深入和拓展研究的领域，直至不得不停下手中的笔。老师的收官之作是发表在国内一流期刊《思想理论教育导刊》2019年第2期上的《"以学生为本"还是"以育人为本"——澄明新时代高校思想政治教育的学理基础》这篇文章。前后两百多篇著述，为了学生，围绕学生，也诠释了老师潜心科研的心路历程。因为他发现，"能够令学子信服和接受的道德知识和理论其实多不在书本结论，而在科学的方法论，引导学子学会科学认识和把握道德现象世界的真实问题，才是伦理学教学和道德教育的真谛所在。"也正是这个发现，成为老师一生勤耕的动力，坚实的脚步完美注解了"全国百名优秀德育工作者"的荣誉称号。

三

一个人在学术领域站住脚并产生一定的学术影响力，大约需要多长时间，没有人专门地研究过。但就我的老师而言，我却是真切地感受到老师在学术之路跋涉的艰辛。如今将所有的科研成果集结整理出版十卷本，三百多万字，内容主要涉及伦理学和思想政治教育两个领域，主要包括伦理学、思想政治理论、思想政治理论教育教学、辅导员工作四个方面，如此丰厚的著述令人钦佩！其中艰辛探索所积累的经验值得我们认真地总结和借鉴。总起来说，有两个研究的路向是我们可以从老师的研究历程中梳理出来的。

一是以教学中遇到的现实问题为导向，深入思考，认真研究，逐个解决。

对于一个初学者来说，科研之路从哪里开始呢？"我们不知道该写什么"这样的问题几乎所有的初学者都曾遇到过。从遇到的现实问题入手，这是我的老师首先选择的路。

从老师公开发表的论文中，我们可以清晰地看到老师在教学过程中不断思考的足迹。就老师长期教授的"大学生思想道德修养"课程来说，主要内容包括适应教育、理想教育、爱国主义教育、人生观教育、价值观教育和道德观教育六个部分。从老师公开发表的论文看，可以比较清晰地看出老师在教学过程中的相应思考。老师在1997年《中国高教研究》第1期发表《大学新生适应教育研究》一文，从大学生到校后遇到的生活、学习、交往、心理四个方面的问题入手，提出针对性的对策，回应教学中面对的大学新生适应教育问题。针对大学生的理想教育，老师在1998年《安徽师大学报》（哲学社会科学版）第1期发表《社会主义初级阶段要重视共同理想教育》一文，直接回应高校对大学生开展理想教育应注意的核心问题。爱国主义教育如何开展？老师早在1994年就在《安徽师大学报》（哲学社会科学版）第4期发表《陶行知的爱国思想述论》一文，通过讨论陶行知先生的爱国思想为课堂教学中的爱国主义教育提供参考。而关于道德教育，老师的思考不仅深入而且全面，这也是老师能够在国内伦理学界占有一席之地的基础。对学生进行道德教育是"大学生思想道德修养"这门课程的主要内容之一，也是伦理学的主要话题。教材用宏大叙事的方式，简约而宏阔地将中华民族几千年的道德样态描述出来，从理论的角度对道德的原则和要求进行了粗略的论述，而这些与大学生的现实需要有较大距离。为了把课讲好，老师就结合实际经验，逐步进行理论思考。从1987年开始，先后发表了《我国古代德智思想概观》（《上饶师专学报》社会科学版1987年第3期）、《略论坚持物质利益原则与提倡道德原则的统一》（《淮北煤师院学报》社会科学版1987年第3期）、《"私"辨——兼谈"自私"不是人的本性》（《道德与文明》1991年第1期）、《中国早期的公私观念》（《甘肃社会科学》1996年第4期）、《论反对个人主义》（《江淮论坛》1996年第6期）、《怎样看"中国集体主义"？——与陈桐生先生商榷》（《现代哲学》2000年第4期）、《关于坚持集体主义的几个基本理论认识问题》（《当代世界与社会主义》2004年第5期）。这七篇论文的发表，为老师讲好道德问题奠定了厚实的基础。正如老师在他的《"做学问"要有问题意识——兼谈高校辅导员的人生成长》（《高校辅导员学刊》2010年第1期）一文中所说的那样："带着问题意识，在认识问题中提升自己的思维品质，丰富自己的知识宝库，在解决问题中培育自己的实践智慧，提升自己的实践能力，是一切民族（社会）和人成长与成功的实际轨迹，也是人类不断走向文明进步的基本经验（包括人生经验）。"正是因为这种强烈的问题意识，成就了老师在伦理学和思想政治教育两个领域的地位，也给予所有学人一条宝贵经验——工作从哪里开始，科研就从哪里起步。

二是以生活中遇到的社会问题为导向，整体谋划，潜心研究，逐步展开。

管理学之父彼得·德鲁克说："人们都是根据自己设定的目标和要求成长起来的，知识工作者更是如此。"根据德鲁克的认识指向，目前高校的教师群体大致可以划分为三类：一类是主动设定人生奋斗目标的人，他们大多年纪轻轻就能在自己从事的学科领域崭露头角建树不凡；一类是在前进中逐步设定目标的人，他们虽然起步慢，但一直在跋涉，多见于大器晚成者；还有一类是基本没有什么目标，总是跟随大家一道前进的人。从人生奋斗的轨迹看，我的老师应该属于第二类人群。从他公开发表的科研成果的时间看，这一点毋庸置疑。从科研成果所涉及的研究领域看，这一点也是十分明显的。这种逐步设定人生目标的奋斗历程，对于普通大众来说具有可借鉴性，对于后学者而言更具有学习价值。

老师在逐步解决教学实际问题的过程中，渐渐地开始着迷于社会道德问题研究。20世纪末，我国正处于改革开放初期，东西方文明交融互鉴的过程中，在没有现成经验的条件下，难免会出现一些"失范"现象。当时的道德建设在社会主义市场经济建设的大背景下到底是处于"爬坡"还是"滑坡"的状态，处在象牙塔中的高校学子该如何面对社会道德变化的现实，诸如此类的问题，都成为老师在教学过程中主动思考的内容，并且逐步形成了自己独特的科研方向和领域。这一点，我们可以通过老师先后完成的三项国家社科基金项目来识读老师科研取得成功的清晰路径。

其一，中国道德国情研究。社会主义市场经济建设新时期如何进行道德建设？老师积极参与了当时的大讨论。他认为，我国当前道德生活中存在着不少问题，其原因是中华民族传统道德与"新"道德观念的融合与冲突同时存在，纠葛难辨。存在这些问题是社会转型时期的必然现象，是由道德的历史继承性特征及中国的国情决定的。《论我国当前道德建设面临的问题》（《北京大学学报》哲学社会科学版1997年第6期）一文明确提出：解决问题的根本途径是建设有中国特色的社会主义道德体系。《国民道德建设简论》（《安庆师院社会科学学报》1998年第4期）一文进一步提出：国民道德建设当前应着重抓好儿童和青少年的学业道德的养成教育，克服夸夸其谈之弊；抓紧职业道德建设，尤其是以"做官"为业的干部道德教育；抓紧伦理制度建设，建立道德准则的检查与监督制度。接着，《五种公私观与社会主义初级阶段的道德建设》（《安徽师范大学学报》人文社会科学版1999年第1期）一文提出：当前的道德建设应当把倡导先公后私、公私兼顾作为常抓不懈的中心任务。做了这些之后，老师还觉得不够，认为这条路径最终可能会导致"公说公有理，婆说婆有理"，并不能为当时的道德建设提供有益的参考。受毛泽东思想的深刻影响，他认为只有通过调查研究，实事求是，一切从实际出发，才能找到合适的道德建设的路径。于是，他在已经获得的研究成果的基础上，提出了中国道德国情研究的思路，并深刻指出，我们只有像党的领袖当年指导革命战争和在新时期指导社会主义现代化建设那样，从研究中国道德国情的实际出发，才能把握中国道德的整体状况，提出当代中国道德建设的基本方案。几乎就是从这里开始，老师的科研成果呈现出一个新特点，不再是以前那样一篇一篇地写，一个问题一个问题地提出和解决，而是以"问题束"的形式出现，就像老师日常告诉我们的那样，"一发就是一梭子"。这"第一梭子"，"发射"在世纪之交的2000年，老师一口气发表了《"道德中心主义"之我见——兼与易杰雄教授商榷》（《阜阳师范学院学报》社会科学版2000年第1期）、《道德国情论纲》（《安徽师范大学学报》人文社会科学版2000年第1期）、《中国传统道德的双重价值结构》（《安徽大学学报》哲学社会科学版2000年第2期）、《关于中国法治的几个认识问题》（《淮北煤师院学报》哲学社会科学版2000年第2期）、《中国传统道德的制度化特质及其意义》（《安徽农业大学学报》社会科学版2000年第2期）、《偏差究竟在哪里？——与夏业良先生商榷》（《淮南工业学院学报》社会科学版2000年第3期）、《"德治"平议》（《道德与文明》2000年第6期）七篇科研论文。紧接着在后面的五年，老师又先后公开发表近20篇相关的研究论文，从不同角度讨论新时期道德建设问题。

其二，道德悖论现象研究。老师笔耕不辍，在享受这种乐趣的同时，也很快找到了第二个重要的"问题束"的线索——道德悖论。以《道德选择的价值判断与逻辑判断》《关于伦理道德与智慧》两篇文章为起点，老师正式开启了道德悖论现象的研究之路。有了第一次获批国家社科基金项目的经验，这一次，老师不再是一个人单干，而是带着一个团队一起干。他将身边的同仁和自己的研究生聚集起来，相互交流切磋，相互砥砺奋进，从道德悖论现象的基本理论、中国伦理思想史上的道德悖论问题、西方伦理思想史上的道德悖论问题、应用伦理学视野内的道德悖论问题四个方向或层面展开，各个成员争相努力，研究成果陆续问世，一度出现"井喷"态势。到项目结项时，围绕道德悖论现象，团队成员公开发表论文四十多篇，现在部分被收录在文集第四卷中。

这一次，老师也不再是"摸着石头过河"，而是直面问题："悖论是一种特殊的矛盾，道德悖论是悖论的一个特殊领域。所谓道德悖论，就是这样的一种自相矛盾，它反映的是一个道德行为选择和道德价值实现的结果同时出现善与恶两种截然不同的特殊情况。"他明确地指出，自古以来，中国人对道德悖论普遍存在的事实及道德进步其实是社会和人走出道德悖论的结果这一客观规律，缺乏理性自觉，没有形成关于道德悖论的普遍意识和认知系统，伦理思维和道德建设的话语系统中缺乏道德悖论的概念，社会至今没有建立起分析和排解道德悖论的机制。因此，研究和阐明道德悖论的一些基本问题，对于认清当代中国社会道德失范的真实状况，促进社会和个人的道德建设，是很有必要的。老师自信满满地说："道德悖论问题的提出及其研究的兴起，是当代中国社会改革与发展的实践对伦理思维发出的深层呼唤……是立足于真实的'生活世界'的发现，表达了当代中国知识分子运用唯物史观审思国家和民族振兴之途所遇挑战和机遇的伦理情怀。"

从道德悖论问题的提出到现在编纂集结，已经过去十几个年头，道德悖论现象研究这一引人入胜的当代学术话题，到底研究到了什么程度呢？老师不无遗憾地说，至今还处在"提出问题"的阶段。不仅一些重要的问题只是浅尝辄止，而且还有不少处女地尚未开发。但是，老师依然充满信心，因为正如爱因斯坦所说，提出一个问题往往比解决一个问题更重要，解决一个问题也许是一个数学上的或实验上的技能而已，而提出新的问题，从新的角度去看旧的问题，却需要创造性的想象力，它标志着科学的真正进步。因此，要真正解决它，尚需有志的后学者们积极跟进，坚持不懈，不断拓展和深入。

其三，道德领域突出问题及应对研究。通过主持道德国情研究和道德悖论研究两个国家社科基金项目，老师不仅获得了丰富的科研经验，而且积累了更为厚实的学术基础。深厚的学养没有使老师感到轻松，相反，更增加了他的使命感。道德领域以及其他不同领域突出存在的道德问题，都成为老师关注的焦点。于是，通过深入的思考和打磨，"道德领域突出问题及应对"研究应运而生，并于2013年获得国家社科基金重点项目的立项。

与道德悖论问题的研究不同，"道德领域突出问题及应对"研究不仅涉及道德领域的突出问题，而且关涉不同领域存在的道德问题，所涉及的面远比道德悖论问题面广量多，单靠老师一个人来研究，显然是不能完成的。从某种程度上来说，老师是用自己敏锐的洞察力探得了一个"富矿"，并号召和带领一群有识之士来共同完成这个"富矿"的开采。因此，老师把主要精力用在了理论剖析上，先后发表了《道德领域及其突出问题的学理分析》（《成都理工大学学报》社会科学版2014年第2期）、《道德领域突出问题应对与道德哲学研究的实践转向》（《安徽师范大学学报》人文社会科学版2014年第1期）、《"基础"课应对当前道德领域突出问题的若干思考》（《思想理论教育导刊》2014年第4期）、《应对当前道德领域突出问题的唯物史观研究》（《桂海论丛》2015年第1期）四篇论文。在上述论文中，老师深刻指出：道德领域之所以会出现突出问题，首先是社会上层建筑包括观念的上层建筑还不能适应变革着的经济关系，难以在社会管理的层面为道德领域的优化和进步提供中枢环节意义的支撑；其次，在社会变革期间，新旧道德观念的矛盾和冲突使得社会道德心理变得极为复杂，在道德评价和舆论环境领域出现令人困惑的"说不清道不明"的复杂情况。正因为如此，社会道德要求和道德活动因为整个上层建筑建设的滞后而处于缺失甚至缺位的状态。老师认为，当前我国道德领域存在的突出问题大体上可以梳理为：道德调节领域，存在以诚信缺失为主要表征的行为失范的突出问题；道德建设领域，存在状态疲软和功能弱化的突出问题；道德认知领域，存在信念淡化和信心缺失的突出问题；道德理论研究领域，存在脱离中国道德国情与道德实践的突出问题。对此必须高度重视，采取视而不见或避重就轻的态度是错误的，采用"次要"或"支流"的套语加以搪塞的方法也是不可取的。

事实上，老师对存在突出问题的四类道德领域的划分，也是对整个研究项目的整体设计和谋划。相关方面的研究则由老师指导，弟子和课题组其他成员共同努力，从不同侧面对不同领域应对道德突出问题深入地加以研究。相关的理论和成果都被整理收录在文集中，展示了道德领域突出问题及应对研究对于道德建设、道德教育、道德智慧等方面的潜在贡献。

四

回过头来看，从道德国情到道德悖论，再到道德领域的突出问题及应对，三项国家社科基金项目的确立和结项，不仅彰显了老师厚实的科研功底，更是全面地呈现出老师作为一名教育工作者所具有的深厚学养。如果我们把老师所有的教科研项目比作群山，那么，三项国家社科基金项目则是群山中的三座高山，道德领域突出问题及应对研究无疑是群山中的最高峰。如此恢弘的科研成果，如此丰富的科研经验，对于后学者来说，值得认真学习和借鉴。

从选题的方向看，要有准确的立足点并坚持如一。老师一直关注现实的社会道德问题，即使是偶尔涉及一些其他方面的问题，也都是从道德建设、道德教育或道德智慧的视角来审视它们。这一稳定的立足点，既给自己的研究奠定了基础，也为研究的拓展指明了方向。老师确立了道德研究的方向，就仿佛有了自己从事科研的"定海神针"，从此坚持不懈，即使是退休也没有停下来。因为方向在前，便风雨兼程，终成巨著。正如荀子曰："蚓无爪牙之利，筋骨之强，上食埃土，下饮黄泉，用心一也。"

从选题的方法看，从基础工作开始再逐步拓展，做好整体谋划。如果说道德国情研究是对当时国家道德状况的整体了解，那么，道德悖论研究则是抓住一个点，通过"解剖麻雀"的方式来认识道德的现状并提出应对策略。而"道德领域突出问题及应对"研究，则是从道德悖论的一点拓展到道德领域所有突出的问题。这种从面到点再到面的研究路径，清晰地呈现出老师在研究之初的精心策划、顶层设计。这种整体设计的方略对于科研选题具有很高的借鉴价值：不是"打洞"式地寻找目标，而是通过对某一个领域进行整体把握——道德国情研究不仅帮助老师了解了当时的社会道德样态，也为他后面的选择指明了方向；然后再找到突破口——道德悖论研究从道德领域的一个看似不起眼却与每个人都十分熟悉的生活体验入手，通过认真细致的分析、深入肌理的讨论，极好地训练了团队成员科研的功力；再进行深入的拓展式研究——"道德领域突出问题及应对"研究，从整体谋划顶层设计的高度探得道德领域研究的富矿，在培养团队成员、襄助后学方面，呈现出极好的训练方式。这种做法对于一个初学者来说值得借鉴，对于一个正在科研路上的人来说也值得参考。

　　或许是因为自己如今也已经年过半百，我时常回忆起大二时与老师相识的场景，觉得人生的相识可能就是某种缘分使然。如果当初没有老师的引领，我现在大概在某所农村中学从事语文教学工作，无论如何也不可能成为一名高校思想政治教育工作者。而每一次回望，我都会看到老师的身影，常常有"仰之弥高，钻之弥坚，瞻之在前，忽焉在后"之感。越是努力追赶，越是觉得自己心力不济，唯有孜孜不辍，永不停步，可能才会成就一二，诚惶诚恐地站在老师所确立的群峰之旁，栽下几株嫩绿，留下一片阴凉。

　　万语千言，言不尽意，衷心祝福我的老师。

　　是为序。

路丙辉

二〇二二年八月于芜湖

目　录

中国道德国情论纲

附　录

中国道德国情论纲

中国道德国情论纲[*]

*本部分曾由安徽人民出版社 2002 年出版。

自　序

　　毛泽东在研究和指导中国的民主革命战争时曾这样告诫中国共产党人："战争的规律——这是任何指导战争的人不能不研究和不能不解决的问题。革命战争的规律——这是任何指导革命战争的人不能不研究和不能不解决的问题。中国革命战争的规律——这是任何指导中国革命战争的人不能不研究和不能不解决的问题。"①

　　这个告诫与我们党一贯倡导的实事求是、一切从实际出发的思想路线是一致的，其主旨十分明确：只有了解中国战争的实际情况，才能指导和解决中国战争的实际问题。他说的是如何指导战争。其实，解决中国的任何实际问题都必须实事求是、从实际出发，也就是要从中国的国情出发。因此，认真研究中国的国情，应当是我们一切工作的基本立足点和出发点。党的十一届三中全会上，以邓小平同志为核心的党的第二代中央领导集体在总结以往经验教训的基础上，重申和恢复了党的这个思想路线，从而奠定了改革开放和加速社会主义现代化建设的思想和理论基础。

　　改革开放以来，我们一直在经受着改革开放和发展社会主义市场经济的洗礼。20世纪90年代以来，我们又面临着经济全球化趋势的良好机遇和严峻挑战，"地球村"里的中国人的道德观念和道德生活方式正在发生着许多极为重要的复杂变化，"礼仪之邦"的传统道德似乎渐渐地失去了

①《毛泽东选集》第1卷，北京：人民出版社1991年版，第170页。

过去的那种魅力，新产生的道德观念及其指导下的行为的是与非、善与恶，人们一时还难以分辨清楚；社会的伦理思维和道德生活实际上缺乏成熟可信的理论指导；人们的道德心理失衡和行为失范的现象比较普遍。这不仅影响人们对于健康文明的道德生活的需求，而且也制约着社会主义市场经济的健康发展。面临这种情况，很多中国人都在思考：在新的历史时期和新的世纪里，我们应当如何不断推进社会主义的道德建设，真正保障和实现物质文明和精神文明同步或基本同步发展。

为了解决这个重大的历史性课题，一些人曾祈求于"全盘西化"，另一些人把眼光转向日本、东南亚等那些与中国传统文化存在某些渊源关系的国家，更多的人则转过头来发掘我们自己的道德传统，不那么理直气壮地试着走"以传统拯救现实"的路。还有一些人坚持着从马克思主义的某些现成结论或个别词句出发，向人们诠释和提供当前道德建设的方略。实践证明，这些答案虽然多数不乏有益启示和真知灼见，但总的来说并不能真正帮助人们认识、把握和解决中国社会主义道德建设面临的问题。其根本的原因就在于，他们的许多议论脱离了中国的道德国情，对中国当前道德的历史背景和现状及其形成与发展的规律，缺乏全面深刻的了解意识和理解水准，没有找准我国道德和精神文明建设的基本立足点和出发点。

我们处在一个新的历史时期，解决中国的社会主义道德建设问题没有现成的答案。"全盘西化""以传统拯救现实""中学为体，西学为用"或"西学为体，中学为用"，以及"走本本主义道路"，都不会有出路。为此，本书提出"道德国情"这个新概念，试着从整体上来分析、研究道德现象和道德问题。对待中国道德的命运，我们只有像党的领袖当年指导革命战争和在新时期指导社会主义现代化建设那样，从研究中国道德国情的实际出发，才能把握中国道德的整体状况，提出当代中国道德建设的基本方案。

具体说来，研究道德国情的意义，首先表现在有助于一个国家的国民从整体上认识本国的道德状况及其发展规律和基本特点，丰富道德知识，提高道德认识水平。道德作为一种知识，它是一个体系，是人们认识道德世界、把握自己的精神生活的一种重要的价值形式。现在的中国人，特别是许多年轻人，包括一些大学生，对本国道德状况只是了解个别或一些方面，对整体状况知之甚少，有的甚至一无所知。加强对道德国情的研究与宣传，有助于改变这一状况。其次，研究道德国情有利于弄清一个国家的国民道德生活的主导方向和精神支柱。我国现阶段道德生活的主导方向是社会主义的集体主义，共同的精神支柱是建设高度文明、民主、富强的社会主义现代化强国，最终实现共产主义。由于对国情缺乏认识，许多人只能从"社会主义制度"上来理解和实践集体主义和"高度文明"，这是不够的。当他们在实际生活中真实地看到我们的社会主义还"不那么够格"，他们就可能脱离主导方向，失去精神支柱。再次，为伦理学的学科建设和国家的道德建设提供方法论原则和基本蓝图。在学科分类上，伦理学一直被列在哲学之下，被作为哲学的二级分支学科来看待，这是不无道理的。但是，我们的伦理学研究实际上一直是游离在哲学方法之外，碰到了难题便显得步履艰难，其原因就在于对道德问题缺乏整体把握的意识，没有从道德国情的角度来研究和构建我们的伦理学体系，以至于使它支离破碎，走不出"元伦理学""规范道德学""活动道德学"的困境。这不能不说是一个方法论上的失误。

总之，研究道德国情，有助于国民从整体上理解和把握本国的道德现状，切合实际地进行道德建设，逐步克服人们道德心理失衡和道德生活无序的状态，改革和加强伦理学学科建设，避免道德建设的盲目性。

恩格斯说："历史从哪里开始，思想进程也应当从哪里开始。"[1]研究中国的道德国情，同样需要我们采用历史与逻辑相统一的方法。中华民族的道德生活从哪里开始，我们的视野就应当从哪里开始，就应当在"源远流长"的历史长河中全面分析、概括中国人道德生活和伦理思维的内容和方式，发现中国道德国情的特点，并由此出发提出当代中国社会主义道德建设的总体思路和基本方案。

基于以上认识，笔者对道德国情问题作了很长时间的思考，在刊物上

---

[1]《马克思恩格斯选集》第2卷，北京：人民出版社1995年版，第43页。

发表过一些不甚成熟的见解，在罗国杰、唐凯麟等著名学者的关心下，1998年申报国家哲学社会科学规划课题基金并获批准，在此特向这几位可敬的先生表示诚挚的谢意，并向所有关心此项研究工作的同志致谢。

钱广荣

二○○二年十月

第一章　道德国情概述

国情是一个综合性的概念，指的是一个国家的历史与现实、民族与宗教、自然与社会、人口与环境，包括经济关系、生产力水平、文化传统等方面的基本情况。道德国情是国情的重要组成部分，包含一个国家的国民普遍的道德心理和道德价值观念，社会道德教育的内容，社会道德评价活动方式及其舆论环境和传统习俗，社会的道德风尚和人的精神状态，以及由规范的文字文化表达、阐述和传播的道德行为准则、道德理论和伦理思维方式，等等。

正如正确认识和把握一个国家的国情是建设这个国家的基本前提一样，正确认识和把握一个国家的道德国情也是这个国家进行道德建设的先决条件。

第一节　道德国情与道德

一、道德与道德国情的区别与联系

过去，在中国人的意识和语言结构中，关于道德现象世界的印象只有道德，而没有道德国情的意识和语言。实际上，道德与道德国情之间虽然有着密切的联系，但区别却更为明显。因此，要研究道德国情，有必要首先在概念的把握上将道德与道德国情区分开来。

在古代，中国人将道德看成是个人内"得"（"德"）于社会之"道"的"品性""风尚""习惯"。新中国成立以来，中国人将道德主要归于社会之"道"，即相对于个人的品质而言的社会意识形式，认为道德是人类社会的一种特殊社会现象，它是人与人之间，个人与集体、国家、社会之间的行为规范的总和。迄今为止，我国伦理学界对道德内涵的界定虽然存在着这样那样的差别，但有一点是基本一致的，那就是：将道德看成是一种社会意识形式或一种自觉的、定型化了的社会意识，具体表现为"行为规范的总和"，通常表述是：道德是由一定的社会经济关系决定的，依靠社会舆论、传统习惯和人们的内心信念来评价和维系的，用以调整人们相互之间以及个人与社会集体之间的关系的行为规范的总和。虽然也有人把道德与"知""行""纲领""条目""社会风尚""社会效应"等联系起来，但这正表明人们对道德的理解仍然没有超越将道德作为社会意识形式的固有思维模式。

在社会科学研究领域，人类社会关于道德的界定大体上有两个角度。一是将道德看成在一个社会里"占统治地位的思想"，亦即道德的社会意识形式。二是将道德看成是实际存在的社会道德风尚、习俗和人们的实际德行。

这两种理解和把握，无疑都具有合理之处，但同时也都失之于片面，并不能全面、真实地反映一个国家和民族社会道德现象和道德问题。为此，我们提出道德国情这个概念，以此来解决存在已久的"斯芬克斯之谜"。

国情，简而言之可称其为一个国家的基本情况。道德国情作为一个全新概念，能否以此类推，也简而言之称其为"道德的国情"或"一个国家的道德的基本情况"呢？不能这样简单认为。道德国情，无疑应包含上面说到的道德，但不能将道德国情归结为道德，认为道德国情就是"一个国家的道德的基本情况"。

第一，如上所说，我国伦理学界乃至整个理论界的主流看法，已经习惯于把道德看成是一种标准、原则、规范的总和。如果我们把道德国情看成是一个国家的道德的基本情况，那无疑会造成这样的误解：道德国情就是一个国家的道德原则和规范的基本情况。显然，对道德国情作这样的理解是不正确的。

也许有人会提出这样的问题：如果我们把道德归结为道德的标准、原则、规范和个人品质的总和的话，能不能把道德国情看成是一个国家的道德的基本情况呢？作如是观也不妥，因为，道德国情除了这样的"总和"以外，还有更宽泛的内容。

那么，把道德国情归之于一个国家和民族的风俗习惯，行不行？也不行。因为除此之外，一个国家的道德国情在客观上还允许存在各种具有不同价值趋向的道德社会意识形式，包括作为当时代"占统治地位的思想"的道德价值主导方向和原则规范体系，还存在广泛地渗透于经济活动、消费活动乃至整个上层建筑领域内的道德因素，它们虽然与道德有关，却已不是道德社会意识形式意义上的道德。在伦理学界，人们通常所分析的道德与经济、物质生活、政治、法律、文艺、宗教的联系，实则是在分析与道德有关的道德国情。这些"联系"在不同的国家和民族是不一样的，甚至完全不一样。不仅如此，道德国情还包含道德教育、道德评价、道德修养和道德提倡等与道德有关的各种各样的活动，这些活动在不同的国家和民族也是不一样的。

第二，道德作为一种体现统治阶级意志的社会规范，总是随社会制度的改变而改变，不仅不同社会制度的国家的道德不一样，而且同一国家的不同历史时期的道德也不一样，甚至根本不同。道德国情的历史演进过程则不是这样。它作为一个国家和民族的精神生活需要和精神生活方式，其发展与变化的实际历史过程要复杂得多。事实表明，一国的道德国情，作为一种传统，可能历经数代甚至数千年也不会发生根本性的变化。

第三，不仅如此，在一定的社会里，道德多是应有的，而道德国情除了道德以外则多为实有。它总是作为精神现象和精神生活成为一种传统，源远流长、经久难变，并且本身存有优良与腐朽、先进与滞后的分野。

道德国情与道德的联系，集中体现在凡可称为道德国情的因素虽然不一定是道德，但却与道德有关，都是道德的直接、间接的表现形式或派生物、衍生物。

因此，研究和把握道德现象世界，不能仅仅在道德的意义上进行，必须在道德国情的意义上进行，对道德问题的研究不能替代对道德国情问题的研究。同时，也应当注意，不可离开道德来研究道德国情。

二、什么是道德国情

所谓道德国情，是指一国之中实际存在的一切与道德有关的社会现象，包含道德社会意识形式、社会道德风尚和国民的风俗习惯，通常表现为国民的精神生活方式和精神生活需要。

道德国情，既是道德在长期的历史演进过程中的沉积物，又是现实社会各种道德价值观念、道德的社会现象的混合物。

一个国家和民族特定历史时代的道德，其在历史演进中历来有两种向度的命运。一种命运是它们通过政治与法律的确认和保障，经过文化与教育的浸润和传播，以整体的性状，对现实的人们的道德需要和道德生活产生深刻的影响，并作为正统的精神遗产一代代地沉积在历史长河中，传给了后世。另一种命运是这些道德一代代地以发散的方式蜕落在民间，不断地形成新的风俗习惯，并与有史而来的正统的精神遗产汇合，它虽然与道德有关，但是不规范的，已不是原本的道德。特定历史时代的道德国情正是道德的这种双重命运的结晶。这种历史演进过程是不以人的意志为转移的。道德作为一个时代"占统治地位的思想"，实际上从来都没有也不可能彻底"占有"所处的时代。就特定的历史时代看，既包含历史道德也包含现实道德，既包含道德的"规范"形式也包含道德的"不规范"形式。一国的道德国情就是这样在道德的历史演进中不断形成、不断得到改变的。

与此同时，道德国情又不断地为特定时代的道德提供着深刻的历史背景和现实的基础，它是现实道德得以生根的土壤。因此，一定的道德必须建立在特定的道德国情的历史背景和现实基础之上。从这一点看，特定历史时代的道德的生长点有两块基石：一是其特定的经济关系和经济制度，二是其特定的道德国情。当历史的翅膀可通过搏击越过某种自然阶段跃上更高的社会形态的时候，人们须有这样清醒的认识：道德国情不可能随之实现这种飞跃，在思考和设计道德及其建设的问题的时候应当面对自己现实的道德国情，而不能只是从现实的经济关系上找根据，以为有什么样的现实的经济关系就一定会有什么样的现实道德，就一定要建立完全"相适应"的全新的道德体系。这样来认识道德，进行道德建设，才具备可靠的历史背景和现实基础。

第二节　道德国情的结构

结构是事物存在的基本方式，分析事物的结构是在总体上认识和把握事物的特征的一种基本方法。研究道德国情也应当运用这种方法。在这一点上，过去我们的理论界只把关注点放在道德即道德社会意识形式的结构上，而忽视对道德国情的结构进行分析和研究。这不能不说是一种缺憾。

一、道德国情的内容结构

道德国情的内容结构在总体上可分为意识现象和活动现象两个基本层次。意识现象层次有社会意识形式、社会心理形式、知识理论形式等，活动现象层次有个体活动形式、集体活动形式、思维活动形式等。

道德国情的社会意识形式，也就是人们所熟悉的道德，即自觉的、定型化了的社会意识形式，在特定的历史时代代表统治阶级的意志。它的根基是现实社会的经济关系。而形式则是"社会综合加工"的产物，在应有的意义上体现着特定时代道德国情的价值主导方向，是有规则的、整齐的、统一的。在特定的历史时代，道德国情的社会意识形式一般是以整合的方式广泛地渗透在其他社会意识形式之中的，既是道德国情的结构因素，又是非道德国情的结构因素。因此，道德国情的社会意识形式的结构层次具有相对独立的意义。

道德国情的社会心理形式，是道德国情最深层次的结构要素。它通常以国民的道德心理倾向、道德价值观念和风俗习惯的形式存在，情况最为复杂，是与非、善与恶相混杂，历史与现实相交融。在道德的社会心理结构中，传统与现实的国情因素、个体与个体之间及个体与群体之间的认同与非认同因素同时存在，并以传统因素和认同因素为多，在整体上形成一种稳定的心理倾向。值得我们注意的是，社会心理总是以个体化的方式反映出来的，表现为由个体的思想、态度、情绪等构成的综合的价值取向。道德社会心理的各种因素，对道德社会意识形式客观上存在着既支持又消解的双重影响。就支持而言，是为现实社会的道德社会意识形式的推广与普及提供有利的背景和基础；就消解来说，表现为抵制、淡化道德社会意识形式的影响力，使之或成为空中楼阁，或成为空洞的说教形式。犹如建设大厦需事前探明地层结构一样，分析和把握特定历史时代的道德的社会心理，是一个国家有效进行道德提倡和道德建设的基础性工作。

道德国情的知识理论形式是伦理思维的产物，是系统化了的道德意识体系，通常被作为社会科学研究的成果以文字文化的形式得到记载和传播。或被写进国家的文献中，或被作为学校教育和精神文明建设的教科书。自古以来，关于道德文化的遗产，绝大多数都是这类精神产品。人们对以往道德国情的认识，基本上是得益于道德国情的知识理论形式。

道德国情中的个体活动，包含个体的道德行为和道德修养，带有千姿百态的个性特征。集体活动，主体是社会的道德教育和道德评价，以及有组织的群众性的道德公益活动。思维活动，即有关道德国情的理论研究和建设活动，是一种典型的脑力劳动，基本上是个体性的，协作性的群体活动最终也要通过个体的方式来完成。

二、道德国情的价值结构

从价值结构看，道德国情是由不同趋向的价值意识和价值活动现象组成的综合体，它由超越、应当、不应当三种价值形式构成。

超越，是为少数人认知、接受和遵循而为大多数人不易认知、接受和遵循，通过努力也不易达到的价值，它代表着道德国情发展与演进的方向，体现着特定时代的本质特征。在中国古代，受阶级和历史发展条件的影响，人们倡导"天下为公"，"先天下之忧而忧，后天下之乐而乐"，"富贵不能淫，贫贱不能移，威武不能屈"等，现在，我们所提倡的大公无私、全心全意为人民服务等，大多数人都是难以做到的。不过，作为一种道德国情，它在中国历史上确曾存在过，在现实生活中也并不鲜见。在一定的历史时期，超越的价值反映社会文明进步的客观要求和发展方向，一般只体现在社会的先进分子身上。

应当，是相对于法律的正当而言的，属于大多数人能够认知、接受和遵循，或通过学习与努力可以认知、接受和遵循的价值结构层次。它反映一国之中国民主体的精神生活方式或精神生活追求，体现着道德国情的现状和价值主导方向，在特定的历史时代通常以基本的道德原则规范体系及其实践形态表现出来。今天我们提倡的集体主义，强调在一般情况下要把个人利益与集体利益结合起来，在发生矛盾的特殊情况下要求个人要服从集体、服从社会稳定和发展的需要，这对于大多数人而言是可以做到的。应当的价值结构层次，在评价的意义上反映一个国家和民族道德国情的基本水准。

不应当的价值形式，即恶，学界曾有人称其为负价值。这种价值结构层次，在任何历史时代都是绝大多数人弃之不问的，只为少数或极少数人所尊崇。但它在道德国情的整体结构中却是一种真实的存在，除了在"君子国"，它是自古以来各国各民族回避不了、丢弃不掉的精神生活现象。

在每一个历史时代，道德国情的价值结构总是呈现出这样的状态：以超越的价值形式为先导，以应当的价值形式为主导，以不应当的价值形式为"痛苦事实"。尽管每个结构层次的具体情况在不断发生变化，但这是道德国情的价值结构的常态。这种常态结构使得道德国情始终保持某种稳定与和谐，保持某种需要改善因而可求得发展的态势，因此是至关重要的。如果以人为的因素破坏了这种常态性的价值结构，道德国情的整体状态就会失衡，就会"变态"。比如，把超越性的价值趋向作为全社会的价值主导方向，绝大多数人是达不到的，但在舆论的压力下为了表示自己是道德高尚的圣人又不得不去做，于是或者只得把真做变成假做，或者只得把做变成说，结果就会普遍地出现言行不一乃至弄虚作假的伪善作风，直至从根本上改变一个民族的风格和性格。再比如，如果不切实际地要彻底消灭"不应当"之恶，就会在道德要求和道德建设上犯急躁的毛病，采用"左"的方法向落后和腐朽的东西开战，得到事与愿违的结果。在这方面，我们中国人是需要总结一下自己的历史教训的。不应当作为恶，对于任何时代的人们来说都是一种"痛苦事实"，但也都是一种不可否认的客观存在。同不应当作斗争以求消灭之，无疑是善举，但却是不可能彻底做到的。从某种意义上说，没有恶，也就无所谓善。所以在现实世界里，同恶作斗争是必要的，但想彻底消灭恶又是做不到的，否则除了给我们带来无尽的烦恼，并无别的什么好处。

在文化学的视野里，道德国情在整体上呈现正统文化价值与民俗文化价值两种基本结构状态。

道德国情的正统文化，是指社会公认和倡导的道德价值主导方向和道德规范体系，及其在历史流变中以各种方式和各种形式表现出来的沉淀物。正统文化价值，在历史与现实的结合点上体现一个国家道德国情自古至今的主脉及时代特征。一定社会的人们，通常所说的"传统道德价值"或"道德传统价值"，"社会道德价值"或"社会道德价值标准"等，都是在道德国情的结构意义上而言的。

道德国情的民俗文化，是指广泛而又深深地扎根在国民生活中的道德心理和风俗习惯。它源流久远，根基宽厚，更多地反映一个国家道德国情的民族特色。它渗透在正统文化价值之中又为正统文化价值提供丰厚的土壤，舍此便不可能对道德国情有确切和深刻的理解。"道德"之所以会与"国情"联系，在不同的国家和民族形成不同的国情特点，从某种意义上说，更多是通过道德国情的民俗文化价值形式体现出来的。

概观之，道德国情在结构上包含国民普遍的道德心理和道德价值观、社会道德教育内容、社会道德评价方式及与此相关的社会舆论环境和传统习俗、社会的道德风尚和人的精神状态，用文字表达、阐述和传播的社会道德准则及规范体系、伦理思维方式及伦理学理论体系等文化价值形式。

第三节　道德国情的特征

过去，人们所研究的道德现象世界的特征多是道德的特征，或社会道德的特征。与过去忽视道德国情的结构分析和研究的缺陷一样，关于道德国情特征的分析和研究也很少有人会自觉涉足。其实，道德国情的特征与道德的特征或社会道德的特征相比较，存在着许多值得我们注意的问题。

我们可以从如下三个方面来整体分析和把握道德国情的特征。

一、内涵的多样性和矛盾性

道德国情内涵的多样性，不仅表现在它由各种不同的精神和活动现象组成，而且表现在这些不同的精神和活动现象在价值趋向方面存在着质的差别，甚至质的不同。

多样性直接导致矛盾性，一国的道德国情内部存在着的各种冲突和不协调的现象，正是其内涵多样性的直接表现形式。黑格尔在谈到民族的精神现象和精神生活时曾指出："民族的宗教、民族的政体、民族的伦理、民族的立法、民族的风俗、甚至民族的科学、艺术和机械的技术，都具有民族精神的标记。"①恩格斯在谈到道德问题的民族特征时，更明确地指出："善恶观念从一个民族到另一个民族、从一个时代到另一个时代变更得这样厉害，以致它们常常是互相直接矛盾的"②。

多样性和矛盾性的特点使道德国情在结构上呈现出极为复杂的状态，历来是精神与行动、历史与现实、应有与实有、先进与落后的统一，绝不是用一种道德观就可以统摄其认识和实践活动的。每一代人都不能按照主观好恶分解它的结构以决定自己的取舍，只能因势利导，加以改造或改善。

二、结构状态上的相对的独立性与渗透性

相对的独立性主要体现在三个方面：一是一个国家的道德国情在整体上总是与别的国家和民族的道德国情相比较而存在，不同的国家和民族有不同的道德国情，这是道德国情相对独立性的首要特征。二是一个国家的道德国情在整体上总是相对独立于它的政治、经济、法律等方面的国情而存在，结构上有自己独特的内容、形式及发生与发展规律，虽然受到政治、经济、法律因素的制约和影响，但也有自己独特的规律和特点。三是道德国情的具体方面，不仅相对独立于其他国情的具体方面，而且其内部的不同方面也是相对独立的。善言者不一定做善事，作为社会意识形式的道德与作为民众的风尚和习俗的道德毕竟不是一回事，如此等等，虽然它们在价值趋向上不一定是相悖的。

同时，道德国情不论是在整体上还是在具体方面，都渗透在其他国情之中。道德作为社会意识形式，渗透在政治、法律、文艺、宗教等意识形式之中，从而使后者具有善恶评价的意义；渗透在国民丰富多彩的价值追求及其各种各样的社会活动中，并使这些追求和活动具有善恶倾向；渗透在国民的各种心理品质结构中，从而也使之具有善恶倾向。另外，在社会

①[德]黑格尔：《历史哲学》，王造时译，北京：商务印书馆1963年版，第104页。
②《马克思恩格斯全集》第26卷，北京：人民出版社2014年版，第98页。

意义上，各种与道德有关的伦理价值追求与实现，都需要以渗透的方式甚至借助的方式通过其他途径展现出来，这才有开展包括制度伦理在内的各种道德建设和各种公益活动的必要性和正义呼声。

三、整体的稳定性

道德国情的整体稳定性特征与其相对的独立性和渗透性是直接相关的。稳定性说起来似乎是一个老话题，其实不然。过去，人们通常所理解的稳定性只是在道德的意义上说的，并不是指称道德国情的稳定性。

道德实际上并不具有什么稳定性，或者说，稳定性并不十分明显。它作为社会意识形式，总是随着社会制度的改变或变革而迅速地发生变化，尤其是体现特定时代的道德价值主导方向的道德基本原则及其规范体系。人类有史以来出现过四种不同的道德原则，即原始社会的平均主义、奴隶社会和封建社会的专制整体主义、资本主义社会的个人主义和社会主义社会的集体主义，以及与之相适应的四种社会道德规范体系。时代不同，道德原则及其道德规范体系就不一样，这已经很清楚地说明道德实际上并不稳定。

而道德国情却不是这样。在五千多年的文明发展史中，我国仍存在许多最初意义上的道德精神生活需要和精神生活方式，至今仍没有改变其实质性的内容，如"仓廪实则知礼节，衣食足而知荣辱"[1]，出于同情心的助残助弱行动，视整体大于个人的自觉意识和从众心理及在此指导下的思维方式和行动方式，等等。道德国情的变化相对于经济、政治、法律等的变化来说总是滞后的、缓慢的，在社会的变革中总是表现出一种滞后性。

究其原因，根本在于道德国情没有制度与体制。经济、政治、法律包括文化教育等社会现象，其存在方式和演进过程依赖其制度和体制，可以通过改革或革命的手段改变其制度和体制，从根本上解决问题。道德国情在整体上没有制度和体制问题，不可能通过改革或革命来使自己得到幡然

[1]《管子·牧民》。

改进，从根本上解决自己在社会变革中所面临的滞后性问题。道德国情主要不是制度与体制的存在，而是一种特殊文化的存在。它与民族的整体的生活方式和每个人的切身利益特别是精神生活需要息息相关。不论是民族整体还是民族的个别成员，都有精神生活需要和追求，都需要一个精神家园，没有这样的家园他们就会去寻找、创造，寻找或创造不得，便会接受社会或他人的安排。在这样的精神家园中，高尚者会因为自己做了有益于他人和社会集体的善事而感到心满意足、快乐幸福，卑下者会因为自己占了他人和社会集体的便宜，即使因此而做了损人利己、损公肥私的恶事也会沾沾自喜、津津乐道。精神家园对于民族整体及其成员来说不论是向善还是从恶，都是不可缺少的。道德国情之根深深地扎在最广大的国民之中。一个人可能因不明政治、不懂法律、不擅文艺而成为"不问政治""没有文艺细胞"的人或者"法盲"，但调整各种利益关系的实际需要迫使他不得不时常思考和问津某种精神的价值观念和标准，因而绝不会是一个没有任何精神需求、与任何道德现象都无关的人。就是说，道德国情的存在与演进方式是渗透性的，渗透在社会生活的各个领域、每个角落，其"触角"伸进各种社会现象之中而又不会随着社会现象的演变迅即化解或收缩回来。

第四节　道德国情的民族特质

所谓特质，即一事物所具有的区别于别的事物的个性内涵和特征。分析和研究道德国情的特质，是把握道德国情本质的一个重要的方法。

一、民族特质体现道德国情的本质特征

道德国情具有非常明显的民族特质，这是它的本质特征之所在。在一定意义上，我们甚至可以说，研究和把握一国道德国情也就是研究和把握

一个国家道德国情的民族特质。

民族，是指人们在历史中经过长期发展而形成的稳定的共同体，有狭义与广义之分。狭义的民族，专指某一特定的民族。广义的民族又有时间和空间两种不同的文化蕴涵，前者如原始民族、古代民族、近代民族和现代民族，后者一般用作一个多民族国家各民族的总称，如中华民族等。也有同时从时间和空间的意义上来使用民族这一概念的，如阿拉伯民族。研究道德国情时所涉及的民族，显然是一个多民族的国家各民族的总称。

道德国情的民族特质，总的来说，是指一个国家在伦理道德问题上各个民族所共同具有的不同于别的国家的民族风格和民族性格。一个国家的道德国情，总是作为心理现象和价值观念广泛地存在于国民的心理活动中，形成难以逆转的价值取向惯性，总是作为国民的道德人格和行为方式呈现一种"难移"的民族个性，总是作为社会评价方式在舆论环境中表现出强大的民族习惯势力。因此，道德国情总是带有深刻的民族烙印，表现出独有的民族风格，反映着鲜明的民族性格。魏特林曾对不同国家和民族在道德评价标准、道德观念、道德情感的表达方式、道德活动的行动准则等方面所表现出的不同风格和性格发出过这样的感叹："在这一个民族叫作善的事，在另一个民族叫做恶，在这里被允许的行动，在那里就不允许；在某一种环境，某一些人身上是道德的，在另一个环境，另一些人身上就是不道德"[1]。道德国情的民族特质，是民族差别的重要标志。经验证明，在民族之间交往和国际交往场合，人们区分不同民族、不同国籍的人的标准首先是"人种"，其次便是道德国情在他们身上所体现的民族风格和民族性格，虽然它充当这种区分的标准或许是模糊的。19世纪以来，不少西方人因到中国来传教或经商而成为所谓的"中国通"，其中有不少人因对中国人的民族特性感到惊异和有兴趣而著书立说，如阿瑟·史密斯（Arthur Henderson Smith，中文名明恩溥）所著《中国人的特性》中所作的许多生动具体的描绘，实际上反映的多是中国的道德国情所体现的民族风格和民族性格。

---

[1] ［德］威廉·魏特林：《和谐与自由的保证》，孙则明译，北京：商务印书馆1960年版，第154页。

由道德国情所产生的民族差别是民族存在的重要根据，这种差别无疑是合理的。世界上各个民族国家在道德国情上的千差万别，使得民族与国家之间的交往成为一种必要和可能，使得国际关系和国际生活丰富多彩，人们才会觉得生活有意思。假如有一天世界各民族各国家之间不存在道德国情上的差别，人类将会感到生活的无趣，感觉世界黯然失色。现在，有的国家的统治者总是希望世界上只有他们一种文化，一种道德，一种声音，并且总是试图用他们的文化和道德价值观改造别的国家和民族，由此而发生许多摩擦和对抗。须知，这种思维方式违背了人类社会的发展和演进规律，既无必要，也不可能实现。

从根本上来说，道德国情的民族化特质是由道德存在和发展的规律决定的。道德与其他他律性的社会规范不一样，它作为一种特殊的社会意识形式是通过转化为人的自律形式，以人的精神需要和精神生活方式发挥其特殊的社会功能的。这种转化意味着道德的生命在于从社会的形式转化为个人形式，并以个人的伦理思维习惯和行为习惯沉积和渗透在社会生活的各个角落。因此，没有这种转化也就没有道德。

在这种转化过程中，道德的生命受到两大基本社会因素的影响。一是社会制度的变迁。道德作为特殊的社会意识形式，不同的社会制度下有不同的道德，这就必然导致道德在不同形态的社会有着不同的转化结果。二是民族的固守。从世界范围看，国家的社会制度更迭是普遍的现象，而民族分解和散落的情况并不多见。民族的固守，意味着民族的思维方式不只是受到特定的经济结构和政治制度的根本性制约，道德的转化过程实际上是由特定的社会形式转化为民族特有的精神生活需要和精神生活方式的过程。民族固守的社会性因素，使得一个民族的道德在该民族社会制度的更替和推进中，渐渐地形成特有的民族品格和民族传统。自古以来，世界上找不出一种可以脱离特有的民族品格和民族传统的道德，当我们说到道德的时候，实际上同时是在说特定民族的道德。所谓"全人类因素"的"共同道德"也只具有相对的意义，因为它一旦具体存在于一定的民族之中就必然会带有那个民族的特色。

这就是道德存在和发展的特殊规律。它使得道德国情在其生成和历史演进的过程中必然深刻地打上民族的烙印，带有鲜明的民族特质。

二、道德国情具有强烈的固守性和排外性

民族特质使道德国情具有强烈的固守性。一国的道德价值观念及其各种表现形式，在别的国家的国民看来或许是很落后、愚昧、笨拙的，但在该国的国民看来却是合适的、可行的、可贵的，甚至是世界上最优秀的。人类产生至今，还没有哪一个民族向全世界宣称自己的道德价值观念及其诸种精神活动方式落后于别人。弱国，可以公开承认自己的经济落后，抑或公开说及政治上的某些弊端，但决不会自愿公开地将其道德国情的状态和水准置于别国之下，而虚心地引进别国的道德价值观念和精神生活方式。

正因为如此，道德国情具有鲜明的排外性。解决经济问题、文化教育问题可以通过改革开放引进别国先进的科学技术和管理经验，解决政治问题可以通过国际交流、国际谈判，甚至借助别国的力量，解决文学艺术欣赏问题可以通过邀请别国的著名团体和个人来本国登台演出，或大量地翻译别国的文艺作品到本国。解决道德国情问题则不是这么简单。一个国家和民族的道德国情即使实际上存在着某种改造、改进的客观必要性，但该国家和民族也不会轻易引进其他国家和民族的道德价值观念或道德评价方式等来解决自己面临的问题。究其原因，是这会使其感到面子难堪，失落了自己民族的本性和性格，失去了民族尊严，失去了民族的立身之本。

固守性和排外性使道德国情成为国情中的一个特殊的领域，成为民族风格和民族性格的主体部分。对于特定的经济和政治，它可以表现出适应性，也可以表现出不适应性，适应与不适应都是它存在的理由，关键是要善于从整体上来分析、认识和把握。对待道德国情也应当这样。从世界范围看，各个民族的道德国情作为一种传统，都有光明与阴影、优良与腐朽之分，它们的道德建设与道德进步都是在它们的特定的国情环境中进行

的。正如人们相互学习一样：一个人既有优点也有缺点，向别人学习的时候只能学人家的长处，而且必须是在保持自己长处的情况下去学习，不能在把自己的长处统统丢掉的情况下去向别人学习。

三、认识道德国情的民族特质需要克服一些偏见

当然，对事物整体的认识和把握并不是每个人都可以做到的，能够做到的多数人一般也需遵循由自在到自觉的过程。一国一民族并不是所有的人，并不是在历史发展特定时期的初始阶段就具有关于道德国情的"民族本性"和"民族性格"的自觉。费孝通先生说："民族是一个具有共同生活方式的人们共同体，必须和'非我族类'的外人接触才发生民族的认同，也就是所谓民族意识，所以有一个从自在到自觉的过程。"[①]进入改革开放和社会主义现代化建设新时期以来，中国人一方面深切地感到自己道德国情存在着一些落后于时代的东西，另一方面又感到道德国情中存在着许多合乎时代步伐、在世界大家庭中可以引以为傲的东西。有些中国人把造成自己民族落后的原因一股脑儿归于我们的道德国情，认为只有全面引进西方发达国家的道德观念和道德生活方式才能解决中国面临的道德问题，这是不对的。且不说把中国的落后归于道德问题是一种"道德万能"的片面理论，这里我们只是要特别指出：这种幼稚的主张既是对中华民族的道德国情存在偏见的表现，也是对道德国情的民族特质缺乏自觉的表现。

与此相关的另一种观点也一直在影响着我们，那就是：许多人认为世界各民族的文化包括道德文化的价值观念正在趋同，并将此称为现代化的必然趋势。当然，从历史发展的前景来看，不仅是各民族的文化价值观念趋同，而且是整个人类最终将走向大同世界。但是，相对于大同世界来说，整个人类社会发展的现状还处在"初级阶段"或"婴儿时期"，在人

---

① 费孝通：《美好社会与美美与共：费孝通对现时代的思考》，北京：生活书店出版有限公司2019年版，第214页。

类社会发展的历史演进过程中，文化价值特别是道德文化价值的民族特质和民族性格将会长期存在。在这个初级阶段，侈谈"趋同"并无实际意义。

由此看来，道德国情问题本质上是一个民族问题，是一个民族精神和民族性格问题，是一个国家如何看待自己在世界大家庭中应有的地位和价值的问题。

第五节　道德国情形成与发展的诸种条件

道德国情的形成与发展的条件十分复杂，并不是如同分析和研究道德那样，一目了然。在分析道德国情形成和发展的条件时，有几点是值得注意的。

一、应当正确理解马克思主义关于经济基础决定上层建筑的基本原理

马克思主义认为："生产关系的总和构成社会的经济结构，即有法律的和政治的上层建筑竖立其上并有一定的社会意识形式与之相适应的现实基础。"[①]恩格斯谈到经济制度与道德的关系时曾指出："人们自觉地或不自觉地，归根到底总是从他们阶级地位所依据的实际关系中——从他们进行生产和交换的经济关系中，获得自己的伦理观念。"[②]就是说，特定的社会制度体系是道德国情的现实基础，其中经济关系及其制度是道德之根，经济关系在历史长河的流变中变更其制度与体制的形式，道德国情之根也随之改变。

在伦理学界，人人皆知的上述恩格斯的著名论断一直被一些人作了这样简单的理解：在一定的社会里，有什么样的经济制度就必然会有什么样

①《马克思恩格斯选集》第2卷,北京：人民出版社2012年版,第2页。
②《马克思恩格斯选集》第3卷,北京：人民出版社2012年版,第470页。

的道德观念。在不能分清道德与道德国情差别的情况下，它实际上就被
"合乎逻辑"地作了这样的理解：有什么样的经济制度就必然有什么样的
道德国情。这就涉及如何正确理解经济制度对道德国情的影响和制约这一
根本性的问题。

实际上，产生于一定的经济制度或经济关系之上的伦理观念，在一定
的社会里有两个逻辑发展走向：一是作为普遍的心理因素和活动动因，与
由历史上传承下来的某些传统的伦理道德观念结合在一起，以自发的方式
弥漫在社会生活的海洋中。这是一个国家在特定的历史发展阶段为什么会
同时积累多种不同的道德观念，国民的道德心理和道德价值取向呈群体性
差别甚至相悖的根本原因之所在。二是走向社会意识形式，成为当时代的
道德，即"占统治地位的思想"的那部分道德国情。就是说，产生于特定
经济关系和经济制度基础之上的伦理观念还只是道德的初始状态，但它却
又是道德国情最广泛、最需要注意的基础。认为建立了什么样的经济关
系，就必定会出现什么样的道德及道德国情，是不正确的。

伦理观念成为"占统治地位的思想"，成为道德国情正统的道德文化
价值，需要经过一个复杂的社会加工过程。

伦理观念不论是缘于自觉还是缘于不自觉，都带有发散、自发的性
质，必须经过复杂的社会加工，才能被提升到特定的道德社会意识形式，
成为"占统治地位的思想"。在社会加工的系统工程中，首先发挥作用的
是政治，它根据自己的需要首先将萌发在经济关系基础之上的伦理观念
"加工"成为自己服务的道德社会意识形式。这种情况，在封建社会表现
得尤为明显，政治不仅是经济的集中表现，也是伦理观念的集中表现，所
以，并非是有什么样的经济关系就必定有什么样的道德，对恩格斯的著名
论断不应作简单机械的理解。在社会加工的过程中，理论研究特别是伦理
学研究起着十分重要的先导作用。它给予道德文化价值以鉴别、筛选、确
认和保障。文化教育制度及其活动给道德文化价值的推行和倡导提供主要
的阵地和渠道。如果说，特定的经济关系为道德的形成和道德国情的历史
演进提供了原初推动力的话，那么，特定的社会加工则为这种历史进程提

供了后续的保障和推动力。这后续的保障和推动力是极其重要的，舍此，所谓的伦理观念不可能成为"占统治地位的思想"和社会意识形式。

在社会制度体系的作用下，作为道德国情主体部分的主流文化，道德原则规范体系和道德价值主导方向形成之后，要变成社会的正常的舆论评价环境和人们普遍的社会心理和行为习惯，还需要一个相当长的历史过程。在这里，最重要的是要坚持道德的规范体系及其价值导向的一元性，不论是从先进性还是从广泛性的层次看都必须是这样；坚持道德国情的民族本性和民族的性格，不受世界上其他民族道德国情和各种非主流文化的干扰与影响。这也是世界各国、各民族道德国情形成和发展的一种基本做法和经验。

道德国情的主体部分是"占统治地位的思想"的主流文化，它的形成与发展取决于社会的制度系统。通过以上的分析，我们已经可以清楚地看出这一点。但仅作如是观还不能真正把握促使道德国情形成与发展的历史全貌。

二、区域因素决定道德国情的民俗特质

区域因素主要是指一个国家和民族或一个特定地区的人们生存和发展的地理条件与自然环境，我们可以称它为自然国情。马克思列宁主义的创始人在论述人的认识活动的时候，对人与自然的关系发表过许多深刻的见解。恩格斯在批判杜林把"意识""思维"看成是与自然界完全相对立的"现成的东西"后说："如果进一步问：究竟什么是思维和意识，它们是从哪里来的，那么就会发现，它们都是人脑的产物，而人本身是自然界的产物，是在自己所处的环境中并且和这个环境一起发展起来的；这里不言而喻，归根到底也是自然界产物的人脑的产物，并不同自然界的其他联系相矛盾，而是相适应的。"[1]本来，人的认识活动是从面对自然开始的，最初的认识主要是关于自然的认识。这种认识取决于两个方面的条件，一是人

---

[1]《马克思恩格斯选集》第3卷，北京：人民出版社1995年版，第374—375页。

作为主体与其对象——客体即自然所构成的特定关系条件；二是构成这种特定关系的条件，最终受人认识能力和社会发展水平所制约。无疑，这两个方面的条件只有在社会生产或社会生活中才能进行。从这个意义上——也只能从这个意义上说人关于自然的认识也是社会意识。"意识一开始就是社会的产物，而且只要人们存在着，它就仍然是这种产物"①，正是这个意思。就是说，承认自然因素对人的意识的影响与马克思主义所揭示的关于意识的社会性本质并不矛盾。这正如人人都要吃饭一样：把饮食转化为人人需要的营养，必须经过"吃"与"消化吸收"的过程，不同的"吃法"和不同的"消化吸收法"产生的营养不一样，不同的饮食所提供的营养也是不一样的。在这里，"营养"如同"意识"一样，是本质的东西，但这种本质的东西既会因为不同的"吃法""消化吸收法"不一样，也会因为不同的"饮食"不一样。我们不能只关心"营养"，只关心"吃法""消化吸收法"问题而把"饮食"问题弃之不问。人对自然的认识水平，取决于其所处的区域的情况和对区域各因素如何相适应的认识方法，而区域因素一般是不能选择的，只能面对，只能相适应，由此才产生人关于自然的社会意识。

在这种带有"区域因素"特定内涵的"社会意识"的结构中，无疑一开始就包含有道德意识。据考古学证明，世界上各个民族的始祖几乎都是从坚固的山洞里走出来的，山洞使原始先民有条件成为群体，并在群体性的劳动中萌发、形成人类最早的群体协作和互助意识，以及与此相关的牺牲精神——尽管它还是不自觉的、带有蒙昧性质的风俗习惯。可以说，影响和制约整个上层建筑和包括道德及道德国情在内的社会意识的生产方式和社会生活方式，其形成一开始也受到地理条件和自然因素的制约。著名学者厉以宁认为，水对人类的文化与精神的触发性和制约性影响是显而易见的，在中国，"历史上治水活动所留下来的传统精神应是疏导与协作。怎么治水？不是堵截而是疏导。疏导包含着宽容，这样才能治好水。所以，治水给中华民族留下的是一种疏导的精神、宽容的精神。同时，因为

---

① 《马克思恩格斯选集》第1卷，北京：人民出版社1995年版，第81页。

治水不是一个村、一个县、一个省的事情，而要靠许多地方共同努力，因此这带给中国人一种协作的精神，大家必须合作才能够把水治好。正确地理解治水的传统，正确地理解中国从古到今所留下的疏导与协作的精神，对我们当前的伦理的建设是非常重要的"[①]。19世纪，美国西部大片待开垦的荒地吸引了许多远涉重洋、历经千难万险去求生寻梦的人，大片的荒地为这些人的成功和发迹提供了地理条件，同时也为早期美国人形成那种崇尚独立自主、不畏艰难、敢于冒险的个人主义精神提供了天然的温床。

三、中华民族区域因素对中国道德国情的影响

中华民族传统道德国情的形成与中华民族生存与发展空间的多元一体的格局是密切相关的。中华民族生存和发展空间的大致情况是：西起帕米尔高原，东到太平洋诸岛，北有广阔的沙漠，西南是连绵起伏的高山，中间则是大片的平原。大片的平原为农业生产提供了天然的条件，在起初的意义上决定了中国必定是一个农业大国，在社会制度的变迁中，自然会形成小生产格局。所谓"泱泱大国""四海之内皆兄弟"乃至"中国"等这些古老的伦理与政治观念，其内涵至今仍然含有区域的成分。当然，从我们整个民族道德文化的形成来看，问题并不是这么简单，它与"泱泱大国"区域的形成一样，也有一个交融和汇集的过程。大量的考古发现证明，在远古时期上述的中国区域里曾生活着数十种族团，后来，生活在高原和山区的游牧族团与生活在平原地区的农业族团发生相互渗透、交融，并逐渐形成以平原农业族团——汉族为核心的华夏民族，形成了以小农经济与封建专制政治为主的中华民族社会特殊的经济政治结构，形成了以小农意识与大一统的整体意识为基本内容的中华民族的道德意识体系。这个过程以秦统一中国而告终。秦统一中国，无疑首先是多元区域的统一，有了这个前提才有车同轨、书同文、立郡县和确立统一的度量衡标准，才有后来包括道德在内的各种统一的社会意识形式。事实上，历代的人们对社

---

① 厉以宁：《关于经济伦理的几个问题》，《哲学研究》1997年第6期。

会经济政治与伦理道德关系的理解和把握，都没有离开过对区域因素与自己的生存和发展的关系的深切感受和体验。用"江山"喻政权，将"风土"与"人情"联系起来而称某地的人文精神为"风土人情"等，都说明了这一点。因此，对道德国情的形成过程受到自然国情的影响和制约这一点，是不应当有任何怀疑的。

诸如水和土地这样的区域因素对一个国家和民族的道德国情的形成与发展所具有的影响与制约作用，在人类文明的历史进程中一直没有被人为地削弱，更没有自动消失，只不过是在人类进入阶级社会、以国相隔相望以后，它以更深刻的背景沉积在奔腾激荡的历史长河的最底层，显得不那么重要，而容易被人们所忽视罢了。

四、区域因素对道德国情的具体影响

区域因素对道德国情形成的影响是多方面的。

一是区域大小因素的影响。区域大易于形成"大一统"的整体意识，区域小则易于形成"坐井观天"的褊狭意识。夜郎人之所以会自大，就因为他们生活在夜郎那么一个小地方。

二是区域内涵因素的影响。这主要表现在自然地理和经济地理等方面的区域因素。在我国，少数民族的道德价值观念和道德生活方式，都有因受区域内涵因素的影响和制约而形成的特色。如独龙族，因世居崇山峻岭中的独龙江畔而得名。过去由于长期与世隔绝，他们的道德观念与生活在平原地区民族的道德观念存在明显的区别。相比较而言，他们的风土人情色彩更浓。我国城乡居民在道德价值观念和精神生活方式方面至今仍然存在着重要差别，这与城乡区域内涵因素存在差别不无关系。

三是区域边界因素的影响。区域之间由于边界因素而显示出差距，同时也因边界因素而存在相互渗透、吸收和包容。因此在特定的区域，其边界的道德文化与其内部的道德文化之间也是存在差别的，道德国情在这里显示出特别的区域差异。只要人类的生存圈存在区域的差别，不论区域的大小和内涵如何，"边界道德文化"与"内地道德文化"的国情差别总是难免的。自改革开放以来，我国沿海地区在国家正确政策的指导下，利用边界因素不仅赢得经济的高速发展，而且在道德文化方面，也发生了许多不同于或率先于内陆的变化。尽管这些变化不都是表明了道德的进步，还需要经过主流文化的洗礼，但有一点是可以肯定的：沿海地区在道德文化上与内陆的差别是不可能抹平和磨灭的，而且还将会长期存在。

这里需要指出的是，我们在指出区域因素对道德国情的形成与发展的影响时，不要忘了经济政治方面的国情在道德国情的形成过程中起着决定性和主导性的作用。正因为如此，在一个多民族的国家里，民族之间虽然因为区域因素的不同影响所反映的道德国情存在差别，但总的看来，大体上是一致的。藏于敦煌莫高窟的《礼仪问答写卷》为吐蕃王朝时期藏族伦理思想的代表作，被英国、法国等国家广为收藏。这部经典所反映的道德价值观念和行为准则等，与中华民族整体的道德国情大体上是一致的。如它提出的做人的十大道德规范和九大非道德规范中对"何为做人之道？何为非做人之道？"作了这样的规定："做人之道为公正、孝敬、和蔼、温顺、怜悯、不怒、报恩、知耻、谨慎而勤奋。"不难看出，这些与作为中国道德国情正统的儒家思想的一些主张是十分相近的。

总之，考察一个国家和民族的道德国情，不可脱离经济政治方面的社会制度因素，也不可离开区域方面的各种自然因素，不可忽视其具体内容和内部构架由于不同区域的影响而形成的复杂情况。不作如是观，我们当如何解说不仅在中国大家庭内部，而且在世界范围内事实上广泛存在着的经济、政治和文化教育因素相似而道德国情却有着重要的不同，甚至截然不同的情况呢？认识世界的目的是改造世界，而各国各地的"世界"是具体的，不一样的。若是只抓住世界的"共同性的本质"，而丢弃掉世界的"特殊性的本质"，我们在考虑改造世界时，除了全面继承先人或全面学习外人，还能有别的什么选择呢？

五、历史发展的时间因素决定道德国情的特殊内涵

用历史的眼光审视，不论是主流文化还是民俗文化，道德国情的民族特质即国情色彩的浓厚度，都受人在精神建设方面的"坚持性"特点的影响。坚持，表明对历史的尊重。越是注意和擅长坚持的民族，其道德国情的民族特质就越突出。中国的儒家伦理文化为什么会早已走出国门，影响到世界不少国家和民族，以至于在今天仍然具有巨大的影响力？根本的原因就在于中国人对于儒家文化的坚持精神。儒家文化的源头可以追溯到周代，由孔子创始于先秦，此后经过一段时间的被冷落，在汉武帝采用了董仲舒提出的"罢黜百家，独尊儒术"的治国方略后，除了魏晋时期一度被随意贬斥、经历了一番考验之外，就一直被中国人坚持了下来。在这个坚持的过程中，封建统治者不断地对其进行社会加工，使其内涵越来越丰富，结构越来越稳定，成为一种名副其实的源远流长的传统道德文化。不仅中国如此，世界上多数文明古国，其道德国情的形成与发展，都遵循着这个历史规律。

这里所说的坚持，大体上应有三种情况：一是从国家和整个民族大局看，坚持主流文化一元性的价值导向。主流文化是一个国家文化形态的脊梁，它扎根于国家的经济政治制度的基础之上，而一个国家的经济政治制度的主体结构从来都是一元的，或从来都是以一元为主体的，绝不可能在没有主体结构的情况下允许多元的经济政治结构同时存在。因此，主流文化必须是一元的。道德国情中的主流文化自然也应当如此。二是在坚持主流文化一元性价值导向的前提下，坚持民族文化的多元性形态。说到民族文化的多元性形态，我们的研究结论是"坚持"，而不是"允许"。这是因为，多元本身如上所述就是一种客观事实，不承认是不现实的，想磨灭是办不到的。而且，多元的事实并不一定妨碍主体一元的地位，相反还会使一元主体变得"枝叶丰满"，从而使人们的道德与精神生活更加丰富多彩。这对于国家的经济政治建设和精神文明生活都是有益的。三是从国家的局部看，不同民族应坚持各自的民族文化。世界上一个国家仅由一个民族组成的情况并不多见，绝大多数国家是由多个民族构成的。各个民族在承认主流文化的一元导向前提下自觉保持和坚持自己的民族文化的特色，不仅是其民族稳定与发展的需要，也是维护其民族自尊心的需要，这对国家全局无疑有好处。因此，一国之中，各个民族尤其是所谓的少数民族，保持和坚持自己的道德民族文化，自然是十分必要的。

当然，道德国情的内涵作为一种传统，由于其浓墨重彩的浸润之笔是历史，所以对于今天的人们来说，自然就有区分合理、优良与否的必要。对待由历史传递下来的道德国情，需要持一种客观的科学分析的态度。今天的人们对它采取不承认、全盘抛弃的态度，或者采取心往神驰、全面承接的态度，都不可取。对于道德国情我们需要持一种严肃、冷静的态度，反之则可能失之于浅薄与浮躁。在这里需要指出的是，对道德国情方面的"历史包袱"的丢弃，在有些情况下只能是"暂时"的，因为现实本身是处在不断的发展过程中，现实的人们对于历史的认识也是处在不断发展的过程中。正因为如此，历史才是一面镜子，一遍一遍地研究历史才成为一代代人的必修课。

第六节　道德国情与道德建设

社会良好道德风尚的形成，个人优良道德品质的养成，都不是自发、自然的过程，而是一个建设的过程，这就是道德建设。

一、道德国情是道德建设的现实基础和出发点

道德建设的任务和目标，按照主体来划分，体现在两个基本方面：在社会，是道德教育、道德提倡、道德评价；在个人，是接受道德教育和自觉提升道德修养。按照内容来划分，道德建设包括道德理论建设、道德规范建设、道德活动建设、道德环境建设和道德人格建设五个方面。不论是

哪一种建设，都必须以道德国情为现实基础和出发点。

过去，我们对道德国情与道德建设的关系缺乏认真的分析和中肯的认识。这主要表现在两个方面：一是只立足于现实的经济关系，只从现实的经济关系可能产生的伦理观念出发，思考和设计用来进行教育和提倡的道德原则规范体系，开展道德评价活动，把道德国情的其他重要的方面丢弃在一边。二是片面强调道德正统文化的超越性特点，以"应有"代替"实有"，以"应当"代替"正当"，不大重视伦理制度、行政制度和法律规范在道德建设中的作用。这是"左"的思想方法在道德建设问题上的表现。其危害主要是使道德建设一开始就脱离道德国情实际，不仅不能真正实现良好的主观愿望，反而会使人们对道德建设失去信心，产生反感，甚至将自己达不到的道德要求作为要求别人或个人用来沽名钓誉的工具。

以道德国情为道德建设的现实基础和出发点，也就是在道德建设问题上要实事求是，从道德国情的实际出发。道德建设的目标设定和操作方法要以道德国情为立足点，立足于国民精神生活实际所具备的水准，从国民精神生活的实际需要出发。道德国情作为国民特有的民族风格和性格，其民族特质在根本上制约着道德建设，制约着道德发展与进步的目标和实际过程。对于道德建设来说，道德作为一种特殊的社会意识形式是"应有"的目标，道德国情是"实有"的基础，从"实有"的基础出发去逐步实现"应有"的目标，才是道德建设应持的方法论原则。这样，可从根本上避免从主观愿望和马克思主义个别词句或现成结论出发的主观主义、教条主义的失误，同时也可以防止悲观失望、无所作为的消极情绪的产生。不这样看问题，道德建设就会欲速则不达，最终难免会普遍地出现对道德建设的厌倦情绪或崇尚空谈道德的不良风气，不少人还会形成只将道德作为说教别人的工具而不将其作为立身之本的伪善品性。

二、道德国情的改善要靠道德建设

任何历史时代的道德国情，都不是自然生成和发展的，它是从各个方面进行建设的结果。建设的系统工程当然首先包含道德建设，道德建设是改造、改善道德国情的主要动力。

不言而喻，道德国情是一个动态的历史发展过程，历史上的道德国情对于今天的人们来说并不都是财富。作为基础，客观上存在着一些不牢靠和不必要的地方，需要通过建设加以改造和改善。因此，没有建设就不可能改造和改善历史所给予现实的人们的道德国情，就不可能有真正的道德进步。道德建设的宗旨应当是改造和改善道德国情。一方面，要丢弃历史的包袱，承接历史的财富，并在新的历史条件下将历史的财富加以发扬光大。另一方面，要把适应现实社会的经济、政治、法律、文化等事业的发展和人们精神生活需要的特定的道德价值观念、道德行为准则推广开来，变成人们的道德品质，形成良好的道德风尚。

三、伦理学应当把道德国情和道德建设而不是仅仅把道德作为自己的研究对象

首先，要把道德现象世界作为一个整体来看待，研究一切道德现象和道德问题。过去的伦理学注重从"占统治地位的思想"和社会意识形式的角度研究道德，研究道德如何通过教育和修养转化为个人的品质，这显然是不够的。其次，要研究道德现象和道德问题发生与发展的客观规律，研究作为民族的风格和性格而存在的道德国情的历史演变，使国民对一切有关道德建设的活动产生认同感，发生共鸣。再次，要研究和总结人类文明发展史中道德建设的经验和教训，从中总结道德建设的客观规律。为此，伦理学需要改造自己的知识体系，增加如上所述的必要内容，走出元伦理学、规范道德学、活动道德学的褊狭地带。为此，就需要实行方法论的改造。伦理学一直被作为哲学的二级分支学科来看待，这使得它始终摆脱不了围绕社会意识形式来建造学科构架的固有方法，难能统摄一切与道德有关的精神现象和精神生活方式。就学科分类来说，伦理学应当像哲学、政治学、教育学等学科那样被列为一级学科。

第二章　中国历史道德国情的观念层面

从时间因素看，为了便于从整体上认识和把握中国道德国情，我们可以把其分为历史与现实两个部分。历史道德国情也可称之为传统道德国情或道德国情传统，它是历史对于现实的沉积与投影。要客观地研究与把握一个国家和民族的道德国情，就必须全面地分析和说明其独特的传统道德国情。

本章所论中国历史道德国情，是相对于新中国成立后的道德国情而言的。在传统的意义上，人们习惯于将中国看成是一个举世闻名的以德治国的国家。研究中国的历史道德国情，对于认识和把握中国道德国情的现实，进行现实的道德建设具有极为重要的奠基作用。

中国历史道德国情的内涵极为丰富，又十分复杂。鉴于整体分析和把握的必要，我们将从观念层面和活动层面来考察。前者可分为伦理思维方式、社会道德基本原则、国民的道德价值观念结构、社会道德规范与准则的特质和道德人格的结构模式等。后者可分为道德生活、道德教育与评价、道德修养等。

本章主要分析和说明传统道德国情的观念层面。

第一节　注重统一与和谐的伦理思维方式

伦理思维方式在整体上决定着一个国家和民族的道德国情，它是建构道德国情的文化基础。因此，讨论中国传统伦理思维方式问题，首先有必要对中国传统伦理思维方式进行文化定位。

一、中国传统伦理思维方式的文化定位

思维方式，本属于哲学范畴。在世界观和方法论意义上，一个民族的思维方式，从根本上反映出这个民族在思想和理论方面的认知方式和水平层次，在特定的历史时代则体现着这个民族的时代精神。

伦理思维方式，一般说来无疑会受到哲学思维方式的制约，应归于哲学范畴。但是，对中国传统伦理思维方式却不应该作出如此简单的推论。

中国传统伦理思维的基本对象是社会与人生，涉及天、地（偶尔也涉及神），也多从人与人事出发。在中国思想史上，伦理思维方式实际上代替了哲学思维方式，像古代西方那样的纯粹自然哲学、神灵哲学并不多见。冯友兰先生早年说："许多人认为，中国哲学是一种入世的哲学，很难说这样的看法完全对或完全错。从表面看，这种看法不能认为就是错的，因为持这种见解的人认为，中国无论哪一派哲学，都直接和间接关切政治和伦理道德。因此，它主要关注的是社会，而不关心宇宙；关心的是人际关系的日常功能，而不关心地狱或天堂；关心人的今生，而不关心他的来生。"[①]冯先生在这里所谈论的中国哲学，在我们看来就是中国伦理学或伦理思想。翻开当代中国任何一部有关中国哲学史的论著，我们便会发现，那里面所谈论的中国哲学的历史遗产多为社会与人生之学，其主脉和精髓实际上多是伦理思想。这是我们在讨论中国传统伦理思维方式的特征

---

① 冯友兰：《中国哲学简史》，赵复三译，北京：生活·读书·新知三联书店2014年版，第10页。

时首先应当注意的。因此，在传统的意义上，应当从伦理思维方式而不应当从哲学思维方式的视角来说明中华民族的精神需求和精神生活方式，中华民族传统道德国情的整体结构模式、基本特征和历史发展走向，中国传统道德国情的国情特色。

二、中国传统伦理思维方式注重统一与和谐

中国传统伦理思维方式的基本特点是：用统一与和谐的观点解释天人关系、君民关系，主张天人合一、君民一体，而漠视它们之间实际存在的差别与对立，并时常将一切主张对立的思想和行动都视为异端。而体现这种统一与和谐的是"天"。"天"在传统中国人那里，成了思考社会道德现象与人生问题的最高主宰。

"天"在中国人的思维活动中是一个十分重要的概念。说"天"首先得从"帝"说起。在殷商时期人们就产生了关于"帝"的观念。"帝"是至尊神，"帝，谛也，王天下之号也"[①]。后来，有了"天"。从殷代卜辞的字形看，"天"与人的身体部位相关——人体之形的上面顶了个"口"或"一"，其义"本谓人颠顶"[②]。由此观之，"天"从造字之初便已隐含两层意思："天"与"帝"都在人之上，比人尊贵，是至高无上的；"天"与人之间存在某种必然性的联系，含可以相交相通之义。在夏商时期，"天""帝"虽都与人有联系，但两者之间却无什么联系。据刘翔考证，到了西周时期，"天"与"帝"发生了联系，两字合用，两物合称，在今天看来均具有自然神的意思，如"皇天上帝"之谓。后来，"天"渐渐地代替了"帝"，但其自然神之义未变[③]。"天"作为至尊至上的自然神与人建立联系起于西周，承担这种联系职责的是"天子"，这一称谓沿用至清代，专指主宰国家的最高统治者——皇帝。就是说，在中国历史上，自"天"

①《说文解字》。

②《观堂集林·释天》。

③ 参见刘翔：《中国传统价值观诠释学》，北京：生活·读书·新知三联书店 1992 年版，第 8—16 页。

的观念产生起，"天"就与人存在着一种必然的统一与和谐的关系。周王朝以后，"天"作为一个独特的伦理范畴，被融进了儒家伦理思想体系。

三、统一与和谐的三种基本方式

一是将"人道""人理"统一于"天道""天理"。所谓"人道"，与"天道"相对应，指的是为人之道，其基本内涵是社会的道德规范。《礼记·丧服小记》称："亲亲、尊尊、长长，男女之有别，人道之大者也。"其要义是主张处理好长幼、父子、兄弟、君臣、夫妻、男女之间的关系，认为这是最重要的。可见，中国历史上的"人道"与西方的"人道"是有原则性差别的。前者是一种伦理观和人生观，关注的是人与人之间的关系，提倡人与人之间的关系既要有尊卑等级之别，又要和谐一致。后者具有世界观和历史观的意义，关注的是个人自由，提倡以个人为中心，尊重每一个人、关心每一个人。在殷商和西周时期，"人道"还没有从"天道"中分离出来，"人道"与"天道"浑然一体，"人道"问题并没有独立的意义。到了春秋时期，"人道"的问题才被提了出来，与"天道"区分开来，并且占有越来越重要的人文地位。首先把"人道"从"天道"中分离出来的是郑国的政治家子产，他说："天道远，人道迩，非所及也。"①意思是说，"天道"离"人道"太远了，怎么能用"天道"来指导"人道"呢？从伦理思维方式看，这种区分是一大历史进步。

"人理"只是一种借用的说法，指的是"伦理"或"人伦之理"。"伦理"一词，最早出自《礼记·乐记》中的"乐者，通伦理者也"。东汉学者郑玄解释为："伦，犹类也；理，犹分也。"即人与人之间的类别、条理的意思。当时，伦理并不与伦理道德相通，后来许慎在《说文解字》里才赋予它伦理道德的意义。所谓"人理"或"伦理"，指的是人与人之间的关系合乎道德规范要求的状态。在中国传统道德国情中，"人道"与"人理"的内涵基本上是一致的。"天道"作为与"人道"相对应的概念，是

①《左传·昭公十八年》。

中国传统伦理思想的一个重要范畴。"道"，就是道路、规律，"天道"指的是不可为人知的天的规律。

"天理"，早时见于《礼记·乐记》："夫物之感人无穷，而人之好恶无节，则是物至而人化物也。人化物也者，灭天理而穷人欲者也"。"天理"使"天道"从天上走到人间，具有了支配"人道""人理"的人文资格，实则是对"天道"的社会化或世俗化。在宋明理学家那里，"天理"干脆被作为基本的伦理思想范畴，专指经汉代董仲舒提出和后世大力推崇的三纲五常，即君为臣纲、父为子纲、夫为妻纲和仁、义、礼、智、信等纲常伦理教条，所谓"天理""人理"实际上都被当成了不可触犯的"天条"。

说到"人道"（"人理"）与"天道"（"天理"）的统一与和谐，还有必要引出"天命"这个概念，因为"天命"是这种统一与和谐的基本方式。在中国古人的心目中，"天"是一种超自然的有意志的精神力量，是主宰世界一切的神，自然界和人类社会都必须遵照它的意志行事。因此，人世间的一切都是由天命注定、由"天命"裁决的，世人所道的命里注定的"命"乃"天命"之谓。"天道"统一"人道"、"天理"统一"人理"，都是由"天命"决定的，"天命"使"人道"与"天道"、"人理"与"天理"实现统一与和谐，并使前者服从后者，受后者支配。由此观之，"天命观"是中国传统伦理思维方式最基本的价值形式。所谓"天人合一""天人感应"等中国古代重要的伦理思想命题，其实都是直接由"天命论"的价值观念派生的。

在几千年的历史流变中，"人道"（"人理"）与"天道"（"天理"）的统一与和谐，对中国人的伦理思维方式特别是道德心理所产生的影响是极为深刻的。敬天、畏天的"以德配天"的思想，成为人们一种根深蒂固的道德信念，成为人们道德生活和道德行为的一种价值指导原则。曾被称为"征服世界的人"的成吉思汗发表过许多很有见地的伦理思想。他也认为，天是有意志的，把"敬天"作为其整个伦理思想的基础，坚信"汉人尊重神仙，犹汝等敬天。我今愈信，真天人也"[①]。

① 《长春真人西游记》卷下。

需要特别指出的是，中国传统伦理思维方式所注重的统一与和谐，所涉及的对象的双方并不是一种均等、平衡的关系，而是分主方和次方、主导方和服从方的。具体说就是，"天道""天理"是主方、主导方，"人道""人理"是次方、服从方。所谓统一与和谐，说到底是要求"人道""人理"统一与和谐于"天道""天理"。

二是将"人性"统一于"天性"。在讨论中国历史上的人性问题的时候，首先有必要指出，它与后来马克思主义的科学人性理论中的人性概念是有原则性区别的。马克思曾在人的类特性、一切社会关系的总和、一定的阶级关系和利益的承担者等意义上阐述过人性。在这些地方，马克思是用哲学的方法从人类的社会历史意义上来阐释人性的，把人性归之于区别于动物性的"自由的自觉的活动"。而在中国传统道德国情中，古代学者主要是从个体伦理的意义上来诠释人性的。在他们的理解中，"人性"即"性"，是一个与个体的人生价值、个体的伦理地位和责任密切相关的道德概念。

"天性"与"天道""天理"一脉相传。所不同的是，"天性"主要是相对于人的个体来说的，指的是个体由"天"而得的"本性"。《礼记·中庸》曰："天命之谓性。"此"性"，指的就是个体天生的资质、品格。中国历史上的人性观，不论是主张人性有善有恶、无善无恶，还是主张人性本善、人性本恶或"性三品"等，都是在天生的资质、品格的意义上说的，指的都是个体的"本性"。在古人看来，个体的"人性"是"天性"派生的，是"天性"的具体体现，"人性"统一于"天性"。在孟子看来，作为个体得自于"天"的本性的"人性"，是需要人去认识、了解和把握的，认识、了解和把握的基本途径是"尽心"，即尽量发现个体生而具有的"恻隐之心""羞恶之心""辞让之心"和"是非之心"，并对其加以扩充。此即孟子的所谓"尽心知性"说。历史证明，孟子的这种思想对后世影响很大。在传统的意义上，中国人的各种道德认识和道德情感，乃至道德意志，都与"天性"和"人性"相关，都体现了"天""人"之间的这种统一与和谐。

"天性"统一"人性"的基本方式，主方、主导方仍然是"天命"，次方、服从方仍然是"人道""人理"。

三是将"臣民"统一于"天子"。中国历史上的皇帝被称为"天子"——"天的儿子"。既然是"天的儿子"，那么也就可以体现"天"的意志，代表"天"来说话。所谓"圣旨"，不过是"天道""天理"而已。因此，"天子"的意志和权力至高无上。"天子"所辖称为"天下"，"普天之下，莫非王土；率土之滨，莫非王臣"[①]；有了"天子"才有"臣子"，才有"子民"，"臣民"是统一于"天子"的。"天子"统一"天下"的法宝是所谓"君纲"，由"君纲"而通达"父纲""夫纲"，拥"天子"之"君纲"者得"臣子"之俸禄，"庶民"之"民生"，由此而实现"天子"对于"臣子"和"庶民"的统一，即统治，这些都是"天意"。所以，在中国的历史上，"皇天浩荡"被看作是无上的权威和太平盛世的赞誉之辞；"替天行道""为民请命"被看作是施"君纲"得"民心"的仁义之举，是毋庸争辩、最富有号召力的舆论价值认同。"天子"根据"天命""天意"——"天道""天理"治世，将人分成自"天子"至"庶民"的各种不同等级，于是又使伦理关系顺理成章地具有浓重的政治内涵，从而使伦理关系与政治关系实现了统一与和谐，而这种统一与和谐又以失衡于政治关系为基本特征，体现这种特征的理念和基本行动准则便是三纲五常。所以，在中国历史上，作为管理国家和社会的理念和基本的行动准则，三纲五常的地位是十分特别的，它是"天子"统一"臣民"的法宝。应当指出的是，从调控范围、对象和实际具有的功能看，三纲五常主要还是封建社会的政治原则，而不是封建社会的伦理道德原则。

概观之，中国传统道德国情中的伦理思维方式，是天人合一、君民一体，以宇宙和社会与人生的统一与和谐为基本的出发点来思考和构建伦理道德体系、设计人们的道德需求和精神生活的。这种伦理思维方式在以儒家为代表的思想家那里得到最为充分的表现。其基本精神可概括为：将天与人看成是两种互不相同的"世界"，这两种互不相同的"世界"是统一

①《诗经·小雅》。

的，可以通过各种各样的途径达到统一与和谐的主方归于"天"的世界和"天子"，次方归于"人"的世界和"臣民"。对此，历史上虽曾有过不同的声音，但在注重统一与和谐这个基本点上始终是一致的。如老子就明确地说过："人法地，地法天，天法道，道法自然。"①虽然，在封建专制统治下这种本质特征时常受到践踏，社会和人生变得不那么和谐，但其作为在历史流变的长河中形成的伦理思维方式，已经成为中华民族道德国情一种经久未变的传统。

四、中国传统伦理思维方式的现代评价

今天，对注重统一与和谐的伦理思维方式的短与长应当作出具体科学的分析与评价。

首先应当看到，这种重视"天"的"灵性"并由此出发来解说"人事"的伦理思维方式，无疑带有先验的甚至玄学、迷信的色彩，它轻视人的个性和独立人格，束缚了人们的创新与进取精神，养成了中国人唯"天"唯上、循规蹈矩的不良品性。它对中国人的心理的深刻影响至今仍然普遍存在，如同西方人常把自己的命运归于上帝，为了释放心中的感慨还常大呼"上帝"一样，中国人常把自己的命运归于"天命""天意"，每逢感慨少不了要用"天啦"来一吐心中的情绪。

其次，也应当看到，这种思维方式强调人应当尊重规律、服从社会管理、按规律和准则生活的德性主张，无疑具有合理的因素。人的本性决定了人只能过集体生活，集体生活又有其自身的规则和要求，而人的个体的本性即个性却是千差万别的，难免会时常与集体的要求发生矛盾和冲突，这就需要制定一些体现集体利益和集体生活要求的规矩，以保障集体生活的必要秩序和集体利益的正常发展。从道德生活角度看，人能否适应和遵从这些规则和要求，就是一个德性的问题。注重统一与和谐的传统伦理思维方式，正反映了人类社会集体生活的这个基本特点。

---

①《道德经》第二十五章。

再次，还应当看到，这种重视天、地、人、君和谐统一的伦理思维方式，内含着一种整体价值观念。它始终将个人置于整体之中，置于国家和民族之下，对于形成中华民族重视整体利益，重视个人与群体和谐一致的优良的道德传统起了奠基的作用。中华民族自古以来对那些漠视整体利益，与社会集体和家庭不讲和谐、不讲团结、闹分裂和对抗的人，都会另眼相看。而一个人一旦处于这样的情境，总是会感到很不自在，产生一种孤独或被群体遗弃的感觉。这种传统的伦理心态结构，自然会是一种复杂的情况，含有一些不合理的成分，但其主导方面还是应当加以充分肯定的。

五、中西传统伦理思维方式的简要比较

让我们对中国传统伦理思维方式与西方传统伦理思维方式作一简要比较。

首先应当看到，人类要维持自身正常的生存和发展，就要认识和改造自己所处的环境，把环境解释为与自己本来就是一种和谐的统一体，或者用实际的行动来求得这种和谐，由此而形成了用和谐的价值观念来指导自己的认识和实践活动的思维方式和行为方式。崇尚和主张统一与和谐，是人类自古以来价值思考的基本立足点和出发点。

但是，历史证明，不同的民族会有不同的和谐观和对待和谐的方式，在伦理道德的思维方式上也是这样。中国传统伦理思维方式与西方传统伦理思维方式相比，其根本差别在于中国人注重人与其外部世界之间特别是人与人及个人与群体之间的和谐，把和谐作为最高的道德价值来追求；而西方人对世界的和谐的理解与中国人不一样，对人与人及人与群体之间的和谐没有中国人那么看重。

在古代西方，被亚里士多德称为古希腊"第一个试图讲道德"的学者毕达哥拉斯认为："万物皆可以数来说明"，宇宙和人生乃是一种"数的和谐关系"，并据此来说明道德问题。他认为，"整个的天是一个和谐，一个

数目"，"一切都是和谐的"，和谐就是善，就是美德，在朋友之间和谐则是平等①。正如亚里士多德所指出的那样，毕达哥拉斯伦理思维方式的缺陷是"并不以正确的方式讲；因为他由于把道德还原为数，所以不能建立真正的道德理论"②。此后，赫拉克里特也论及和谐，甚至也提出"天定和谐论"的思想，但他是从"火"的本原出发的，并且认为和谐是斗争的结果，即所谓"一切都是斗争所产生的"，"不同的音调造成最美的和谐"③。他的"逻各斯"所包含的伦理思想，强调的是人与社会之间客观上存在着可以认识和把握的"关系"规律，至于这种关系本来是否和谐，是否可以通过人的努力求得和谐，他却没有发表明确的见解。西方后来的许多哲学家和伦理思想家，也说到人与自然的关系，但多把人的因素放了进去，基本的价值倾向是人一旦进入自然，就会与自然发生矛盾和对抗，直至战争。这在现代西方的一些科幻影视作品中得到了淋漓尽致的反映。如美国的大型电影《异形》，写的就是人在闯入外星球时与似人非人的"异形"进行生死搏斗的故事。

就是说，西方人讲和谐注重的是将人自身排斥在外的自然界，讲的是人以外的世界，其和谐观的基本内涵是伦理化了的自然宇宙观而不是社会伦理观。这是西方人与中国人在伦理思维方式上的根本不同点之所在。

总之，在西方传统伦理思想史上，如上所述毕达哥拉斯那样明确运用宇宙和社会与人生相和谐的思维方式来研究道德问题的人并不多见，像中国人那样从强调宇宙和社会与人生的统一与和谐的伦理思维出发来构建伦理学和道德体系，并一以贯之，促成一种源远流长的传统的学者，更是凤毛麟角。

为什么会形成这种差别？这与一个民族具体的历史演化过程是密切相

---

① 参见北京大学哲学系外国哲学史教研室编译：《古希腊罗马哲学》，北京：商务印书馆1961年版，第36页。

② ［德］黑格尔：《哲学史讲演录》第1卷，北京大学哲学系外国哲学史教研室译，北京：生活·读书·新知三联书店1956年版，第247页。

③ 北京大学哲学系外国哲学史教研室编译：《古希腊罗马哲学》，北京：商务印书馆1961年版，第19页。

关的。我们可以用一位外国学者的话来作一小结："中国文明是人类史上最辉煌、优雅的文明之一，在从旧石器到新石器时代之后的漫长岁月里，世界各地大多数的人类在迈向文明化的过程中，均逐渐抛弃他们与自然界旧有的混沌不清的关系，而让人从自然界中抽离出来。但中国人却仍保持这种与自然不分的关系，并依此理念建立了他们独特的文明，发展出独特的世界观，人是自然的一部分，并非由什么神特别创造出来的。对中国人来说，'存在'表示一种流动能量在时空中的嬗迁，在这种持续、永恒的动态变化中，人、野兽、花草树木、岩石、山、云、雨、风、河流、海洋等都是不可分离的。"①

第二节　推崇中庸的道德基本原则

在中国传统道德国情的观念层面，居于主体地位、起着主导作用的道德基本原则是什么？过去人们一般认为是强调高度重视国家和民族的整体利益而漠视个人利益和个人价值的封建整体主义，也有人认为是三纲五常。其实，这种似乎无须争辩的结论是需要重新研究的。从历史和逻辑的角度看，中国传统道德国情的道德基本原则必然直接体现重视统一与和谐的伦理思维方式。我们认为，中国传统道德国情的道德基本原则应是中庸之道。

一、中庸的本义：为人处世的基本原则

何谓中庸？过去很多人是在折中主义、调和主义的意义上加以阐释的。其实这并不正确，中庸的本义是一种主张和谐的生存与发展观。

要对中庸作出合乎其本义的解释，首先应当分析一下它的构词逻辑。

---

① ［美］蕾伊·唐娜希尔：《人类性爱史话》，李意马译，北京：中国文联出版公司1988年版，第87页。

"中"与"庸"均为实词性词素,在构词方式上既不是联合关系也不是偏正关系,而是后补关系。"中"是主词素,"庸"是用来补充说明"中"的,表明"中"的状态和性质。因此,要想把握中庸的真实含义,关键是要把握"中"。

中庸之"中",在历史上经历了由"中"到"和"的演变过程。起初,其义为"允执其中",始于原始社会的大同思想,反映部落联盟制下部落社会首领对待各部落的公正不偏的态度,实属当时的施政纲领。这种思想,在《尚书·尧典》《论语·尧曰》中均有记载,系尧对舜提出的施政告诫,后来《礼记·中庸》说的"执其两端,而用其中于民",正是这种意思。进入阶级社会特别是封建社会以后,等级制代替了部落联盟制,"中"之"允执其中"由施政纲领而渐渐地演变为为人处世的基本法则、原则。这种演变结果,在孔子之前,可散见于《尚书·吕刑》关于"惟良折狱,罔非在中",《尚书·盘庚》关于"汝分猷念以相从,各设中于乃心",以及《尚书·皋陶谟》关于"九德"的记载等。中国进入封建社会后,"礼"成了封建统治者的施政之要,其功用在于反映和规范不同等级、不同民族的人们之间的行为。这时,"中"由于"礼"的出现而失去了施政之要的地位和公正不偏的意蕴,为"和"所替代。

"和"的本义是"无过无不及",是针对施政之要的"礼"所确认的等级制度而言的,价值地位已落在"礼"之下,而价值理念和标准却对"礼"产生重大影响,孔子的仁政理念和主张实则体现了"和"对"礼"的改造。

如果说"允执其中"尚有"折中"之意,"无过无不及"强调的是和谐、平稳的话,那么由"中"而至"和"就是中庸的一种历史性的进步,因为"无过无不及"在内涵上包容了"允执其中"。

"庸"一出现就与"中"连用,首举是孔子。孔子说:"中庸之为德也，其至矣乎？民鲜久矣。"①对"其至矣乎"句应作何解，中国学界有两种截然不同的看法。一种将其视为感叹句，解为"（中庸这种道德）该是最高的了！"另一种将其视为反问句，解为"（中庸这种道德）不是很平常的吗？"两种解释相比较，自然是后一种解释更贴近孔子的原意，因为视其"平常"，孔子才为老百姓长久地不讲中庸而大发感慨（"民鲜久矣"）。此后，古之学者对"庸"的理解都没有离开孔子的原意，并据此发表了自己的看法。如郑玄注《礼记·中庸》章说："庸，常也。用中为常道也。"何晏注《论语》"中庸之为德"句时说："庸，常也。中和可常行之德也。"贾谊说："失爱不仁，过爱不义。"②朱熹说："中者，无过无不及之名也；庸，平常也。"③程颢说："不偏之谓中，不易之谓庸。中者，天下之正道；庸者，天下之定理。"④等等。

特别值得注意的是，在治世与为人处世问题上，中庸注重的不只是形式的对应或同一，也注重内容或内在本质的沟通、交融与和谐，虽然这种沟通、交融与和谐并不是等质的、平等的。

日本著名企业家松下幸之助在其《关于中庸之道》一文中对中庸作了这样的理解："不为拘泥，不为偏激，寻求适度、适当。"他认为，中庸之道"不是模棱两可，而是真理之道，中正之道"，希望"真正的中庸之道能普遍实践于整个社会生活中"。他将中庸之道理解为"中和""中正"之道，看成是一种反对过激片面、主张和谐相安的为人处世的基本方法和基本原则。松下幸之助的理解，强调中庸的本义是求稳定与和谐，出发点和目标是着眼于稳定和发展。

从这些大体一致的解释，我们可以清楚地看出，中庸的本义——"中和"与"无过无不及"是一种为人处世的不变法则和基本原则。

---

① 《论语·雍也》。
② 《贾谊新书·礼》。
③ 《论语集注·雍也》。
④ 《中庸章句》。

二、中庸也是一种管理国家和治理社会的政治原则

《中庸》说:"喜怒哀乐之未发谓之中,发而皆中节谓之和。中也者,天下之大本也,和也者,天下之达道也。致中和,天地位焉,万物育焉。"这里所说的"达道",即君臣、父子、夫妇、兄弟、朋友的"五伦"关系正常。所谓的"中和",实际上还含有对等、平等和对应双方相互依存、相互转化的辩证法思想,与今日所说的"折中"有着原则的区别。《礼记·礼运》所说的"十义",即"父慈""子孝""兄良""弟悌""夫义""妇听""长惠""幼顺""君仁""臣忠",是对这种思想的简明表达形式。作为管理国家和治理社会的政治原则,中庸之道的价值目标是反对走极端,主张由各种不同的人和事构成的对立面关系达到和谐状态,即所谓"执其两端,而用其中于民"。所以在历史上,中庸之道又被称为"中道"。孔子、孟子一生渴望和执着追求的"仁政",实际上就是主张君民两个不同的群体之间应当讲究"仁和",以达到某种共处的和谐状态。荀子说的"平政爱民",其实也是这种意思。他说:"传曰:'君者,舟也;庶人者,水也。水则载舟,水则覆舟。'此之谓也。故君人者,欲安则莫若平政爱民矣。"[1]舟与水只有达到某种平衡或和谐,才能彼此相安无事。贾谊的"失爱不仁,过爱不义","君仁臣忠,父慈子孝,兄爱弟敬,夫和妻柔,姑慈妇听"[2];董仲舒的"德莫大于和,而道莫正于中"[3]等,都体现了中庸之道的政治主张。

三、中庸的真理价值和伦理价值

中庸的真理价值和伦理价值,集中表现在反对认识上的片面性弊端和

---

① 《荀子·王制》。

② 《贾谊新书·礼》。

③ 《春秋繁露·循天之道》。

价值追求上的浮躁心态和偏激情绪。

荀子曾将违背中庸之道的思维方式和道德心理特征称为"心术之公患"的"蔽"："故（数）为蔽：欲为蔽，恶为蔽；始为蔽，终为蔽；远为蔽，近为蔽；博为蔽，浅为蔽；古为蔽，今为蔽。凡万物异则莫不相为蔽，此心术之公患也。"并指出它们的危害在于"蔽于以曲，而暗于大理"。并认为，圣人是不犯错误的，因为他们立于"中道"，"知心术之患，见蔽塞之祸，故无欲无恶，无始无终，无近无远，无博无浅，无古无今，兼陈万物而中县衡焉"[1]。

这段精彩的阐述，可看作是对中庸所包含的真理价值和伦理价值的概括表达。

然而，自从有了中庸的主张，便有了对于中庸的误解。各种误解的共同特点，是在与发展的思想相对立的意义上来批评中庸关于求稳定的思想，将中庸看成是一种主张保守、不讲原则、不讲进取的处世、处事、为人原则。不能说这种近乎约定俗成的看法没有一点道理，因为中庸确有"不偏不倚、无过无不及"的特点。但是，如上所说，中庸的真实含义并不是主张"折中"，它的"不偏不倚、无过无不及"强调的是和谐一致。和谐一致在内涵上虽包容"不偏不倚、无过无不及"，但不等于就是"不偏不倚、无过无不及"。在处理人伦关系的原则上，和谐一致体现的是内在的实质性的统一，而"不偏不倚、无过无不及"则既可能体现内在的实质性的统一，也可能只体现外在的形式上的均等、均衡。中庸之道是主张和谐之道。

中庸之道作为一种真理和伦理的价值形式，对中国历史社会的稳定和发展产生过积极的作用，对中国人的伦理思维方式和道德生活产生过极为深刻的积极影响。中华民族大家庭数千年来之所以能够保持一种长期稳定的发展状况，创造了人类文明宝库中的许多璀璨明珠，这与各民族坚守中庸、和睦相处不无关系。中国人在处理人与人之间的关系问题上，长期遵守将心比心、谦和待人、互相理解、互相帮助的伦理原则，认为非如此就

---

[1]《荀子·解蔽》。

会出现不协调，弄得相互之间充满"火药味"；在处理人与人、事与事的关系问题上，强调公平、合理，不欺侮不偏袒哪一方，认为非如此就难免要争论、争辩、争吵；在处理利益分配的关系问题上，强调的是平均、均等，认为不这样就会斤斤计较，甚至为小事而大打出手。这些，无疑也都是长期受中庸之道的影响所致。在伦理道德的意义上完全可以说，中国自古以来就是一个中庸之国，这是中国道德国情的一个显著的特点。

需要指出的是，今天的人们还只是停留在"仁"与"义"的层面上诠释中国传统的道德国情，这表明我们对中国传统道德国情还缺乏中肯的理解。就中庸之道的实质性内涵看，它是一种稳定观，也是一种发展观。主旨是强调人与人之间和个人与社会集体之间的伦理纽带应是互相支持、互相帮助、互相爱护，以求得人伦关系和社会生活的稳定，在稳定中实现发展；人与人、人与社会之间的和谐状态是立身处世之本；立身处世不可离开既定的道德准绳，而要恰到好处，即所谓不偏不倚，既无过也无不及。"君臣有义""父慈子孝""和为贵""和气生财"等都是它的直接表达形式。本来和谐就一直是人类道德生活的基本需要、常态要求和所追求的目标。

当然，在中国传统道德国情中，中庸之道由于在内涵上存在着缺少斗争与进取精神的倾向，其稳定观在阐述方式上又存在与发展观相脱节的情况，所以在人们的具体运用中往往会出现变形变态，从而产生价值误导。不过我们应当看到这是历史的局限。今天，如果我们能够克服中庸之道价值内涵上的不足，并将其重视和谐的稳定观与现代的发展观联系起来加以阐发和运用，那么，就会发现其现实意义是不言而喻的。

第三节　双重"统一体"的道德价值结构

在中国传统道德国情中，国民实际具备的道德价值结构，是由互相矛盾的两个方面构成的"统一体"。这种"统一体"主要体现在三个方面。

一、在处理个人与整体的关系上，是尊重国家和民族利益的整体意识和重视一家一户利益的自私自利意识的"统一体"

个人与整体之间的对立与统一，是支配和影响社会伦理道德进步的客观辩证法。因此，如何处理个人与整体的关系问题历来是人类伦理道德生活的永恒主题。

首先让我们来看看重视国家和民族全局利益的整体意识。集体，本是一个系统，整体是其最高的层次和存在形式，所以集体意识也有不同的层次和表现形态，最高的便是整体意识。在一定的社会里，整体特指整个国家和民族，整体意识即国家意识或民族意识，它反映和调整的是个人与国家民族之间的利益关系，除此之外并不涉及其他的利益关系。在中国几千年的封建社会里，除了整体意识之外几乎没有什么其他的集体意识可言。这是中国传统道德国情的一个特色。

中国传统道德国情中的整体意识，主要是关于封建专制国家的"大一统"意识。"大一统"的整体意识在政治伦理形式方面的表现是天下意识。中国古人将仰视所见的苍穹称为"天"，认为"天"是有意志的，无边无际，高远深奥而不可测，因而"天上事"是不可知不可为的。"天下"，顾名思义，谓"天"的下面，其广袤阔大虽然不言而喻，但"普天之下，莫非王土"是可见可知的，因此"天下事"可为。这才有"得民心者得天下"之类的政治伦理意识，才有"天下为公"，"不以天下之大私其子孙"，"天下兴亡，匹夫有责"，"先天下之忧而忧，后天下之乐而乐"等"大一统"的道德价值观念。这种"大一统"的整体意识，主要属于"君臣"及其"士"阶层即部分知识分子的政治伦理观和人生价值观。而平民百姓的天下意识则多为大家意识，"国家是大家的"是他们的基本的政治伦理价值观。在他们看来，"天下"并不属于自己，唯有"国"与"家"才与自己有关。正是在这种意义上，生发了中国普通百姓的爱国主义精神。所以，每当祖国面临外敌入侵和自己民族面临别国别民族的欺侮，需要群起抵抗的时候，平民百姓的口号是"保家卫国"，而从不说"保天下"。

　　就是说，中国历史上的整体意识实际上存在着两种形态：天下意识和大家意识。

　　在人类历史上，整体意识的最高表现形式是爱国意识和爱国精神。在中国历史上，与天下意识和大家意识相联系的爱国意识和爱国精神实际上存在两种内容和性质不同的形式。一种是爱国与爱君相一致，另一种是爱家与爱国相一致。此乃爱"君"之国家和爱"大家"之国家的分野。这两种关于整体的道德价值观念，既有联系，也有区别。两者的联系在于都以整体的眼光看"天下"或"大家"，区别在于看整体的立足点不同，统治者及其"士"是立足于"普天之下，莫非王土"以及"朕即国家"看整体的，其实质是将个人或部分置于整体之上。平民百姓是立足于"大家即国家""国破家即亡""国兴家即兴"来看整体的，在爱国问题上它们将个人置于整体之中，或集体之下。

　　值得今人注意的是，不论是天下意识还是大家意识，中国人都以"可见可知"——可以"意识"到的疆域及其人与事为界。界内的事，固守，不准外人侵扰；界外的事，不看、不想、不要，从不走出国门家门去骚扰别人。这与西方一些尚武的民族讲整体意识、讲爱国，便少不了要派兵走出自家的国门去打仗、侵犯、掠夺别个民族的传统，大不一样。

　　从传统的意义上看，中国的庶民是不是自私自利的？回答应当是肯定的。

　　这种道德价值观念扎根的土壤是自给自足的小农经济，存在着两种文化形式。作为文字文化形式有杨朱的"拔一毛以利天下，而不为也"的公开主张；作为俗文化的流传形式，有"人不为己，天诛地灭"，"事不关己，高高挂起"，"各人自扫门前雪，休管他人瓦上霜"之类的为人处世原则，如此等等，都可以证明自私自利的小农意识在古代中国是一种普遍存在的道德价值观念。传统道德国情中的自私自利意识，是小生产者特有的道德意识，此即人们通常所说的"小私有"观念。它属于"庶民道德"的价值观念，广泛而又根深蒂固地存在于庶民的头脑中。

　　"我的事你别插手，你的事我不过问"，这大概可以概括反映小生产者的自私自利道德价值观念的基本特征。自己的田地自己种，自己的事情自己做，一般不会想到或不愿意求别人帮助，也不指望会得到别人多少帮助。同样，自己的劳动产品，自己的其他收获，也是自己消费，自己享用，一般不会想到也不会情愿让别人来分享。就是说，传统中国人自私自利的小农意识，其轴心是"为自己"。从自己出发，为自己和属于自己的家庭而活着，靠自己的劳动养活自己和自己的家庭。于是，凭着自己和家庭的劳动养活了自己和家庭便心安理得，对与自己无关的事情不感兴趣，对不属于自己的东西不抱非分之想和获取的奢望。凭着个人的辛苦而发财的欲望是有的，但久久地不能如愿便怨自己和家庭的其他人"命"不好，别人家的"命"好，而这都是"天命注定"的，是"天意"。

这就是小农意识安分守己、不损他人、不思进取、不谋发达的自保性特征。它虽然属于自私自利的道德意识范畴，但一般不会对人缘、业缘和地缘生活圈造成危害，对国家和民族更不会构成直接性的威胁。

可见，小农意识的自私自利，与个人主义、利己主义的自私自利有着原则的不同。自私自利是小生产者的人生观和道德观，他们主张和奉行的是"人人为自己""为己不损人"。而个人主义、利己主义是系统的人生观和道德观，其信奉者在社会生活中必然把损人利己奉为伦理思维和道德行为方式。传统中国人的自私自利与西方的情况明显不一样。西方人的个人主义、利己主义的自私自利，既是道德意义上的，也是世界观、历史观意义上的，不仅具有自保性，而且具有攻击性，常常是"利己也损人"，甚至奉行"损人以利己"。在对待国家和民族的关系问题上，西方将巨大的自私自利奉为世界所有民族的普遍信仰，把个人的利己主义与民族的利己主义联系在一起，融为一体，使得冲突和征服的精神是西方民族主义的根源和核心，它的基础不是社会合作。所以利己主义作为道德范畴，在西方一方面被保护、提倡和无国界地推行，另一方面在其国内又不断地受到批评，得到修补，使之在自己的同胞之间变得不那么具有攻击性。这是西方的特色。换言之，也可以说，中国的道德国情中有着重视个人利益而一般不损害他人利益的自私自利的小农意识传统，西方许多国家的道德国情中有着重视个人利益而不惜损害他人利益的个人主义、利己主义的传统。

正因为如此，中国封建社会对小农意识采取了宽容的态度，最大限度地允许小农意识的普遍存在，而不与小农意识进行任何形式的斗争。在这里，尊重国家和民族利益的整体意识与重视一家一户的自私自利的小农意识实现了和平共处。不仅如此，小农意识的自保性特征在特殊的情况下还会自然地扩大其内涵。如上所说，当国家和民族面临外敌入侵，庶民需要保全自己及其家庭免受侵害，国家需要他们团结和凝聚起来抗敌的时候，小农意识就会以"保家卫国"的高级形式充分地表现出来，从而实现了与天下意识和大家意识的统一。这也可以说是中国传统道德国情的又一大特色。

就社会历史原因看，这种"统一体"的形成与中国封建社会特殊的经济政治结构直接相关。

在中国封建社会，一方面是汪洋大海式的小农经济，一方面是封建专制政治，用高度集权的政治统摄、扼制普遍分散的经济，是中国传统社会经济与政治结构的基本模式。小农经济是自私自利的小农意识之根，专制政治是"大一统"的整体意识之根。小农经济是以家庭为社会生产的基本单位的经济结构，生产方式落后，生产力低下，致使广大的农民一直处在贫穷、贫困的生活境地。当年传教士汤若望发现中国的农民几乎从来无肉可吃，他才懂得中国的官员们为什么被称为"肉食者"。个体分散必然导致贫穷贫困，个体分散加上贫穷贫困必然产生自私自利的小农意识并使其不断强化。以汪洋大海式的小农经济为基础的小农意识，既是小生产者个体道德意识中的主体结构，也是普遍分散的社会心理，由此而使它呈现"居安不思危"的基本特点。为什么小农意识弥漫在社会生活的各个领域，自古至今都呈现着一种难以逆转和磨灭的态势，原因就在这里。这是中国道德国情一个最不应该忽视、绝对不可回避的一种基本情况。

从价值趋向看，小农意识本身也具有两重性的特点，而且十分明显。一方面，自私自利，使人主要或只是关心自己，笃信"把自己的事做好了，就会天下太平"的人生观和价值观，这在客观上有利于社会的稳定与发展。从这一点看，20世纪80年代初，中国农村实行家庭联产承包责任制后，农民的生产积极性出现空前的高涨，也与农民的自私自利的伦理本性得到空前的解放有关。另一方面，主要关心自己，甚至只是关心自己，也会带来这样的问题：公众的事、公家的事少有或没有人关心，这又不利于社会的稳定和发展。因此，不论怎么说，小农意识虽然具有自保性的特点，但其所体现的普遍分散的价值心理和价值趋向，对社会的稳定和国家的需要来说并不是一种良性心理因素。直接由封建专制政治派生的"大一统"的整体意识，仅从其道德功能看，不论是天下意识还是大家意识，实际上都只能在两极的意义上与小农意识对应，并不具有真正能够"对付"小农意识价值趋向的社会功能，它的价值实现在一般情况下不得不依靠政治与法律的权威。就是说，在中国历史上，两重性结构的道德价值观念所存在的矛盾不可能依靠其自身来协调和缓解。中国传统道德国情之所以在许多方面带有政治色彩，具有政治伦理的特色，原因也在这里。这就决定了中国人的传统道德价值观念结构具有既缺少尊重集体的道德意识也缺少尊重个人的道德意识的特点。在这个意义上我们完全可以说，在处理个人与整体的关系上，尽管古人长期坚持着中庸之道的价值主导方向，但是作为民族整体的道德需要和道德价值结构，中国传统道德国情的深层内涵中缺少一种真正统一的道德价值观念，这一点应当是确定无疑的。新中国成立后，在实行计划经济的年代和改革开放之初，我们曾长期被"一放就乱，一统就死"的价值心理所困扰，由此而感到中国的事情难办，因此而出现过不少的失误。从道德国情来分析，这种忽左忽右的两极思维方式、心态和价值取向，正表明了我们整个民族缺少统一的道德价值观的指导及其历史影响的深刻性和顽固性。近些年来，理论界有些人，特别是一些青年人对中国历史上道德国情的这种特殊的价值结构及其在现实中的表现不大理解，大为不满，提了许多批评意见，其中不少意见不能说没有一些道理。但是，仅仅批评是远远不够的，因为那是历史的必然，那是历史所能给予我们而且我们又不得不承接的遗产。对待这个问题的科学态度，还是应当运用历史唯物主义的方法，从历史的实际出发，对具体情况作具体的分析。

二、在人与人的交往关系上，是推崇人际和谐的仁爱精神与不问是非善恶的"农夫之爱"的"统一体"

在调整人与人之间的关系问题上，历史上的中国人推崇人际关系和谐，以和睦相处、相亲相爱为主要的价值原则。从文化渊源看，这与以孔子、孟子仁学为主体的中国传统伦理文化的长期影响直接相关。为了求得人际关系和谐，要"推己及人"，做到"己所不欲，勿施于人"①，并力求做到"己欲立而立人，己欲达而达人"②，"君子成人之美，不成人之恶"③。当人际关系出现不协调，发生矛盾的时候，要讲"恕道"，推崇"君子不计小人过""握手言和"。所以，中国人对于那些"得理不饶人""无理争三分"的人，是很看不起的。从这一点上看，中国人真可谓是世界上最善良的人，中华民族真可谓是世界上最善良的民族。

与此同时，在调整人与人之间关系的处世问题上，中国人还存在另一面的缺陷，这就是：不问是非、不问善恶。有则寓言故事叫《农夫与蛇》，说的是寒冬季节，一个农夫看到一条蛇在路边冻僵了，很不忍心，便将其放进自己的怀里。蛇苏醒过来后咬了农夫一口，使农夫受了致命的伤。农夫在临死的时候说："我不该同情蛇一样的恶人！"这个故事所"寓"之"言"，显然不只是讽刺那一位农夫，而是在批评一种社会现象，即关于人与人交往中的仁爱原则所存在的不问是非、不问善恶的缺陷。我们可称中国人这种怜悯之"爱心"为"农夫之爱"。20世纪30年代，毛泽东曾在其《反对自由主义》中列举和批评了自由主义的十一种表现，其中有四种就属于这种处世原则和价值态度：第一种，"因为是熟人、同乡、同学、知心朋友、亲爱者、老同事、老部下，明知不对，也不同他们作原则上的争论，任其下去，求得和平和亲热。或者轻描淡写地说一顿，不作彻底解决"。第三种，事不关己，高高挂起；明知不对，少说为佳；明哲保身，

---

① 《论语·颜渊》。
② 《论语·雍也》。
③ 《论语·颜渊》。

但求无过"。第六种，"听了不正确的议论也不争辩，甚至听了反革命分子的话也不报告，泰然处之，行若无事"。第八种，"见损害群众利益的行为不愤恨，不劝告，不制止，不解释，听之任之"。很显然，毛泽东在这里批评的正是不问是非、不问善恶的处世原则。

调整人际关系问题上的这种两重性的道德价值结构，统一表现在道德行为的选择上就是：一方面使人能够真诚、友善待人，有利于协调人际关系；另一方面又使人在与他人相处时显得缺少智慧、愚蠢，难免有时会上当受骗。事实证明，真诚友善而缺少智慧的人容易上当受骗，最真诚最友善的人往往最容易上当受骗，这反映了中国人传统的处世原则的一个基本特点。人与人之间的交往关系是道德生活的基本形式，人对于精神生活的需要和追求，通常是在这种交往活动中实现的。在这一点上，今人应当看到，我们传统的处世原则是存在着积极与消极两种不同的价值趋向的。它的积极方面主要表现在有利于营造一种协调和谐的人际关系氛围，优化人的精神生活；它的消极方面主要表现在使人际关系环境包容、宽容了恶，时常给真诚善良的人们的精神生活造成创伤，甚至造成不易挽回的恶果。

我们应当看到，儒家仁学是一种向善的伦理文化。它教导人们做人要真诚善良，从真诚善良的愿望出发去善待他人，只要对方是"兄弟"，就一概施之以仁爱，而几乎从不问"兄弟"是否是真兄弟，自己的善意是否真的会有善果。同时还有必要指出，这种"统一体"的缺陷今天仍然产生着不良影响。

三、在精神生活追求上，是崇尚道德理想、道德价值与空谈道德、热衷于道德说教的"统一体"

道德属于精神生活范畴，是精神生活的主体部分，讲道德的人必定重视精神生活。中国人历来重视对于精神生活的追求，这不仅表现在统治者和知识分子群体当中，而且表现在广大劳动人民中间。

统治者和知识分子追求精神生活首先表现在对于理想社会的追求。传统意义上的中国人对于道德理想的追求也是十分看重的，在知识分子阶层更是这样。

可以说，自孔子始，历朝历代的统治者和知识分子都标榜自己在追求一种"天下为公"的理想社会，视"天下为公"为"大道"，而且多带有怀古的情绪。《礼记·礼运》曰："大道之行也，天下为公。选贤与能，讲信修睦。故人不独亲其亲，不独子其子；使老有所终，壮有所用，幼有所长，鳏寡孤独废疾者皆有所养；男有分，女有归；货恶其弃于地也，不必藏于己；力恶其不出于身也，不必为己。是故谋闭而不兴，盗窃乱贼而不做，故外户而不闭，是谓大同。"今人，当以中国共产党人的主张最具有代表性，其关于理想社会的观念在他们的章程里，在他们的各种方针、路线和政策里，得到了充分的体现。当然，由于社会制度和所代表的阶级不同，中国古人和今天中国共产党人的道德理想在其科学性等方面是有原则区别的。

其次，表现在执著于读书生活。他们或者为了求官做官，或者为了求知自得及助人，均以读书为个人的奋斗目标和人生乐趣。在中国历史上，以读书求官者难计其数，有的甚至为此而耗费了毕生的精力。相比之下，以读书做官者要少得多，因为做官是不需要学的，一旦功名有成、爵位在身，便忙于搜刮民脂民膏，发家致富，或忙碌于做个为民作主的清官，以求名垂青史。为了求知自得及助人者历史上并不多见，大约要以"一箪食，一瓢饮，在陋巷，人不堪其忧，回也不改其乐"[1]的颜回和"少治《春秋》"而"三年不窥园"[2]的董仲舒为典型代表了。

凭借自己的体力求生的广大劳动者，日子虽然普遍清苦，有的甚至常年食不果腹，衣难蔽体，但终不忘对精神生活的追求，这些现象我们已难以从历史的档案里寻得踪迹，只能从现实生活中找出它的历史踪影。

从另一面看，在传统的意义上，中国人又有空谈道德理想、热衷于以道德说人的不良习惯。其表现为三个方面：一是注重用书面性或教科书式的思维方式和理想的目光看现实，用书上的标准尺度度量现实，对现实的

---

①《论语·雍也》。

②《汉书·董仲舒传》。

要求理想化。因此，看到现实中存在与理想不甚相符的地方便表示不满，而自己却又很少有积极参与改造现实的实际行动，这种情况在一些知识分子身上最为常见。当然，对此应从两方面看。在阶级分析的意义上，历史上的知识分子用理想化的标准批评当时的现实，具有反封建、反封建腐败政治的进步意义；而从社会发展过程看，这种批评又未免有空谈的一面，因为他们的理想标准在他们的历史时代是不可能成为现实的。

二是注重于对别人讲如何做人的大道理，或曰注重教人以做人之德，而不注重教人以做事之技。为此，还难免时常摆出一副先知先觉、道貌岸然的"贤人""圣人"相，虽然自己不一定真的就是"贤人""圣人"，但也可以从中得到某种精神生活方面的满足。这种情况，在学校教育中，在长者对年幼者的要求中，都是司空见惯的。

三是注重从教育者的良好愿望出发，注重耳提面命，而不大注意受教育者的可接受程度，致使道德教育往往变成一种道德说教。这种情况，不论是在学校教育还是家庭教育中都广泛地存在。

在精神生活追求上，这种崇尚道德理想、道德价值与空谈道德、热衷于道德说教的"统一体"的形成原因总的来说当然要归结于封建社会的专制政治，它与"大一统"的政治观和社会观是一脉相承的。具体来说，是出自历史上一些"明君""明臣"和追求进步的知识分子的价值观念。这种"统一体"使应当的道德理想与不应当的道德空谈、应当的道德教育与不应当的道德说教混为一体，最终影响到中国人理想追求的社会信誉，以及人们精神生活的质量。

通过上述三个基本方面的分析，我们可以十分清楚地看出，中国传统道德国情的价值结构一方面在价值趋向上真切地存在着内在的矛盾，另一方面在结构方式上又是一个实在的"统一体"。所以，在传统的意义上，中国人既缺少尊重集体的道德意识，也缺少尊重个人的道德意识；既善待好人，也善待恶人；既崇尚理想生活，又善于空谈理想。这是中国传统道德国情的一个基本方面，也是一个基本的特点。

为什么中国传统道德国情的价值结构是一种双重性的矛盾统一体？这

一点，我们在前面已经谈到。总的来说，是由封建社会的政治经济结构决定的，小农经济是自私自利的小农意识之根，专制政治是"大一统"的整体意识之根。同时，与儒家仁学伦理文化的长期浸润和影响也关系甚密。仁学伦理文化的价值核心和主体结构是"向善"，而不是"向智慧"；是只教人做好人，而不是教人做好人的同时也教人做聪明人。

不难理解，中庸之道之所以会成为中国传统道德国情的价值主导方向，成为中国人在实际的道德关系和道德生活中最为推崇的价值原则，与这种双重性的价值结构的特点不无关系。换言之，也可以这样说：双重性的价值结构，在文化学意义上是中庸之道产生和存在的逻辑基础。从这一点来看，中庸之道的历史意义更是毋庸置疑的。尽管如是说，我们还应当看到，虽然受到中庸之道的长期教化和浸润，双重结构的分界时常有些模糊，但其基本的分垒及其所表现出的不同的价值趋向还是清晰可见的。

今天回过头来看，对于这个传统道德国情的双重性价值结构，伦理学的研究一直不够深入，既没有很好地发掘、发扬其积极的有价值的方面，也没有对其在历史上已经存在、在今天更显露出阻碍现实发展的消极作用的不良方面加以批评，指给人们看。只讲我们民族具有尊重整体利益、注重人际亲爱和平、崇尚理想和道德生活的优良传统，而不讲我们民族同时具有自私自利、不问是非善恶、空谈理想和道德的不良传统，甚至还美其名曰"正面宣传""正面教育"，实际上是一种全面肯定历史的形而上学。在方法论上，"全面肯定"与"全面否定"并没有质的区别，这一点已经为多少年来的社会实践所证明。这是值得我们认真反思的。

第四节　道德规范的制度化特质

道德规范是不是一种制度，或是否应该为一种制度？这个问题，在中国伦理学界是一个不言而喻的问题：道德规范不应当是一种制度。在有些人那里，若是把道德规范看作是一种制度或具有制度意义的行为准则，不仅在认识和理智上不答应，感情上也是不能接受的，因为这相悖于道德的自觉与崇高。

然而，这种根深蒂固的看法实际上是不正确的。要彻底说清这个问题要说很多的话，我们在这里没有必要——道来，我们只是要特别地指出一点：把依靠人的自觉而设定的行为规范和准则与制度性规定对立起来的看法，是需要重新审视的。而从历史的角度看，这种根深蒂固的片面看法，恰恰表明一些人对历史道德国情中道德规范的特点及道德建设的真实情况缺乏真正的了解。

一、道德规范应具有制度意义

从社会本质或逻辑上看，道德规范本来就是一种制度，或一类制度。道德，不论是从社会规范还是从个人素质方面看，在本质上都是一种约束，前者是社会约束，后者是自我约束，这一点在学界并没有多大的分歧。分歧在于：道德的约束是否与制度有关。今人通常只是在"社会舆论""传统习惯""内心信念"的意义上将道德界定为一种精神性的社会规范，或一种精神约束，因而不赞成将道德的社会规范与制度联系起来。

我国伦理学界曾有人提出需要重视制度伦理与伦理制度建设的问题。所谓制度伦理，指的是各种制度所包含的伦理道德价值。具体分析，它又似乎具有两个方面的含义：一是制度中的伦理，即制度本身所包含的伦理价值追求和道德理念。任何一项制度的建立，建立者事前总会生发"对谁有利"之类的价值思考和目标设计，建立之中又总会运用道德价值判断的方法，将事前的伦理思考和目标化解为具体的价值观念和准则，融合在制度中并通过制度的形式表现出来。二是关于制度的伦理评价。一项制度或一个方面、一个系列的制度实行以后是否合理、正当，即善恶倾向如何，结论不在制度本身，而在社会作出的伦理评价。这种评价表明社会对制度的"伦理效应"所持的态度。就是说，制度伦理包含制度的内在伦理蕴涵和外在的伦理效应这两个基本方面，它是这两个方面的伦理价值的有机统一。伦理制度，当时的学界规定并不明确，但提出者的意图是清楚的，说的是关于伦理道德问题的提倡与保障制度，其职能是督促、监督主体注意制度的伦理价值，遵循由制度伦理所派生的道德行为准则或规范。他们认为，道德社会功能的发挥需要主体的自觉，而这种自觉会因人而异，是有限、有条件的，不是无限、绝对的。因此，在社会规范的意义上必须有一种与道德有关的制度来进行伦理性的督促、监督。概言之，所谓制度伦理，就是与道德规范相关的各种制度，伦理制度则是典型的制度性的道德规范。制度如果与道德规范无关，道德实际上就失去了存在的客观根据，因为道德本是以"渗透"的方式存在于社会生活的广阔领域的，不让"渗透"也就无道德可言。载着伦理价值的道德规范如果不以制度的形式呈现，那就无疑是形同虚设。如在社会公共场所，"见义勇为"和"不准吸烟"的伦理价值是一目了然的，很多人都可以凭借自己的自觉或道德良知做到这一点，但总会有一些人缺乏这种自觉。这在客观上就要求对"见义勇为"和"没有吸烟"给予褒扬和称道的规定，对"见义"而不"勇为"和明目张胆吸烟者给予惩罚或公开谴责。如果没有这样制度性的伦理规定，那么，关于"见义勇为"和"不准吸烟"的价值导向还有什么实际价值呢？其结果岂不是让那些缺乏自觉的人逍遥法外，而同时又诱使那些自觉的人们渐渐地丢掉道德良知，最终使"见义勇为"和"不准吸烟"成了一种形式？因此，在一定的社会里，道德规范应是为倡导特定的伦理价值观念和道德标准而制定的鼓励与惩罚制度，本质上是一种或一类制度。

这里，还有必要指出，我们将道德规范看作是一种或一类具体制度，并不是从社会根本制度如经济制度、政治制度、法律制度的意义上说的。

二、礼的历史性变革，使中国传统道德规范具有制度特质

现在我们来认真分析一下中国传统道德规范的制度化特质问题。

说起中华民族历史上的道德文明，世人誉称我们是"礼仪之邦"。这是完全正确的，因为中国是一个"隆礼"历史十分悠久的国家。礼，就是

制度。中国传统道德国情中的道德规范之所以具有制度化的特质，就因为它被包容在礼之中，是以礼的形式而存在的。

礼的形成与发展，经历了由"祭礼"到"礼制"，与"仁"合流而发生革命性演变的过程。

礼，起源于原始社会末期的祭祀，当时仅为宗教性的活动。关于礼的起源，《礼记·礼运》篇作了这样概括的描述："夫礼之初，始诸饮食，其燔黍捭豚，污尊而杯饮，蒉桴而土鼓，犹若可以致其敬于鬼神。"《国语·楚语》说：自颛顼开始，"乃命南正重司天以属神，命火正黎司地以属民，使复旧常，无相侵渎。是谓绝地天通。"类似的记载也见于《尚书·吕刑》《山海经·大荒西经》《史记·历书》等。在原始社会末期巫术流行的时候，民神杂糅，人人祭神，家家有巫吏，但"司天""司地"的祭祀活动由专人控制和独占，这种控制和独占便是礼的萌芽。

进入阶级社会以后，礼规定了统治阶级与被统治阶级的界限，规定了人的尊卑贵贱，成为上层建筑的一个部分。礼在殷商，虽然主要仍为"配天"祭祀的活动，但已开始有制，并有甲骨文字记载。经过春秋时期如孔子所说的既"损"又"益"最终演变为人事。《礼记·表记》曰："周人尊礼尚施，事鬼敬神而远之，近人而忠焉。"说的就是这个意思。礼由于"远"鬼神而"近"人，便由单纯的祭祀活动，发展成为"治人""治世"的国家与社会活动，其"制"便是管理国家与社会的典章制度。仪，因礼而出，是礼的具体化和程式化。周公姬旦总结了夏商特别是商灭亡的教训之后，制定了一系列的礼乐制度，故时有"礼仪三百，威仪三千"之说，这就是最初的较为系统的礼制。礼在成制之初，作为奴隶社会的典章制度出现的时候，内涵基本上是关于等级制度的政治原则和社会规范。

按照《周礼·大宗伯》篇的说法，清代学者秦蕙田著《五礼通考》，将作为等级制度的政治原则和社会规范的礼，分为五种，即吉礼、凶礼、军礼、宾礼、嘉礼。吉礼讲的是祭祀的典礼，凶礼讲的是丧葬之礼，军礼主战事之规，宾礼指的是诸侯朝见天子及其相互盟会之礼，嘉礼主要是社会规范意义上的礼，如婚礼、冠礼等。

孔予创建仁学，把仁与礼联系了起来，进而提出"仁政"的主张，赋予礼以真正的道德蕴涵，使本作为奴隶社会典章制度的礼发生历史性的演变，变得丰富起来，这是礼的革命。虽然这种革命并没有也不可能"损益"到"礼不下庶人"的本质特性。

《论语》中首次明确将仁与礼联系起来说明道德问题的是《八佾》篇："人而不仁，如礼何？"意思是做人而不讲仁，怎样来对待礼仪制度呢？可见，孔子自将仁与礼合流开始便着眼于"仁政"，力图使"仁政"与"礼政"贯通起来，"仁政"可看作儒之仁学的逻辑起点和终极目标。这种思路，在孔子的下列思想中得到更为充分的表达："克己复礼为仁。一日克己复礼，天下归仁焉"①，"为政以德，譬如北辰，居其所而众星共之"②。他希望封建统治者把"人治"变为"仁人之治""有德之治"。作为治国方略，仁与礼的合流和"仁政"主张的提出，丰富了礼的历史内涵，是对由周而来的礼治所进行的革命性改造，为新兴地主阶级提供了最合适的统治工具，这应当是孔子最大的历史功绩。

孔子的上述思想和主张，在孟子那里得到了更为深入的阐发。在这种意义上我们可以说，没有以孔孟为代表的儒家仁学伦理文化及由其而发生的关于礼的革命，也就没有中国延续两千多年的封建统治，没有中华民族大家庭的稳定、繁荣和灿烂悠久的传统文化。

作为道德规范的礼（及仪），关于其形成与发展的必然性和重要性，古人有很多精彩的论述。如荀子曰："礼起于何也？曰：人生而有欲，欲而不得，则不能无求；求而无度量分界，则不能不争；争则乱，乱则穷。先王恶其乱也，故制礼义以分之，以养人之欲，给人之求。"③虽然他从人性本恶来解说礼仪的起源是不科学的，但是，他在指说立礼仪的必然性、重要性这一点上，是具有雄辩的说服力的。荀子还在道德的意义上将礼与法区分了开来，并且认为礼先于法，礼重于法，指出："礼义生而制法

① 《论语·颜渊》。
② 《论语·为政》。
③ 《荀子·礼论》。

度"①，"礼者，法之枢也"②。在中国历史上，礼的地位至高无上，被尊为"经天地、理人伦"之本。

三、礼是统摄政治、道德、法律的最高范畴

礼具有政治、道德、法律等多方面的含义。在政治上，礼是维系封建专制统治——"人治"的主导价值观念。"礼，经国家，定社稷，序民人，利后嗣者也"③，"礼所以守其国，行其政令，无失其民者也"④，等等，这些都是对礼的政治含义所作的重要说明。在早期的儒学伦理文化中，礼虽然有法律的含义，但不明显、不突出，更多的情况下其是与法律相对立的，如孔子关于"道之以政，齐之以刑"与"道之以德，齐之以礼"的比较就是一个明证，这与他忠实继承周时的"明德慎罚"传统思想有关。这一早期特征，不仅为封建统治者所不能容忍，而且在当时就为法家学派所反对，在后世又被荀子彻底打破（荀子之"礼"在许多方面说的都是法律），而自唐代以后则凡律皆"一准乎礼"了。

礼的道德含义，首先表现在它本身所具有的道德性。在古人看来，礼本身就是判别是非善恶的根本标准和最概括、最崇高的道德价值形式，守礼应被歌颂，悖礼应被视为大逆不道。在具体内容上，各种各样的礼都有许多是关于道德的诠释和规定。《左传》中的这段话较能说明问题："君令臣共，父慈子孝，兄爱弟敬，夫和妻柔，姑慈妇听，礼也。君令而不违，臣共而不贰，父慈而教，子孝而箴，兄爱而友，弟敬而顺，夫和而义，妻柔而正，姑慈而从，妇听而婉，礼之善物也。"

这是用礼说明君臣、父子、兄弟、夫妻、婆媳之间伦理关系的较早形式。孔子所阐述的礼在道德上有孝顺、慈爱、中和、祭祀、勤俭、节制、礼貌、谦逊等意。如樊迟问何谓"孝道"，孔子作答曰："生，事之以礼；

①《荀子·性恶》。
②《荀子·王霸》。
③《左传·隐公十一年》。
④《左传·昭公五年》。

死，葬之以礼，祭之以礼"①。鲁人林放问"礼之本"，孔子曰："大哉问！礼，与其奢也，宁俭；丧，与其易也，宁戚"②。孔子到周公庙，每事必请教，有人讥讽他不懂礼，他却说："是礼也"③。这些意蕴在此后的历史发展中渐渐地凸现了出来。

关于礼的上述三个方面的含义，《礼记·曲礼》曾作过全面阐述："道德仁义，非礼不成；教训正俗，非礼不备；分争辩讼，非礼不决；君臣、上下、父子、兄弟，非礼不定；宦学事师，非礼不亲；班朝治军、莅官行法，非礼威严不行；祷祠祭祀、供给鬼神，非礼不诚不庄。是以君子恭敬、撙节、退让以明礼"。这种关于礼的含义的全面阐释，其权威性不容置疑。

由此看来，在中国历史上，礼是政治、道德、法律三者共有的最高范畴，礼制是"政制"（典章制度）、"德制"（以"三纲五常"为代表的道德规范）、"法制"（刑律）相融的规范体系，礼治则是"政治""德治""法治"的统一。历史中国是一个依礼治国——"政治""德治""法治"并举的国家。

四、道德之礼的多层含义

作为道德规范的礼仪，其制度特质首先体现在被封建统治者以制度的形式规定为国家之"大德"。所谓国家之"大德"，相当于现代社会国家所倡导的国民道德规范。它一般是用来调整个人与国家之间的关系的道德准则，适用于全体国民。先秦儒家等提出的许多道德规范，如忠、恕、孝、仁、义、信、敬、诚、慈、悌、恭、俭、让、智、勇等，经董仲舒之手而被确定的三纲五常，后来都被历代的统治者逐渐地以制度的形式加以确认和规定，列为治国思想和方略。在汉武帝继位之前，汉王朝的治国思想和方略基本上沿袭秦制，特别重视和推崇以道家的"清静无为"思想治理国

①《孟子·滕文公上》。
②《论语·八佾》。
③《论语·八佾》。

家。相传汉高祖特别厌恶儒生，曾取儒生之冠"溲溺其中"，文帝"好道家之学"，景帝"不经儒学"。到了汉武帝时期，国家的最终统一在客观上提出了需要用统一的精神文化治理国家的要求，他采纳了董仲舒的意见，"罢黜百家，独尊儒术"，并用国家的形式和力量将儒学所主张的道德之"礼仪"以各种制度形式确定了下来，此后经久未变。

其次，体现在以文字形式确认的各种"规"。在学校，有各种"学规"，其中多数都是约束和惩戒学生的道德规范。关于这一点，我们在本书后面有关章节将进行详细分析和阐述，此处不作展开。在乡里，有各种旨在调节乡里、邻里之间的利益关系的道德规范，如乡规乡约等。中国历史上较早地系统提出乡规乡约的是北宋的吕氏大忠、大钧两兄弟，后来朱熹对其提出的乡约作了内容和文字的修改，成文而流传乡里。此类乡规乡约的制度性规定是很具体的，如《吕氏乡约》中就有这样的规定："凡之约四：一曰德业相劝，二曰过失相规，三曰礼俗相交，四曰患难相恤。众推一人为都约正，有学行者二人副之。约中月输一人为直月（约正副不与）。置三籍，凡愿人籍者，书于一籍；德业可劝者，书于一籍；过失可规者书于一籍，直月掌之。月终，则以告于约正，而授于其次。"四项规定又各有其子项规定，如"德业相劝"的"德"，就又有如下的规定："见善必行，闻过必改，能治其身，能治其家，能事父兄，能教子弟，能御童仆，能肃政教，能事长上"，等等。在长辈与小辈之间有为童之道，如《小儿语》《三字经》《弟子规》等。这方面的道德规范通俗易懂，形式活泼，带有儿歌的特色，旨在"使童子乐闻而易晓"，在"欢呼戏笑之间"传"立身要务"，将"义理"明达于"身心"。仅举明代吕得胜所作的《小儿语》中的几句为例："一切言动，都要安详。十差九错，只为慌张。先学耐烦，快休使气，气躁心粗，一生不济。能有几句，见人胡讲。洪钟无声，满瓶不响。既做生人，便有生理，个个安闲，谁养活你。为人若肯学好，羞甚担柴卖草；为人若不学好，夸甚尚书阁老。自家认了不是，人再不好说你。自家倒在地下，人再不好跌你。"

再次，为妇之道，有三从四德，即所谓在家从父、既嫁从夫、夫死从子，妇德、妇言、妇容、妇功。这是封建社会对妇女的特殊要求，既是道德规范也是政治规范，旨在要求妇女不仅听凭于君权、父权，而且要听凭于夫权的特殊统治。明朝儒学学者编写的《女儿经》是一部关于妇女的道德规范和道德修养的通俗读物。它对三从四德的道德要求做了具体化的阐述和规定。如未出嫁的女子，在家要敬爱父母、尊敬兄嫂，"勤梳洗，爱干净；学针线，莫懒身"等；出嫁之后的女子，要孝敬公婆、体贴丈夫、爱护姑叔、教育好子女、维护家庭和睦、处好与左邻右舍的关系等。同时，要时时处处修养自身，保持仪表端庄和贞洁，等等。三从四德和《女儿经》作为为妇之道的经典，客观上对于维护中国传统家庭的和睦与繁衍起了一些积极的作用，但由于其主旨是宣扬男尊女卑，维护封建纲常，所以对妇女的身心健康和正常发展是十分不利的。

最后，特别值得一提的是，为推行道德规范而制定的各种惩戒性道德规范或非道德规范，亦即今人所说的伦理制度。在中国传统道德规范体系中，设有大量的对违背道德规范的不道德行为进行惩罚的制度——非道德规范制度，而这种制度通常又是与法律规范和政治规范"联姻"的。自汉代董仲舒将"三纲"政治伦理化，贾谊主张将"三纲"入律后，这类用法律的形式规定的非道德规范制度在封建社会的法典中是屡见不鲜的。《明史·刑法志》对此有这样的评介："历代之律，皆以汉《九章》为宗，至唐集其成。"据中国法学思想史学界称，汉《九章》之律已经失传，但从有关资料看，汉律在宗旨上体现"三纲"是没有问题的。至于唐律，其"一准乎礼"的风格，直至清末也未变，而且更全面、具体。顺便指出，这类用法律形式确认的非道德规范，当然首先是法律规范。至于以政治惩罚的形式出现的非道德规范，则更不胜枚举。

五、中国传统道德规范的制度化特质的历史意义和现代启示

中国传统道德规范的制度化特质的历史意义是不言而喻的。用"礼"及其"经""规"的制度形式来规范人们的道德行为，就使得整个社会生

活中的道德问题带有浓重的制度色彩，依靠社会舆论、传统习惯和内心信念来调节道德问题因此而有了制度保障。古人的这种做法，既体现了中国历史道德国情的一个突出的特点，也反映了中国封建社会道德建设方面的一条重要的经验。因此，今人如果不带有制度意识，离开对道德制度的接受和理解，就不可能真正认识和把握中华民族传统道德国情的特定内涵，学习、研究、宣传和继承中华民族传统道德就难免带有很大的盲目性。具体看，我们可以从以下三个方面来理解传统道德规范制度化特质的历史意义。

第一，它把以孔孟为代表的儒家所倡导的伦理观念和历代统治者以此为据而制定的道德价值之"虚"，变成制度之"实"，把"精神软件"变成"精神硬件"。就内在本质看，道德在社会的形态上只是一种普遍的价值观念和行为准则，在个体品德结构中主要是一种情感和信念。道德对社会风气风尚的影响，对人们品德和行为的指导和支配，说到底是凭借其特有的价值观念、行为准则和人的情感和信念起作用的。从这种意义上可以说，没有特定的价值观念和行为准则，没有人的情感和信念，也就没有道德。也许正因为如此，伦理学界乃至更多的人在关于道德规范和要求的提倡及道德建设问题上，只强调道德的感化、规劝和诱导的形式和作用，而不重视它的制度化特质及其对人的"精神强制"与"行为规约"的必要。这是一种影响既广泛又深刻的偏见。事实上，道德的传播与继承，道德各种功能的发挥，从来都离不开道德自身及道德之外的社会其他因素的保障。中国传统道德规范的制度化特质，从根本上解决了这个问题。然而不知从何时起，不少人不仅把道德规范解释为一种仅仅依靠社会舆论、传统习惯和内心信念来调节人们行为的准则，而且对遵循道德的行为和违背道德的行为，也都没有制度性的高扬或纠正措施，充其量只是表扬或批评，而对于表扬或批评也很少有制度性的规定。不得不说，这是对我们自己的道德国情历史缺乏了解的一种表现。

第二，道德规范实现了制度化就具备了与法律规范和政治准则"联姻"、参与社会综合治理的社会资格，同时获得了最可靠的社会保障。近代学者张之洞认为，纲常名教乃"法律本源"[1]。因为"君为臣纲，父为子纲，夫为妻纲"是不变的天道，假如人人都有自主权，必定是"子不从父，弟不尊师，妇不从夫，贱不服贵"，这样就会政局不稳，天下大乱。当然，张之洞的见解只是对将"三纲"之"礼"道德制度化、法律化的中国历史所作的客观描述，并没有也不可能作出具体、科学的分析，因此其失之偏颇自不待说。但他注重道德与法律和政治"联姻"的思想，确实揭示了中国传统道德规范制度化特质的历史意义，在今天也还是很值得我们注意的。

第三，将道德规范和要求用制度的形式加以确认、规定，便于国家对庶民进行教化，便于庶民进行自化。在中国历史上，几乎所有的道德教育内容和道德教育方式都与规矩相关，都用制度的形式加以确认，这给教育者实施教育以很大的方便，也给受教育者接受教育、将道德知识转化为道德情感和道德信念以很大的方便。就是说，道德规范和要求一旦变成道德制度，那么在教与学的两个方面，就都会便于人们操作。

新中国成立后，特别是改革开放以来，我国的道德建设取得了可喜的成绩，对于形成良好的道德风尚，提高国民的道德素质，发挥了重要的作用。但是，我们不能不看到，我们的道德建设与社会发展的实际需要还很不相称，在现实社会里其作用不是越来越强，反而给人以一种"走下坡路"的感觉。其原因，与我们对历史上的道德规范的制度化特质缺乏深刻的了解，对现实的道德没有进行制度化的社会加工，没有将道德规范和要求之"虚"变成"制度"之实、变成"精神硬件"，是直接相关的。

第五节　道德人格的内倾型结构模式

一国之中国民的道德人格，是其道德国情的一个重要方面。在一定意义上可以说，道德国情作为一个民族特有的精神生活需要和精神生活方

---

[1]《劝学篇·正权第六》。

式，作为一个民族特有的风格和性格，正是由其民族成员的道德人格反映出来的。

人格，最早作"面具"讲，后来成为多学科的研究对象。心理学意义上的人格，具有性格、兴趣、情感、气质等含义。伦理学所研究的是道德人格，指的是个人做人做事的统一性，说与做的一致性。道德人格的具体内涵应当从两个方面来理解，一是个人在社会生活中所扮演的伦理角色与其实际所做的事、所起的作用的统一。比如，一个国家的公务员，其伦理角色应是"公仆"形象，从道德人格的要求来说，他所做的事情，所起的作用，就应当是"公仆"之所为。二是个人的尊严与价值的统一。每个人都有自己的尊严，在表层文化上它表现为人的一种"面子"，在深层文化上它表现为人的一种权利。同时，每个人都对社会、他人和自己承担着特定的义务和责任，特定的义务和责任在实践的意义上表现为人的实际价值，亦即人们通常所说的人生价值。一个人的"面子"和权利，与其实际承担的义务和责任及其价值事实之间达到特定的均衡状态，便是确立了自己应有的人格。有的人很看重自己的"面子"和权利，却不能履行相应的义务和承担一定的责任，实现其应有的价值，这就是人格缺损。人格的具体内涵在两种"统一"的意义上达到一致，便是道德人格的完善。两种"统一"的方式和程度不同，便产生了不同结构模式的道德人格。

不同的人有不同的道德人格，不同的民族有不同的道德人格结构模式。但是，一般来说，不同人的道德人格在总体上都离不开其所在的民族的道德人格的结构模式。道德人格是个人的道德形象，同时也反映国家和民族整体的道德形象。

与普遍存在的自保性的小农意识相联系，中国人传统的道德人格是一种内倾型的结构模式。这种结构模式集中表现为重视个人实际上所做的事、所起的作用，而不重视个人的社会伦理地位，不重视个人对他人和社会实际上所作出的贡献；重视个人的尊严，而不重视个人的实际价值及价值选择方式。具体看，主要表现在三个方面。

一、自保、自立的人生态度

自保的人生态度，首先表现在对"贵生"与"贵命"的高度重视。

"贵生"，是为了"安身"；"贵命"，是为了"立命"。中国人历来十分看重生命的价值，生老病死被看作是人生的头等大事。在传统社会中，婴儿落地，虽然有男女之别，并且重男轻女，但不论生男生女都会被认为是喜事。若是生男，则更会欢天喜地，少不了还要讲究排场认真地庆贺一番，因为依据世代相传的规矩，儿子将来是支撑门户的主儿，又是好劳动力，家庭的命运就指望他了。中国人"贵生"，还同时"贵死"。一方面怕死，把死看成是个人和家庭的最大不幸；另一方面，受佛教的生死轮回思想的影响，又把死看成是人生的必然归宿和新的希望，与"喜得贵子"的"红喜事"相对应，称死为家庭的"白喜事"，少不了也要郑重其事地纪念一下。对生的重视必然会引起对死也不马虎，对死的重视必然引起对生的高度渴望和负责。传统的中国人对保护自己的生命和身体健康的重视程度在世界各民族中也是相当突出的。

在"贵生"这一点上，特别值得一提的是对老年人的生命和健康的高度重视。在中国人看来，对老年人生命的关心保护，是人们应有的共同美德，更是晚辈须尽的孝道。孔子说的"父母在，不远游，游必有方"①，既体现父母对子女的关心，也含有子女对父母尽孝的要求。

"安身"的目的是"立命"，"安身"与"立命"是一致的。而"立命"又贵在"自立"，即所谓"君子成人自成人"。虽然，在中国的历史上，经济政治结构在根本上注定了中国人与家庭和社会会形成依赖关系，社会道德的教育和影响使得人们把今世的命运交给"天"，交给自己的"前世"，寄希望于"来世"，但是人们还是特别注重自己的今世的奋斗，因为实际的人生经历和体验使得人们懂得，要想自保就必须自立，只有自立才能真正立命。正因为如此，中国人在他们的家庭教育中，常常教育子女的是

①《论语·里仁》。

"不要依赖我们"，告诉子女"将来能否成器还是要看你们自己"。所谓"自古英雄多磨难，纨绔子弟少伟男"，正是这种人生经历和体验的醒世恒言。中国历史上做出大成就的人中，不少是出身寒门的子弟，他们的"命"无疑主要还是靠自立的。自立使他们对历史的发展做出了突出的贡献，使自己名垂青史，获得了做人的尊严与价值。

其次，表现在知足常乐。传统的中国人在对待物质生活需要的问题上，最容易满足。平时只要食可饱腹，衣能蔽体，就会心满意足，就会有一种自保的感觉。若是温饱之外略有盈余，逢年过节能吃上几顿好饭，穿上一身新的或像样的衣裳，则更会感到有一种绰绰有余的光彩。细想起来，先秦法家的代表人物管仲说的"仓廪实则知礼节，衣食足而知荣辱"[①]，正是对当时国民知足常乐的人生态度和人格精神所作的客观描述，其言并不是什么了不得的高深理论。然而，在今天高等学府的讲台上，有些人却一直将"仓廪实则知礼节，衣食足而知荣辱"当作一种与道德发生有关的唯心主义理论加以批评，这是历史性的误解。实际上，"仓廪实则知礼节，衣食足而知荣辱"所反映的是人们在物质生活和精神生活需要方面的心态与行为倾向，是自古至今的一种普遍现象。

作为知足常乐的一种变态形式，历史上还存在着一种"不足"亦"常乐"的情况。如辛辛苦苦耕耘得到一点地里的回报，或上山割草打柴卖得少许钱财，不是为日后的生计考虑，而是为了求得一时的快乐，这种"变态"的知足常乐，在今天的一些偏僻落后的乡间，仍然可以经常见到。

与知足常乐直接相关的便是与世无争，这是合乎逻辑的：既然"常乐"，"争"还有何必要？

如果说知足常乐是传统中国人的生存观的话，那么与世无争则是传统中国人的发展观。联系中国人因要"立命"而自立来看，"与世无争"也是一种自立，只不过是一种内倾性的个人奋斗而已。具体看，在家庭，围着自家的庭院和几亩田地转，围着合家几口人转；在社会，或者围着一方书斋转，或者围着官场转；在国家，则围着"中国"转，如此等等。转来

---

① 《管子·牧民》。

转去，想不到、转不出自己所能看得见的生活圈，虽在"奋斗"，甚至为此而很忙碌，很辛苦，却并无多少建树，更没有什么"对外开放""向外扩张"的意识和风采。这给人的印象是，中国人都生活在一种看得见或看不见的"墙"内。

与世无争也是中国人传统的处世方式。作为文字文化形式，《名贤集》对这种人生哲学曾作过这样的表达："休争三寸气，白了少年头。百年随时过，万事转头空。百年还在命，半点不由人。妻贤夫祸少，子孝父心宽。贫居闹市无人问，富在深山有远亲。是非只为多开口，烦恼皆因强出头。少年休笑白头翁，花开能有几时红"。作为俗文化形式，像"害人之心不可有，防人之心不可无"，"让人三分，得理七分"，等等，都是与世无争的典型表达形式。

需要指出，"贵生""贵命""知足常乐""与世无争"等所反映的自保、自立的人生态度，确实表明传统的中国人缺乏进取精神，但能否因此而认为中国人的人格是一种所谓"自我萎缩型"的人格呢？不能。

内倾型与所谓"自我萎缩型"是有原则区别的，前者是相对于向外开放和扩张说的，强调的是人格结构的稳定性、保守性的特点，后者是相对于社会和自我说的，强调的是人格结构的收缩、变态的趋势。同时，我们还要指出一点：道德人格作为一个国家道德国情的构成部分，说到底是一个民族自尊心的问题；对中国人传统人格如果作如此不符合历史情况的分析和理解，必然会导致彻底否定我们伟大民族人格优点的民族虚无主义。如前所说，当国家和民族面临外敌入侵，需要救亡图存、保家卫国的时候，全民族就会同仇敌忾，遵循"人不犯我，我不犯人；人若犯我，我必犯人"的价值准则，痛击入侵者。这时候，个人"自保""自立"的内倾型人格就会迅疾转变成"国保""国立"的内倾型国格，各种人格因素就会凝聚成民族大义。

二、洁身自好的守节情操

洁身自好，是传统中国人内倾型人格的又一个典型特征。

洁，干净也；言保持自身的纯洁，不与恶人、恶势力同流合污。《晏子春秋·内篇问上》曰："洁身守道，不与世陷乎邪。"言不与或没有与坏人苟同，保持了自己良好的品性。能"洁身"者自然可以达到"自好"，"洁身"与"自好"本是一致的。洁身自好在通常情况下是指一种情操，或以情操的方式表现出来。情操内含情感和操守两种成分，是道德情感和道德行为的有机结合。它在较高的层次上反映人的道德品质的"品位"或"档次"，所以又称"德操"。荀子说："生乎由是，死乎由是，夫是之谓德操。"①他说的"德操"就是情操。

在中国历史上，洁身自好主要体现在知识分子的身上。其原因总的来说与中国几千年的封建专制统治直接相关，具体分析起来它是封建社会特殊历史阶段的产物。知识分子，由于受其自身知书达理的素质特点的决定和支配，对历史和现实的认识和理解往往超脱于一般社会民众乃至一些统治者之上，在世风日下的特殊的历史发展阶段更是这样。同时，在对待物质利益的问题上，知识分子也常常持一种超乎富人和庶民的态度。当然，并不是所有的知识分子都是这样。

由于受特殊的政治与经济地位及人生观和道德价值观的制约，中国历史上的知识分子大体上有两种不同的基本类型。一种是紧紧依附于封建统治者，甚至紧紧依附于封建恶势力，既做了许多有助于国计民生和思想文化建设的好事，也做了不少伤天害理、残害民众的坏事。另一种则不愿与统治者合作，更不愿替恶势力做事，不同流合污、为虎作伥。他们或者辞官不做，退居民间，以耕作、教书为生；或者隐居山林，观游四方，以著书立说、吟诗作画为乐。作为历史文化遗产流传至今的许多史学、文学、艺术学、医学、地理学等方面的佳作，多出自这类知识分子之手。他们多

①《荀子·劝学》。

是一些洁身自好的人，其历史贡献与他们的人格一样，都成为值得今人研究和借鉴的精神财富。洁身自好，多为后一类知识分子的人格特征。

分析和评判洁身自好，应当将其与清高联系起来。在历史上清高一直被当作洁身自好看，两者常被混为一谈，今人也曾给清高作了"谓不慕荣利、洁身自好"的解释，其实这是不准确的。

诚然，清高与洁身自好之间有着一定的联系，这主要表现在都不愿与恶势力合污，即不愿与恶势力合群。但是，两者之间的区别更为明显。清高除了不与恶势力合污、合群之外，还表现在与普通的民众也不合群。清高的人总是自以为是、目中无人、自我感觉良好，其内倾型人格的特点主要表现为孤芳自赏。不仅如此，清高的人，其实往往并不都是怎么"高"的，他们的清高多为"自恃"，即所谓"自恃清高"。

就伦理道德的文化属性来看，洁身自好当属于儒家的"入世说"。洁身自好者，不论其身在何处，其心总是系着现实，没有真正超脱与现实的联系。而清高，应归于崇尚"出世"的宗教，尤其是盛行于历史中国的佛教与道教的伦理文化范畴。虽然，历史上有杨五郎身居宝刹，心系杨家将并曾为助杨家将而大开杀戒，也有花和尚鲁智深爱打抱不平并最终上了梁山水泊的传说，他们不仅"入世"，而且造了现世的反，但总的来看宗教是主张超脱现实的。道教自汉代正式创立，就以"无为而为"和超脱尘世为主旨；佛教自汉代传入中国后，与道教一样在一千多年之中虽然曾受到过一些不公的对待，但其却经久未衰，一个突出的标志就是吸引了不少的人隐居做道士，出家当和尚。道佛信徒中当然不乏洁身自好的人，但是更多的还是看破红尘、只顾自己、不问世事的清高者，越是"世外高人"越是如此。

毫无疑问，在今天，对洁身自好和清高都要作具体分析。两者都不具有多少现实意义的人格价值，对清高更应作如是观。在现实生活中，如果说洁身自好还有激励人们不与社会落后势力、恶势力同流合污的积极意义，是一种不应忽视的人格力量的话，那么清高则更多是具有消极作用，因为它的"内倾"是把一切的人们当作"异己"看了。

三、勇敢而又懦弱的品性

在传统的意义上，中国人在世界上是十分勇敢的民族之一，也是最为懦弱的民族之一。

中国人的勇敢精神，可以分为两种基本类型。第一类可以称之为"仁人之勇"或"志士之勇"，主要体现在知识分子阶层和一些为求得自身解放而奋力抗争和视死如归的人们的身上。这类人之所以形成了"仁人之勇"或"志士之勇"的人格品质，分析起来有两个基本的社会原因。一是受到儒家伦理文化的深刻影响。"勇"，是儒家伦理文化的重要内容，也是儒家提出的一种高品位的人格标准。"勇"在《论语》中出现频率很高，在孔子那里实践仁与义的胆量和果敢精神，被称为"见义不为，无勇也"①。孔子的这种思想为后世传承，并发挥重要作用。《礼记·中庸》视智、仁、勇三者为"天下之达德"，即最好最高的精神品质。中国历史上的士大夫和知识分子，一般都受到儒家伦理文化这种人格思想的深刻教化。他们不论是在和平盛世时期，还是在国家面临外敌入侵和占领需要奋起抗争的战乱时期，多表现出了这种勇敢精神。在中国历史上，除了士大夫和知识分子阶层以外，还有一种人也是具备"仁人之勇"或"志士之勇"的精神品质的，那就是一些普通的劳动者。他们备受封建统治者的压迫和欺凌，生活的境地往往十分悲惨，因此他们会为了生存便揭竿而起，斗争的锋芒直指贪官污吏和反动统治，表现出一种超然的勇敢精神。

第二类勇敢精神，可称之为"小人之勇"。在名利场上，当个人有利可图或某种外在因素危及个人不应有的名利的时候，一些人为了捍卫个人的名利，也时常会表现出一种勇敢精神，这就是"小人之勇"。"小人之勇"者的"勇敢"有"明"与"暗"之区别。"明"者，公开地争名夺利，为此有时甚至会"打破了头"。"暗"者，或者表现为贪赃枉法，或者表现为勾心斗角、互相倾轧，热衷于"窝里斗"。

①《论语·为政》。

由此观之，说中国人勇敢，不可一概而论，需要进行具体分析。

四、自尊与自卑并存的心理

自尊与自卑，是多学科的研究对象。伦理学所涉及的自尊与自卑，属于道德心理范畴，一般是以个体方式在深层文化构架上反映一个国家和民族道德国情的基本情况。

自尊与自卑并存，是中国人内倾型传统人格的又一特点。

自尊，是人对自己的尊严和价值进行自我肯定的心理状态，所以又被称为自尊心。它的形成与发展直接与人所受到的道德教育有关，从一定的意义上可以说它是特定的伦理道德文化的产物，是特定的伦理道德文化的"个性化结晶"。在中国历史上，作为正统伦理文化的儒家学说中，对自尊有很多的论述，由此而形成了中国人关于自尊的特殊的人格理论。在儒家看来，人之所以应当自尊，是因为人有知耻之心："人不可以无耻，无耻之耻，无耻矣"[1]。这种理论的核心是强调做人要有一种"不可变""不能移""不予夺"的品格。如孔子说："造次必于是，颠沛必于是"[2]，"三军可夺帅也，匹夫不可夺志也"[3]。孟子说："富贵不能淫，贫贱不能移，威武不能屈"[4]的"大丈夫"精神。被毛泽东称为"伟大的人民教育家"、宋庆龄誉为"万世师表"的陶行知先生，在孟子的"富贵不能淫，贫贱不能移，威武不能屈"的后面还加了一句"美人不能动"。中国现代史上鲁迅所说的"横眉冷对千夫指，俯首甘为孺子牛"，一直被许多中国人尤其是中国知识界人士用作自勉和勉人的人生格言。总之，历史上大凡受过儒家伦理思想正规教育的人，其人格结构的主体部分多为自尊心理，"士可杀，不可辱"，"不食嗟来之食"，"不为五斗米折腰"等，都被传为千秋佳话。

就道德心理的基本倾向看，自卑是自尊的反面。说到中国人的自卑心理，

---

① 《孟子·尽心上》。

② 《论语·里仁》。

③ 《论语·子罕》。

④ 《孟子·滕文公下》。

我们不可忽视其人格形成之根。就知识分子阶层看，封建专制政治和森严的等级制度是他们人格形成之根。在封建专制制度下，只是自尊而不自卑，或只是自卑而不自尊的读书人，都是不会被朝廷录用，加入统治者的政治队伍的，这就使得那些潜心于读书做官的知识分子的人格呈现出既自尊又自卑的结构特征。而广大百姓，在高压的封建专制之下，受卑微的社会地位、落后的生产方式和贫困的经济地位所困扰，必然会形成以自卑为主要内容的人格结构，其典型的心理特征便是"万事不如人"。需要指出的是，不论是自尊还是自卑，都是内倾或内向型的，而不是外倾或外向型的。

自尊与自卑并存的内倾型人格结构，大体上有如下一些特征：

以自卑为主体的人格特征更多是体现在庶民身上。庶民见官少不了一副唯唯诺诺的神态，腰不敢挺直，头不敢抬起，已是古来有之。乡里人进城，像是刘姥姥进大观园，怯生生的，连问路说话都不敢或不敢出大点声，这种现象在今天仍然屡见不鲜。

关于自卑形成的文化原因，有一点是特别值得今人注意的，这就是：中国社会历来缺少一种肯定自尊、鼓励自尊的文化氛围。这种不良的社会氛围一方面压抑了人正常的表现欲、发展欲等积极的态度，另一方面迫使一些本来自尊的人逐渐地自卑起来，甚而至于逐渐地养成一种言不由衷的伪善作风。

说到自卑，还有必要说一说中国人的谦虚。在传统的意义上，中国人是很讲究谦虚的，视谦虚为人的最重要的美德，是否谦虚在许多情况下被视为人的道德品质是否优秀的最重要的标准。就心理的本质特征来说，谦虚就是自知之明，既"明"自己的长处，也"明"自己的短处，该展示自己长处时当仁不让，该揭示自己短处时不讳疾忌医，因此谦虚也是一种诚实。但是，在社会交往场合，或在上司面前，中国人常说的一句话是"我不行"，以表明自己是一个谦虚的人。这种传统风尚，其实包含的多为对谦虚的曲解。谦虚作为一种人格因素，并不是指有意贬低自己，而是指一个人在与他人进行合作和交往时如实表明的自己情况——既不夸张也不掩饰的一种客观态度。而自卑则不同，在"我不行"的心理的支配下表明的是主体对自己的尊严与价值的否定性的态度。自卑与谦虚是两种完全不同的心理状态。

鲁迅笔下有两个栩栩如生、十分传神的人物——孔乙己和阿 Q。这两个人物的人格，可以称得上是自尊而又自卑的传统人格的典型。孔乙己是一个没落的知识分子的形象。在咸亨酒店喝酒的人有两类，一类是"穿长衫的"，即有钱的富贵者，可在里屋"要酒要菜，慢慢地坐喝"；另一类是"短衣帮"，即贫苦的劳动者，一般只能"靠柜台站着"喝酒而无钱要菜。而孔乙己却很特别，他是"站着喝酒而穿长衫唯一的人"。"站着喝酒"表明了他的"短衣帮"的实际的社会地位，"穿长衫"却又似乎在证明他应有的"慢慢地坐喝"的"士"的身份。这种现实与愿望之间的反差，正是旧中国下层知识分子特有的自尊与自卑的人格的真实写照。阿 Q 则一字不识，是一个颇具戏剧性的悲剧人物。他生性好斗却每斗必败，每败之后又总是要凭借其"精神胜利法"反败为"胜"，"凯旋"似的离去，到他栖身的土谷祠去睡大觉。他不甘心他的贫穷，却又无力改变，谁若嘲弄他的贫穷，他便用"精神胜利法"反击道："我们先前比你阔得多啦，你算是什么东西！"阿 Q 很护短，不准许别人说他头上的癞疮疤，对城里人烧鱼放葱的方法不以为然。最后，他就要被绑缚刑场执行枪决，自知冤屈又无力回天，伤心得很，却又为将"○"画成"瓜子模样"而懊恼了半天。阿 Q 是旧中国贫苦百姓的典型代表，他的"精神胜利法"所反映的自尊又自卑的人格，也可以说是旧中国最广大的贫苦百姓的人格典型。

由上述可知，中国传统的内倾型结构的道德人格，优良与腐落并见。优良部分表现为中国人注重做好自己的事情和爱惜自己的"面子"，以及与人为善——"不害人"的品格；腐落的部分表现为中国人缺少社会责任感，缺少个人在社会生活中的主体地位意识和竞争获胜的精神。中国传统的道德人格是不完善的，是一种封闭的"土围子"式的人格。

这种内倾型人格，在封闭的封建专制社会里，有它的合理性和适应性，而到了开放的现代社会则暴露出它的缺陷。

第三章　中国历史道德国情的活动层面

　　如果说，道德国情的观念层面是其价值可能或潜在价值的话，那么，其活动层面则是其价值事实或显现价值。

　　道德国情作为一种社会活动现象，是社会生活整体的组成部分，在其展现的过程中通过认识与评价、教育与培养、调节与控制等活动，干预和影响着各个领域的社会生活。

　　中国传统道德国情的活动层面既很广泛、丰富，也很复杂，在礼治的统摄之下直接构成了"以德治国"的生动图景。概括起来说，中国历史道德国情具有向善的总特征。它的具体表现可以从如下几个方面来考察。

第一节　善待他人的道德生活

　　人类的社会生活浩如烟海，一代代人丰富多彩的社会生活铺垫了人类生存和发展的历史轨迹。从总体上看，人类社会生活的内容包含物质生活和精神生活两个基本方面，道德生活是精神生活的基本内容和主要方面，历来是精神生活的一个最重要领域。

　　但是，在中国伦理学乃至整个理论界和日常生活中，人们经常使用道德生活这个概念，关于此却一直没有确定的说法，实际上还是一个有待研究的新概念。

在分析和界定道德生活这个概念的时候，首先应当注意的是，道德生活与"日常生活中的道德"不是同一含义的概念，将"道德"与"生活"联系起来，提出"道德生活"的概念，应基于如下的考虑：一方面，作为社会意识形式的道德在其历史演进过程中不论是以正统的方式传播，还是以发散、蜕变的方式散落在民间，一旦被人们所接受，就会成为人们的一种生活内容，一种生活需要，一种精神追求。另一方面，这种需要和追求，不是个人以独立或固守的方式而是以参与社会生活的方式，在与他人相处、参与各种各样的交往活动中实现的。人的精神生活方式与物质生活方式有着显著的不同。就生活方式的具体过程看，物质生活的具体过程通常是以个体的方式进行的，吃饭只需自己吃，穿衣只需自己穿，如此等等。精神生活的具体过程则不同，在一般情况下不可能以个体的方式进行，而必须是在与他人或集体的共处，在社会交往的活动中才能进行。即使是单个人独自的思想活动，在其过程中也必定会有临时临境的设定对象。就主体的生活的感受和体验看，物质生活的感受和体验主要是生理过程，精神生活的感受和体验主要是心理过程。正是在这种意义上，我们认为，没有相处，没有交往，也就没有所谓的道德生活。

所谓道德生活，指的是人们在实际的社会交往过程中发生的以心理感受与体验为特征的精神生活。

道德生活关乎如何做人的问题，它对于人的生存和发展的重要性不言而喻。如前文所论及的，一个人一辈子可以不识字，不看戏，不参加国家政治生活和社会集团组织的活动，就是说，一个人在社会生活中可以缺少文化生活、文艺欣赏、政治活动等方面的基本需要，但是，有两种基本的生活需要是绝对不可缺少的，这就是基本的物质生活需要和基本的道德生活需要。缺少前者他会饿死、冻死，缺少后者他会不能自持。就一个群体、一个民族来看也是这样，能够满足人们基本的物质生活和道德生活需要，人心就会安宁，社会就会稳定。反之，就会是另外一种情况。在有些情况下，特别在人的物质生活需要基本得到满足的情况下，人们往往更看重道德和精神生活。改革开放以来，中国各领域发展取得了举世瞩目的巨大成就，人们的物质生活水平显著提高。但是，我国发展仍存在区域发展不平衡、贫富差距不断扩大等问题，在物质生活基本需要得到满足的情况下，对精神生活需要尤其是道德生活需要提出了更高的要求。

人对道德生活的追求，通常以两种方式进行。一种是纯粹意义上的相处或交往活动，相处和交往的目的不为别的，只为表明自己的某种道德态度，抒发自己的某种道德情感，建立与他人的某种友谊，如友善待邻、看望亲戚朋友等。另一种是兼有其他方面的精神生活追求，即精神生活追求中包含物质生活追求，这是最普遍的一种方式。人的道德生活需要和追求是多方面的，人的精力不允许人只是在纯粹意义上追求他的道德生活，常用的方式是在其他的生活中进行，如一同吃饭、聊天、娱乐等。

一个国家国民的道德生活是这个国家道德国情的一个重要方面。历史上的中国，受自给自足、一家一户的小生产方式影响，形成了"鸡犬之声相闻，老死不相往来"的封闭型的社会生活模式，人们彼此和睦相处的意识很强，而主动进行交往的意识不强，相处和交往活动的范围都很有限。这从根本上限制了中国人进行社会交往的内容和方式，形成了中国人注重相处且善于相处却不大注意不大善于交往的传统。传统中国人的交往活动的内容远远不如当今社会这样的丰富多彩，基本上都是纯粹的道德意义上的，或只是出于某种道德动机，或只是为了实现道德方面的某种目的或需要，与生产活动没有多大的关系。交往的方式又多为"私交"，如"省亲""会友""串门""赶集"等，不同于当今社会正在迅速发展着的"社会公关"。这是中国传统道德国情反映在道德生活上的一个最重要的特点，是我们在考察中国人传统的道德生活方式的时候首先应当注意的。

在传统意义上，中国人在道德生活中所遵循的原则，所进行的活动内容及活动方式，有许多值得我们研究学习与继承的地方。

一、与人为善

善，善良、友善、美好之意。与人为善，即在与人交往的时候，从善良的愿望出发，采用友善的行动，争取美好的结果。

与人为善是中国人的道德生活所遵循的一贯原则，体现了中国人在与人相处和交往中所持的基本立场和基本出发点。

从正统道德文化看，与人为善的相处和交往原则与儒家文化有着最为密切的关系，从一定的意义上可以说儒家伦理就是一种与人为善的伦理。儒学创始人孔子所说的"己所不欲，勿施于人"[1]，"己欲立而立人，己欲达而达人"[2]，"君子成人之美，不成人之恶"[3]，基本主张是不要把那些自己所不喜欢的事情强加于别人；自己要想站得住，同时也要使别人站得住，自己要想事事行得通，同时也要使别人事事行得通；君子成全别人的好事，不促成别人的坏事。这些重要的思想，对后世儒家伦理思想的丰富和发展起了奠基的作用，成为人们道德生活中的指导原则，并由此而形成了一种道德国情的传统。

从价值取向看，仔细分析起来，与人为善包含御己之恶和施人以善两个相互联系的方面。

御己之恶，即与人相处和交往时严格要求自己，不存害人的邪念，不做损人的坏事。《礼记·大学》中所提倡的"絜矩之道"，即"所恶于上，毋以使下；所恶于下，毋以事上；所恶于前，毋以先后；所恶于后，毋以从前；所恶于右，毋以交于左；所恶于左，毋以交于右"，是对孔子关于"己所不欲，勿施于人"思想所作的具体阐述和发挥，讲的就是御己之恶这种"推己及人""不成人之恶"的思想，具体地阐述了做人应当在哪些方面不要将自己的"恶""不欲"施加于人。后人常说的人生在世要"将

---

[1]《论语·颜渊》。

[2]《论语·雍也》。

[3]《论语·颜渊》。

心比心"，"害人之心不可有，防人之心不可无"，"宁可人负我，不可我负人"等，讲的都是御己之恶，亦即与人为善。

施人以善，讲的是宽以待人，与"己欲立而立人，己欲达而达人"和"君子不成人之恶"的思想直接相通。比较起来，历史上的中国人在道德生活中施人以善不如御己之恶那么突出。在职业活动领域，传统的中国人受其自私自利价值观和内倾型人格的制约和影响，在对待他人发家致富、功成名就方面是不那么注意主动去"立人"的，彼此之间缺少互助精神。但尽管如此，在人与人相处和交往的道德生活中，施人之善仍然不失之为一种处世原则。像"人敬我一尺，我敬人一丈"，"滴水之恩，当涌泉相报"等，这类中国民间普遍流传的处世格言所表明的价值取向，主旨说的都是与人相处和交往要向善。在中国广大的农村，邻村之间、邻里之间平时为了表示友好，人们少不了常常互赠些吃的用的，逢年过节有的还会联手搭台请唱一场大戏；平时谁家若是有了什么急事，从照看孩子、耕田耙地到天灾人祸，也少不了会有人主动伸出援助之手；当有人因遭遇挫折、危难而倾诉心中的悲哀之情，或受到屈辱、感到不满而宣泄心头的怒火时，别的人会陪着落泪，说些让他宽心的话，或在一旁表示愤愤不平，以求缓解对方的痛苦；在需要交往时，即使出于自己功利方面的考虑，也会首先或同时想到别人也有同样的想法，自己能给别人带去什么好处，纯粹从个人功利出发的情况并不多。如此等等，实际上都体现了施人以善的传统美德。总之，在传统中国人的道德生活中，"替别人着想"者多、"谦谦君子"者多，利他倾向十分明显。这种利他的向善倾向，有时还表现为一种自我牺牲精神。

有了与人为善便会产生相互理解。传统的中国人在道德生活领域是善于理解人的，一般不会与人惹是生非。泱泱大国几千年，政治动荡，朝代更迭不断，然而百姓的生活却少有大波澜。一村一镇，一邻一舍，多少代人同走一条路，同饮一井水，大家和睦相处，相安无事，极少发生口角或冲突。即使发生矛盾，心里感到不快，也往往只是闷在心里，或只是抱着成见，直至互不往来而已，而很少即时拳脚相向，酿成大祸。实际上，相安无事、和睦相处，是几千年中国人道德生活遵循的最基本的行动准则，也是中国人积累下的最基本的道德生活经验。这是与人为善最典型的表达方式，也是中国社会维持长期稳定的一个重要因素。《三国演义》里的张飞，《水浒传》里的李逵，《西游记》里的孙悟空，动辄对人拳脚相加、枪棒相向，早已超出社会相处和社会交往的意义。他们的行为发生在压迫与被压迫、剥削与被剥削的阶级之间，是阶级矛盾与阶级对抗的最直接的表达方式，不应看作中国人道德生活的典型特征。

当然，不论是御己之恶还是施人以善，所反映的与人为善都具有消极的一面，作为道德生活方式的同时的确也使一些中国人形成了一些不良的道德生活习惯，如不问是非善恶，只尚心慈手善的处世哲学。社会生活丰富多彩，同样也复杂多变，有时还会隐藏着危机和险恶，道德生活也是这样。每逢这时，毫无疑问，不仅不能与人为善，相反应当分清是非善恶，不甘示弱，据理力争，甚至拔刀相向。而在这一点上，传统的中国人一般是做不到的。

特别值得我们注意的是，与人为善本身存在的这种不问是非善恶的不良因素在历史的演进过程中早已越出道德生活的领域，渗透到社会生活的各个方面和人的素质结构中，使得中华民族在传统意义上形成了一种"先天不足"。它不仅影响到道德生活的常态，而且影响到社会生活的其他方面，甚至影响到国际的交往活动。在历史上，在涉外的交往活动中，一些作为民族代表的中国人常使我们的民族显得怯懦、窝囊，吃了不应该吃的亏，丢了民族的脸。这种情况的出现，与不问是非善恶的与人为善很有关系。在分析和研究中国人传统的道德生活方式的时候，我们应当注意到这一点。

令今人欣慰的是，在现时代，这种"先天不足"正在被纠正，被克服。

二、言而有信

"信"作为人际交往中的道德要求，最早是由孔子提出来的。子贡问孔子具备哪些品质的人才可以称为"士"，孔子在解答中将"士"分为三等，即上士、中士、下士。上士，讲究廉耻，出使他国可不辱君命；中士，因懂得孝悌而受到宗族和乡里的称赞；下士，不问是非，只顾照着自己说过的话去做，言而有信，行必有果。由此可知，"信"最早只是对下士的道德行为所作的一种客观的描述，而且带有明显的鄙视之意，并非一种向善的道德要求。在孔子看来，那些只守小忠小信、不知变通、不顾封建道德的人是不值得称道的。孟子虽然发展了孔子的这种思想，但仍然保留了孔子对"信"的基本看法。他在提出并阐释"四端"说的时候，甚至根本不涉及信。"恻隐之心，仁之端也；羞恶之心，义之端也；辞让之心，礼之端也；是非之心，智之端也"①强调的是仁义礼智，而唯独没有"信"。总之，在孔子、孟子那里，"信"作为道德要求并没有被十分看重。汉代以后，经过董仲舒等人的加工和提炼，"信"作为人际交往中的道德要求和人的应有品质，被提了出来，并受到高度重视，将其作为"五常"之一上升到国家之"大德"的地位，此后经久未变。

言而有信，简言之就是说到做到，言行一致。其实质性的内涵是强调言必信，行必果。

在传统道德国情中有种现象值得注意：儒家学人提出的伦理道德主张，有许多在其发展过程中都不同程度地受到其他学派，包括儒学自身一些人的批评，唯有"信"没有经受此等遭遇。这实际上说明，在中国历史上，信是各家各派都公认的最重要的为人处世原则。

作为道德生活的一项基本要求，言而有信是十分重要的。自古至今，任何人在与他人进行交往时都希望对方有一种诚意，同时一般对自己也有相应的自我要求。经验告诉人们，双方都能持这样的态度，交往才能成

①《孟子·公孙丑上》。

功，才会长久，双方才能同时得到交往的好处，保持做人的尊严和价值，享受到道德生活的乐趣。中国人历来最讨厌骗子，因为骗子都有一个共同的人格特征：言而无信。

关于言而有信之重要性，中国历史上有许多美丽的传说和故事。相传曾子曾为了言而有信，宰杀了自家的一头猪，缘由就在于其妻对儿子说了一句"回来杀猪给你吃"。家喻户晓的《狼来了》的故事，就是告诫人们凡事要言而有信，否则就会酿成恶果。

中国历史上的文学巨著，其人物多形象丰满、栩栩如生，给我们的印象极为深刻。只要我们稍微注意一下这些人物就会发现，凡是正面人物，其身上都含有一种"信德"，言而有信、表里如一，给人一种真实、真诚、可信的印象；而但凡反面人物，都有一种虚伪的品性，惯于巧言令色、欺诈骗人，因而使人感到厌恶。

在当代中国，人们把相互之间表达的尊重与真诚看成是交往最重要的原则，而公共关系学科则将尊重与真诚看成是最重要的基本范畴。这种交往观念和学科现象，也是对传统信德的合理继承和运用。尊重和真诚正是言而有信的表现，在许多情况下，尊重、真诚与言而有信具有同一性的价值。在相处和交往中，人们相互之间若是不能做到尊重、真诚，还有什么言而有信可言？

三、注重礼节

这是传统中国人在道德生活中恪守的又一行动准则和行为规范。在各种各样的道德生活中，中国人是很讲究礼节的，所谓"礼仪之邦"其实多是从注重礼节的意义上说的。

礼节的"礼"，来自并区别于国家制度和纲常伦理的"礼"——制度之"礼"，它有两层意思：一是与"物"相匹配，即平常所说的"送礼"之"礼"，故有"礼物"之称。二是指交往言行或神态之"礼"，更多地带有风俗习惯的特征，注重的是言行的得体、节制，神态的庄重、恭敬，故而有"礼节""礼貌"之称。"一句话说得人笑,一句话说得人跳","见人三分礼","礼多人不怪",等等,这些俗语说的多是注重礼节、礼貌及其在社会交往中的表达方式与重要意义。

注意道德生活中的礼节或礼貌,主旨是表示对他人的尊重,如同与人为善、言而有信一样,也是人际交往的一项基本原则。中国古人的礼节或礼貌通常用来向交往对象表达尊敬、祝颂、哀悼,其基本的形式是打躬作揖、下跪、磕头、请客及物质形式的"礼物"。打躬作揖与磕头,根据不同的对象和场合有许多不同的要求。一般说来,打躬作揖是相互的,即两人见面,双手抱拳,相对微微躬下身躯。而下跪磕头,只发生在下级对上级、小辈对长辈的交往中。小官见了大官、大官见了皇上,都得下跪,有时还得伴之以磕头;小辈见了长辈,也免不了下跪,有时还得连带磕头。如何下跪、如何磕头也是很讲究的,郑重的场合的要求更是名目繁多,需多次演习才能运用自如,以至于弄得许多小官怕见大官,更怕见皇上,小辈"怕出门""怕见人",自幼养成了羞涩、胆怯的不良心理。

在道德生活中,中国人十分看重礼节相互性,其原则精神是讲究对等,即礼尚往来。

作为道德生活中必须遵循的一项原则,礼尚往来多表现在庶民之间。庶民没有资格,而且一般也不愿与"上流社会"的人发生交往,除非"上流社会"的人主动加入。打躬是相互的,作揖是相互的,请客送礼也是相互的,唯有磕头只是位卑、年幼者向位高、年长者单方面表达。传统的中国普通百姓请客一般只在家中进行,今天你请我,明天我请你。请客在市井中的小茶馆里进行的不多,但情形却很特别。赶集时遇上熟人或朋友,相约进了茶馆,一人做东,要一壶茶几样小菜和点心,边喝边吃边叙友情,或边谈国事家事,或边谈耕稼年成,或说张家长道李家短。人们在诸如此类的交往活动中交流信息,沟通感情,领略一番人生的欢乐。中国历史上市井中的茶馆,多为庶民进行社会交往的重要场所,在这里他们将注重礼节的道德生活方式表达得真可谓淋漓尽致。在茶馆里进行的交往活动除了请客外还有松散的聚会,其内容往往会因为时势的变迁或有"上流"

人物登场而超出了道德生活的范畴。在这方面，老舍的《茶馆》给我们描绘了一幅细腻而又精妙的图画。

在礼尚往来中，人们又很重视物质形式的"礼"，以及"送礼"的对等性。谁若是在诸如省亲之类的交往中不带礼，或在别人带礼来访后，自己再次与别人交往时不带礼，会被看成无礼的表现，这里注重的是需要花钱的名副其实的"礼尚往来"。庶民礼尚往来一般讲究的是心意，并不太讲究礼物的多与少，不问是否小气，只要有一份心意即可。所谓"千里送鹅毛，礼轻情意重"的千古佳话，反映的正是这种庶民交往的道德心理。

而"上流社会"的人们之间的交往，则多是在另一种意义上进行的。他们的交往时常不是出于道德意义上的考虑，多带有仕途目的和其他功利色彩，尽管打躬作揖、美辞连篇、恭维之至，却多是"醉翁之意不在酒"，远不如庶民交往那样自然、质朴、坦荡，背离了孔子关于"君子坦荡荡"①那样的劝诫。《儒林外史》中的范进中举之后，前来捧场、送礼者趋之若鹜，就是一幅"醉翁之意不在酒"的活脱脱的写照。不仅如此，"上流社会"人士之间的交往，还十分讲究以"礼"论"情"，"礼"重则"情"重，"礼"轻则"情"轻，因此其"礼物"及"送礼""受礼"的行为往往都带有行贿受贿的特点，与庶民的交往是有着本质的不同的。

在传统中国社会，"三纲"是最高的政治伦理教条，其中，"夫为妻纲""父为子纲"决定了成年男性在家庭生活中的绝对权威。小农经济活动的经验是在耕田种地中形成的，多是岁月积累的产物，其传授无须专门的教育，这又决定了老年男性在家庭生活中的双重性"自然"权威。在传统社会，以社交活动方式为主的道德生活，实际上是家庭需要的扩大和延伸，与人的个性的发展需要并无关系。这就使得传统社会社交活动中的注重礼节，成了男性的"专利"，也是老年人的"特权"。在社会交往活动中，人们特别重视对老年人尤其是老年男人的尊重，对老年人不恭会被看成大逆不道。在家庭生活中，老年男性也享有许多特别的"权利"，如吃饭，可以"上桌"坐着吃，可以随便说话，其他人等一般只能夹些菜立在

---

① 《论语·述而》。

一边，或坐在小板凳、屋内门槛上吃，不得随便说话。男性尤其是老年男性，可以随便串门，到了别人家可以坐上座，可以随意说话，而其他人一般是不可以这样的。中国道德国情有史以来的尊重老人的优良传统，与注重礼节这种道德生活方式是有很大关系的。但是，与此同时，妇女的地位和尊严则往往被忽视，除了省亲之类的社交活动有时由成年妇女出场外，其他时候其多是被排斥在社会交往活动之外的。这与中国传统社会普遍推行纲常伦理及由此而形成的重男轻女、男尊女卑的社会习俗直接相关。

四、同情弱者

在传统意义上，中国人最富有同情心。同情是道德生活中主体的情感表达方式，是社会地位低下的人们对其实际社会地位进行心理体验的产物。它的特定主体是"弱者"，特指对象也是"弱者"，即所谓"同弱相怜"。剥削阶级及其统治者一般是不可能产生对弱者的同情心的，即使有所表示也多为做做样子，时常含着别有他图的用心。

在传统意义上，"弱"有两种含义。一是阶级意义上的，指的是处于被压迫被剥削地位的阶级。二是个体意义上的，特指生活境遇处于弱势和悲惨的人。对这两种弱者的同情，作为特定的道德活动，都广泛地存在于中国传统的社会生活之中。更值得我们注意的是，那种阶级分析意义上的对于弱者的同情，多是以广为流传的文学作品和民俗文化的形式传递至今日的。其间，不仅有诸如《水浒传》《红楼梦》《聊斋志异》等古典名著，更有浩如烟海的民间传说和故事。后者所包含的同情弱者的道德价值更为丰富，但是却一直没有引起中国伦理学界人士的应有关注，在他们那里成了一个盲区。细想一想，此种怪现象由来已久，自古以来中国的知识分子们多注重跟着"官方文化"走，在书本中讨生活，对于民间的东西少有真正的关心。对此，倒是一些研究中国人的传统精神与文化的外国人士，投入了不少的精力，有了不少的文字成就。

反映同情弱者的各类文学作品，多出自劳动人民和同情劳动人民的下层知识分子之手。其中，虽然多以文字形式，但传递到民间基本上还是口头形式。它们与安徒生童话如《丑小鸭》《卖火柴的小女孩》一样，都反映了在不平等的社会里劳动人民追求平等和美好生活的社会道德理想。一般说来，同情弱者是世界上各个民族的劳动人民都具有的道德情感，自古以来它就是人类共同的精神财富，但是中国人在这方面更为突出。

同情"鳏寡孤独废疾者"这类可怜的人，是传统中国人同情弱者的又一表达方式。《礼记·礼运》甚至将"鳏寡孤独废疾者皆有所养"视为"大道之行""天下为公"的重要标志。关于这一点，当然首先体现在国家的制度和政策上，但更多还是体现在国民的日常道德生活中。

在中国历史上，由于社会生产力低下，"鳏寡孤独废疾者"由于丧失了劳动和自立、自理的能力，其社会地位本来就很低下，加上受阶级压迫，生活境遇往往更是可怜和悲惨。他们的命运能否得到合乎道义的改善，几乎完全靠其生活圈内的伦理关系，因此，同情弱者对于他们来说显得尤其重要。从有关史料和现实的情况看，中国人在道德生活中对于"鳏寡孤独废疾者"的同情是毋庸置疑的。就拿乞丐来说，人家哪怕再困难，也会"从牙齿缝里挤出一些"施舍给他。说起来好笑，也正因为中国人普遍具有这种同情心，有些身体不错而心术不正的"乞丐"在靠人家门框时会立即装成一副病残相，叫人看了显得特别的可怜，由此而多得一份施舍。他们的所作所为正是利用了人们同情弱者的道德心理。

同情暂时遇上困难的人，也是传统中国人同情弱者的一种表达方式。这种行为方式在中国人的道德生活中几乎是司空见惯的。不论是富人还是穷人，尤其是穷人，平常遇到暂时困难包括天灾人祸是常有的事，这时他们就成了实实在在的弱者，需要他人伸出援助之手。而每逢这时，中国人总会向他的同胞伸出兄弟之手，所谓"见死不救"的情况是极少有的。"一人有难，大家相助"，"一方有难，八方支援"早已成为中国道德国情的一种优良的传统。

但是，传统的中国人一般不同情妇女，要同情就得首先将其推到神话的地位。在通常情况下，同情妇女甚至会被看作是心术不正的行为。妇女一般不被列在弱者之内，只有年事已高的妇女除外。这与中国传统道德国情一贯轻视、歧视妇女是有关的。

就道德心理的需要看，传统中国人这种同情弱者的道德生活方式与世代相传的仁学伦理文化不无关系，但与积善成德的修身观念关系更为密切。从修身伦理看，积善成德基本上是属于佛教伦理的价值范畴，这是特别值得今人注意的一个问题。虽然，荀子曾有"积土成山，积善成德"的说法，但是儒家仁学伦理文化的主旨并不崇尚积善成德。儒学属于传统中国的正统伦理文化，其传播多以文字的形式进行，接受者需要经过系统的学校教育，因此于平民百姓而言，除了以"家国一体"的政体形式及"三纲五常"的政治伦理教条以外，其他许多方面是不易接触和接受的，比较起来，倒是佛教的伦理文化容易为平民百姓所接受。佛教伦理文化，其经典虽然庞杂精细、深奥难懂，但其内容的传播形式却多接近于民俗，易于为平民百姓所接受、向往。在这个问题上，传统中国人的信仰的实际情况是，崇拜儒学伦理文化的更多的是文化人，而崇拜宗教伦理文化的更多的是平民百姓。

当然，问题也并不是这样的简单，还有更深层次的文化原因。在同情弱者的道德动机问题上，儒学的出发点是社会与人及人与人相协调，教人关注社会的现实和人生；佛教的出发点是神与人及现世人与来世人相一致，教人关注自己的平安和来生。而旧中国的社会现实和人生并不属于庶民，只是属于"上等人"，平民百姓只得把人生的希望寄托在来世，这就必然与宗教伦理文化产生思想和心理的逻辑联系。就是说，儒学的立足点和出发点，是社会本位，主张把人引向关注家庭和社会责任上来；而佛教的基本立足点和出发点是个人本位，把人引向关注自己的完善，教人轻视家庭和社会的责任。这就在直接的意义上决定了佛教乃至道教具有更贴近庶民生活的价值属性，易于为庶民所认同和接受。

五、见义勇为

见义勇为，就是见到合乎道义的事情能够勇敢地去做，而不计较个人的得失，包括献出自己的生命也在所不辞。

在中国历史上，义与勇都是十分重要的道德范畴。义，本是一个与利相对立的范畴，意思是个人的行为符合社会的道德原则和规范，即所谓"行而宜之之谓义"①。行为或举措合乎义，对他人和社会都有好处，所以"义者，宜也"②。义也是用来进行道德评价的标准，如孔子说的"君子喻于义，小人喻于利"③，荀子说的"先义而后利者荣，先利而后义者辱"④。正因为如此，"好义"应当成为个人追求的人格标准和国家追求的"治世"标志："义与利者，人之所两有也，虽尧舜不能去民之欲利，然而能使其欲利不克其好义也。虽桀纣亦不能去民之好义，然而能使其好义不胜其欲利也。故义胜利者为治世，利克义者为乱世"⑤。

细说之，义有两种含义。一是"大义"，即合乎国家民族根本利益的举措或举动。孟子见梁惠王，对答王问其"亦将有以利吾国乎"时说："王！何必曰利？亦有仁义而已矣"⑥。此处所言义，即为"大义"。二是"小义"，即个人合乎人伦常理即有利于他人的行为，属于道德生活领域内的事。见义勇为的义，所指实际上正是这种"小义"。

勇，勇敢之意，含有果断的意思。勇敢与果断，就其含义看本是中性词，存有褒贬之分别。褒义，是指行为合乎特定的道德标准；贬义，指的是其反面的意思。见义勇为的"勇"为褒义之词。孔子说："君子有勇而无义为乱"⑦。在孔子看来，勇必须合乎仁、礼、义、智，他说："仁者必

① 裴仁、林骧华：《中国传统文化精华》，上海：复旦大学出版社1995年版，第505页。
② 《礼记·中庸》。
③ 《论语·里仁》。
④ 《荀子·荣辱》。
⑤ 《荀子·大略》。
⑥ 《孟子·梁惠王上》。
⑦ 《论语·阳货》。

有勇"①，"勇而无礼则乱"②，"见义不为，无勇也"③，"好勇不好学，其蔽也乱"④。可见，勇既是仁、礼、义、智的体现，也是实行仁、礼、义、智的必备条件，这是勇的真实价值所在。因此，在中国历史上，勇的伦理文化价值很高，《中庸》曾将"勇"归入三种"天下达德"即最好、最高的道德标准之一。

见义勇为，是中国古人一贯提倡的重要的道德行为准则。大凡能见义勇为者，一般都不仅会受到劳动者的称颂和爱戴，而且也会受到统治者的赞许和推崇；反之，则会受到鄙视和唾弃。

在中国历史上，关于见义勇为，特别值得一提的是人们长期对关羽的尊崇，因为这生动地体现了传统中国人对见义勇为的高度重视。

关羽，字云长，三国时蜀汉名将。因义杀乡里恶豪吕熊后亡命出逃，后与刘备、张飞"桃园三结义"，拜为生死之交，开始了他的军事和政治生涯。曾因兵败被俘于曹操，曹待其甚厚，但其归于刘备谋求大业的初衷不改，终以助曹斩颜良、文丑之义举谢曹，过五关斩六将而归刘。关羽的生平事迹是通过《三国演义》及据此编写的各种戏剧、话本而昭著天下，得以家喻户晓的。关羽"以忠义之气深入人心"。明代大文豪徐渭在其《蜀汉关侯祠记》中曾这样描绘过百姓尊崇关羽的盛况："蜀汉前将军关侯之神，与吾孔子之道，并行于天下。然祠孔子者止郡县而已，而侯则居九州之广，上自都城，下至墟落，虽烟火数家，亦靡不醵金构祠，肖像以临，球马弓刀，穷其力之所办。而其醵也，虽妇女儿童，犹欢忻踊跃，惟恐落后。以比于事孔子者，殆若过之。噫亦盛矣！"据《黑龙江志稿》记载，在当地人们常祭祀的六类神中，第一位是孔子，第二位便是关羽。至于南方，尊崇和信奉关神之风更盛。目前中国学界有人把对关公的尊崇和信奉看作是中国的一种传统伦理文化，称其为"关公信仰"，是有一定道理的。关公是一位集"大义"与"小义"于一身的典型人物，他真切生动

---

① 《论语·宪问》。
② 《论语·泰伯》。
③ 《论语·为政》。
④ 《论语·阳货》。

地展示了中国古人自天子至庶民均重视见义勇为的道德生活图景。

说到道德生活中的见义勇为，我们还有必要提及"哥们义气"。任何正统伦理文化在历史的流变中传落到民间之后，都会蜕落、变形，以至于变性，"哥们义气"正是见义勇为发生蜕落、变形、变性的产物。见义勇为，本是统治者提倡的道德价值标准和道德行为准则，它以是否合乎封建国家和社会整体利益为基本价值尺度，与广大劳动人民的实际利益也是一致的。但"哥们义气"的"义"，其标准或价值尺度仅仅是个人的行为是否符合几个人或一群人的利益，与封建统治者所倡导的有所不同，甚至大相径庭。

但是，尽管如此，今人对"哥们义气"仍然需要作具体的分析。由于历史和阶级的局限性，封建统治者提倡的见义勇为都是从维护地主阶级的根本利益出发的，虽然在一定的历史时期在客观上对庶民阶层有好处，但总的来说与庶民阶层的根本利益并不一致。在阶级压迫和剥削的社会环境里，一些人为了生存和繁衍，更需要一种可望可即的团结，以谋得可望可即的利益，因此他们会根据自己的实际需要和理解来对见义勇为进行"改造"，将其变成一种与自己的切身利益有关的道德价值标准，这就是"哥们义气"。由此看来，在封建社会，由见义勇为蜕落而演变成的"哥们义气"，是具有积极意义的。从历史上看，有趣的是当阶级压迫和剥削严重到庶民们无法容忍、需要揭竿而起和群起抗争的时候，"哥们义气"还会与朦胧的阶级觉醒意识相汇而形成一种内在的凝聚力，使得起义和抗争的领袖们可以"一呼百应"。

当然，在人民当家作主的当代中国，对"哥们义气"又应当作另一种分析。因为，今天见义勇为的"义"，是以社会主义国家和广大人民群众的根本利益为基本的价值尺度的，一切与此相违背的"哥们义气"都失去了存在的理由。

第二节 注重读经的学校道德教育

在中国历史上，道德教育又称"教化""德化""德教"等。在一般的意义上，道德教育是学校、社会和家庭将既定的道德标准和价值观念灌输、传递给受教育者的活动。学校的道德教育是有目的、有组织、有计划的教育活动，也是人类进入文明社会以来道德教育的基本方式。

在任何社会里，统治者的道德规范和价值标准只有在转化为广大社会成员的道德意识，变成人们的自觉的道德行动之后，才能发挥其社会功能，实现这种转化的基本途径就是道德教育。不同的国家和民族，虽然在道德教育的方式上大同小异，但是，由于道德教育的内容存在差异甚至根本性的不同，加上受其他文化传统的影响，所以总是有所不同，由此而使得道德教育成为反映不同国家和民族的道德国情的一个重要的方面。

中国古代学校的道德教育，最显著的特点就是注重读经。

一、中国古代学校教育形成与发展的基本线索

古代中国十分重视教育，而教育的基本内容又是道德教育，抽去道德教育近乎无教育可谈。之所以如此，是因为学校教育贯彻了德教为本、德教为先的教育方针，而教育的内容又多为《四书五经》《三字经》《千字文》等儒家经典或反映儒家思想的教科书。

人类进入阶级社会以后，政制和法制是任何社会必不可少的统治工具。但在中国，由于德教为先思想占主导地位，从先秦始特别是自汉代以后，中国古人在治国的基本方略上主流性的看法是重德教轻刑罚。孟子说："善政不如善教之得民也。善政，民畏之；善教，民爱之。善政得民

财，善教得民心。"①董仲舒主张："任德教而不任刑""以教化为大务"②。《唐律疏议》中说："德礼为政教之本，刑罚为政教之用。"王守仁非常赞成孟子的"善政不如善教之得民"③，极力提倡"教化为先"，被后人称为"以教化当干戈"的人。《礼记·学记》在总结古之王者治国经验的基础上，指出："古之王者，建国君民，教学为先"。这里所说的教学，实际上是指道德教育。

中国传统的学校道德教育，有"官学"与"私学"两条基本的发展线索。两者的起点虽不尽相同，却都伸展到近现代。

官学的产生可以追溯到西周的奴隶制时代，时称"庠""序"，后来又有"学"，其职能是专门教育和培养天子和贵族弟子，使其成为奴隶专制国家的接班人。至汉代，官学一般都是由中央政府举办的。到了宋代，官学不仅中央政府办，地方政府也办，以书院为主要形式。书院在元明两朝时兴时衰，从清初开始才又逐渐地恢复和发展起来。清雍正十一年（1733年），朝廷在各省省城设立了书院，并准允拨开办经费。

私学的形成和历史演变情况有所不同。私学是春秋战国时期出现的学校教育形式。当时，社会处于经济变革和政治大动荡的时期，一些知识分子纷纷逃落到民间，由此而出现了文化下移的现象。这些知识分子为了生存和谋求发展而开始聚众讲学，私学于是应运而生。第一个私学是孔子在公元前520年左右创办的。他一反官学只教育和培养天子和贵族弟子的传统，主张和实行"有教无类"，即不论出身和来自何处的学生都一视同仁地给予教育，因此，当时接受孔子教育的人，其身份和来源比较复杂。到了汉代，私学有的称"家学"，有的又称私塾。官学与私学，在道德教育实施过程和培养目标上都有分期。《礼记·学记》曾将学校道德教育分为"小成"与"大成"两个实施阶段和培养目标，即"一年视离（分析）经辨志，三年视敬业乐群，五年视博习亲师，七年视论学取友，谓之小成。

①《孟子·尽心上》。
②《举贤良对策》。
③《孟子·尽心上》。

九年知类通达，强立而不反，谓之大成。"

中国古代的学校道德教育，汉代以后发展很快。汉武帝建元五年（公元前 136 年），设"五经博士"，并将原有的专攻诸子传记的几十个"博士"全罢免掉，至元朔五年（公元前 124 年）又创"太学"，明确以学习和研究儒学经典、培养儒学人才为宗旨，开创了以读儒家经典为主要内容的道德教育的历史。私学（时称"学馆""书馆""书舍"）发展更快，基本上是在京城之外的民间设立的，多为"蒙学"——"小学"。所读之经主要是《三字经》《孝经》，它们都是进行初等道德教育的基本教材，基本内容仍然是儒家经典思想。

与此同时，历朝历代都曾有过重视教育和推崇儒家经典的文教政策。早在秦朝，就有"书同文""行同伦""以吏为师"的文教政策，强调统一教育文字、风俗伦理及教师的重要性。从汉代推行"独尊儒术"政策开始，儒家经典就成了中国道德教育的基本的教科书。魏晋南北朝时期，由于玄学、佛教和道教的相继兴盛，儒学曾遭到灭顶性的打击。所以，唐朝的文教政策是"重振儒术"。唐高祖初定天下，即"颇好儒臣"，除了重开儒学教学以外，还于武德二年（公元 619 年）建立周公、孔子庙各一所，设于国子监，四时致祭，并封禄其后嗣。唐太宗时尤为"锐意经术"，贞观二年（公元 628 年）废周公祠，只以孔子为先圣，颜回为先师，大征天下儒士为学官。后来又诏求前代精通儒术的后代，加以重用。唐玄宗开元二十七年（公元 739 年），又追封孔子为"文宣王"，将孔子推崇到帝王的地位。元代和明代，文教政策是采用"汉法"，被重视的首先仍然是"崇儒"，集中体现在尊孔与推行宋儒理学的活动方面。清代，基本的文教政策还是儒学（理学）统制，大力采用科举。为此，还曾实行过荐举"山林隐逸"、召试"博学鸿词"的政策，为的是"崇儒重道，培养人才"。

这些文教政策，使得注重读经的学校道德教育，有了可靠的保障。

二、学校道德教育的基本特点是注重读经

不论是"官学"还是"私学",最值得我们注意的是道德教育的基本方式都是读经,先生教经,学生学经,唯经为上。孔子开创了主张读经之先河,他实施的教育内容——"文、行、忠、信",后三者属于道德教育,使用的教材主要是经过他整理的《诗》《书》《礼》《乐》《易》《春秋》,这些被后世称为"六经"。汉武帝时倡读"五经",宋儒增倡"四书",合之称为"四书五经"。它们是中国传统"大学"——高等学校进行道德教育所采用的基本教材。

从注重读经看,中国传统的学校道德教育主要有如下特点:

一是教育内容之"经"多是以孔孟为代表的儒家学说。孔孟之道在某些时期确曾受到一些思想家的责难、挑战甚至公开批评。如这方面的重要代表人物之一李贽就曾认为"儒者不足以治天下国家","儒臣虽名为学,而实不知学",反对"以孔子之是非为是非"①。但是,儒家学术的地位在历史上基本上还是一以贯之的,其主脉地位和主导作用始终未变。汉代从武帝始采用的基本文教政策是"独尊儒术",在魏晋南北朝和五代十国时期,儒学的独尊地位受到过冲击。到了唐代,儒学的地位得到了恢复。宋明理学之端可追溯到唐代的韩愈及其弟子李翱,这两人的思想受到佛教和道教的影响不少,但主脉和核心依然是自孔子以来的儒家的纲纪伦常。至于宋明理学本身,就是一种哲学化了的儒学,儒家经典一般都是理学的正宗经典,自不待说。

二是实行读经与尊孔相一致。这个特点,自然与以孔孟为代表的儒家学说为道德教育的主要内容直接相关。自汉高祖"还过鲁以太牢祠孔子"后,尊孔成了学校道德教育的一个重要内容和形式。以唐代为例,其基本的文教政策是以崇儒尊孔为根本。虽然同时兼允佛道,但总的来看佛道尤其是道教的地位较低。唐太宗说:"朕今所好者,惟在尧舜之道、周孔之

①《藏书·世纪列传总目前论》。

教，以为如鸟有翼，如鱼依水，失之必死，不可暂无耳。"①后唐玄宗追封孔子为"文宣王"，自此以后，尊孔与读经就被看成是一回事了。在旧中国的许多地方，孔庙就是学校，学校同时又是祭祀孔子的圣地。

三是注重师道尊严，信奉"严师出高徒"。师道尊严，讲究的是按"规"行事，所定"规矩"明确而又严格。

如明代的国子监立有一种"监规"，刻在"卧碑"上，立于学宫。规定学生必须站立听讲，如有疑问必须跪着听讲；并且绝对禁止学生对社会和人生的人和事有所批评，绝对禁止学生进行任何形式的组织活动等。

四是重视教师的地位与作用，对教师的要求极为严格。这与主张读经的师道尊严是一致的。

在这方面应数荀子的思想最为突出。荀子从其治国思想出发，特别重视教师的地位与作用，他将教师与君主相提并论，与天、地一道列为"礼三本"之一，并将教师归于"治之本"。他说："礼有三本：天地者，生之本也；先祖者，类之本也；君师者，治之本也。无天地恶生？无先祖恶出？无君师恶治？"②旧时，中国许多平民百姓家中都供有"天地君亲师"的牌位，正是荀子这种思想的体现。荀子还将国家对教师的态度作为国家兴衰的基本标志："国将兴，必贵师而重傅……国将衰，必贱师而轻傅。"③（"师""傅"均为古时教师）认为人若不经过教师的教育，就不能成为有用之才："言而不称师，谓之畔；教而不称师，谓之倍。倍畔之人，明君不内，朝士大夫遇诸涂而不与言"④，因为"人无师无法而知，则必为盗，勇则必为贼，云能则必为乱，察则必为怪，辩则必为诞"⑤。唐代韩愈在其著名的《师说》中开宗明义写道："师者，所以传道授业解惑也。"认为人的成长、成才都离不开教师的教育。中国历史上的非儒家学派对教师的地位和作用也是十分看重的，嵇康在《与山巨源绝交书》中

①《贞观政要》卷六。

②《荀子·礼论》。

③《荀子·大略》。

④《荀子·大略》。

⑤《荀子·儒效》。

表明自己崇老庄之术时说："老子、庄周，吾之师也。"

与教师的地位和作用相一致，对教师的要求也十分的严格。总的来说是要求教师要身教为先、以身立教，身教重于言教。对教师提出身教为先、以身立教的严格要求，是中国历史上道德教育的一大国情特色。身教为先、以身立教，强调的是教师要以身作则，率先垂范，用榜样的示范方式教育学生，并且影响社会上的其他人。而从历史看，教师一般都比较重视身教为先、以身立教，能够以此自律、自勉，因而也常以"人师"自誉，有时还难免因为"人师"而自感高人一等。中国历代教育家或教育思想家还就身教为先、以身立教发表过许多很有价值的见解。如孔子说："不能正其身，如正人何？"①他一生特别重视以自己的人格影响和教育弟子，由此而在弟子中形成了非常高的威信，弟子对他心悦诚服，拜之如日月，敬之如父母。扬雄说过："师者，人之模范也。"②韩愈在总结古代贤人为师、以身立教的经验之后指出："以一身立教，而为师于百千万年"③。宋代安定人胡瑗在教育学生时特别注意"以身先之"："瑗教人有法，科条纤细具备，以身先之"，并且"严师弟之礼，视诸生如其子弟，诸生亦信爱如其父兄"④。

值得今人注意的是，对教师的这种身教为先、以身立教的教育要求，也影响到"官场"，影响到家庭。在中国历史上，国家的官吏和家庭的长辈在教育子民和后辈的时候，一般都注意做到身教为先、以身立教，由此而在一个方面形成了中国传统伦理思想的优秀遗产。在国家政治活动中，身教为先、以身立教的示范作用更被重视，有些人即使做不到，也要摆出样子给子民看，因为孔子说过："其身正，不令而行；其身不正，虽令不从"⑤。

五是强调学生学经须注重自学。注重自学的主张源于中国古代的一些

---

① 《论语·子路》。

② 《法言·学行》。

③ 《韩昌黎集·外集》

④ 《宋史·胡瑗传》。

⑤ 《论语·子路》。

哲学思想，如孟子说："君子深造之以道，欲其自得之也。自得之，则居之安；居之安，则资之深；资之深，则取之左右逢其原。故君子欲其自得之也"①。朱熹发表过许多关于读经须注重自学的看法，如朱熹说："只是听人言语，看人文字，总是无得于己"，"读书是自家读书，为学是自家为学，不干别人一线事，别人助自家不得"②。自学又须以"读颂""朗诵""背诵"的方式为主，宋代书院式的教育在这方面尤为突出。古之学校的道德教育在要求学生进行自学活动时，还倡导"次相授业"，即在教师的指导下由高年级的学生帮助低年级学生学习传统经典。

由上可知，注重读经的学校道德教育方式，从内容到方法都形成了一种特有的模式，其严格的规范性在世界教育史上堪称一绝。在一定的意义上我们可以说，中国古代学校教育之所以能够培养出一代又一代的合乎封建伦理道德要求的知识分子，他们或步入仕途，或散落在民间，为中国历史文化的发展做出突出的贡献，正是得益于这种注重读经的学校道德教育。

三、注重读经的社会文化根源

中国古代学校道德教育之所以形成注重读经的长久传统，是有其历史文化方面的深刻原因的。

首先，儒家经典的基本内容和主要精神，是关于伦理道德的学说。从治国大事到家庭琐事，乃至为人处世，都有明确精细的阐述和规定。封建统治者要实行以德治国的基本国策——不论这种国策是否真的如同他们所宣传的那样——就必然要将儒家的伦理思想作为"占统治地位的思想"，用来教育和培养他们的接班人。

正因为如此，中国封建统治者将道德教育看成是国民教育的根本和主要内容，在中国教育史上如果抽去道德教育，几乎无教育可言。

---

①《孟子·离娄下》。

②《朱子语类》卷一一九。

受这种思想的指导，中国传统教育自孔子始就轻视农医工商方面的知识和技术教育。《论语》中记载樊迟请学稼、学为圃，孔子说"吾不如老农""吾不如老圃"，事后还说樊迟是"小人"。汉以后，在学校教育中曾有过农桑之事的教育内容，甚至还有过一些专门的教材，如明代的《五行杂字》等。但从学校教育的历史主脉看，仍是以道德教育为主体。这不能不说是中国古代教育的一大缺憾。究其原因，当然与汪洋大海式的小农经济有关，因为小农经济的教育活动都是在田间地头以手把手的方式进行的，无须专门的学校。

注重读经的根本目的是使受教育者"明人伦""施仁政""得民心"；目标是为统治阶级培养"士"，即培养统治者及"谋道不谋食""无恒产而有恒心"的知识分子。

其次，与上述原因有关，封建统治者必然要把道德教育放在优先考虑的战略位置，贯彻"德教为先"的办学指导思想，也就必然要十分重视道德教育的领先和先导的作用。《礼记·学记》在总结古之王者治国经验的时候，直截了当地指出："古之王者，建国君民，教学为先"。把道德教育放在了治国策略和整个教育的首位。就治国策略的首位来说，正如我们在前面所指出的那样，是虚假的，所谓"以德治国"实际上是内含在"以礼治国"之中。但是，将注重读经的学校道德教育放在首位，却是确定无疑的历史事实。

总之，作为历史道德国情的一个重要方面，中国古代的学校道德教育注重读经的特点是十分明显的。今天我们应当看到，这种特点一方面养成了中国人重视道德社会意识形式的权威性及其在国家治理和社会管理与举才用人上的主导地位与作用的优良传统，另一方面也养成了中国人"唯经是上"甚至"唯书是上"，因而缺少创造性和进取性的思维精神的不良品性。因此，必须采取具体分析的方法。这是我们在看待注重读经的学校道德教育方式时必须注意的。

四、科举选才制度与注重读经的学校道德教育

说到中国历史上注重读经的道德教育，我们有必要对在中国传统道德教育上产生过深刻影响的考试选才的科举制度，进行简要的考察。

在中国历史上，读书人并非"毕业"即就业，就业是需要经过科举考试的途径争取的。而科举考试的内容基本上也是儒家的经典。所以，科举选才制度实际上也是一种强有力的道德教育机制。科举形式的举才用人制度与注重读经的学校道德教育是一致的，科举同时也是一种道德教育制度或道德教育机制。

科举制度是中国人的一个独创。16世纪西方的一些传教士初次来到中国时，曾对中国人的这种制度而感到惊叹不已，他们认为这个制度给了下层社会的人们一些平等求学和步入仕途甚至飞黄腾达的机会。

中国历史上的科举制度与学校教育的关系十分密切。由于学校教育的主要内容是儒家伦理道德的经典，培养目标是培养具有完美道德人格的为封建统治阶级服务的专门人才，因此，科举制度实际上也是一种道德教育方式或道德教育的机制，这又是中国传统道德国情在道德教育这个问题上一个不应忽视的重要特征。从实际情况看，科举从教学内容和培养目标两个方面直接参与和主导了学校的道德教育，如隋代以后兴学的目的主要是为了迎科举，科举考试的内容就是学校教育的内容。再比如唐代，其国子学、太学等学校的教学计划就是按照科举九经取士的考试要求安排的，其中《论语》和《孝经》被作为各级考试的公共必修课。

科举，当然首先是一种举才用人的人事制度。从思想渊源看，这种举才制度可以追溯到孔子关于"有教无类"和"学而优则仕"的主张，但科举制度的正式确立是后来的事。隋炀帝大业二年（公元606年）始设进士科，标明科举制度的正式创立。它一改两汉、魏晋、南北朝时期以地方察观推举为主、考试为辅的"察举"选才遗风，代之以设科考试的办法选拔人才。到了唐代，科举制度得到发展并逐步完善起来，至明清达到空前完备。学界也有人认为，科举制度的正式创立应在唐代，而不是隋代①。此为一家之言，可信与否不必加以考究，也不必非得辨明正宗。

唐代的科举由三种制度和方式构成，一是"生徒"，由学校出身的弟子应试；二是"乡贡"，由州县主持，一年一次，按规定名额经过考试选送；三是"制举"，由天子亲诏，为的是取"非常之才"。为了保证科举的严肃性，唐代的科举受到法律的保护。《唐律》中明文规定："诸贡举非其人及应贡举而不贡举者，一人徒一年，二人加一等，罪止徒三年。""若考校课试，而不以实，及选官乖于举状，以故不称职者，减一等。"宋代的科举大体上沿用了唐代的制度，但其实用的范围较唐代广，并且突出"进士"科。此后，至清末，科举选才的制度在中国沿用了1200多年之久。清代的科举沿用了明代办法，分为童生试、乡试、会试、殿试四级。乡试合格者为举人，院试合格者为贡生；贡生经殿试合格者为进士，殿试由皇帝亲自主持。进士又分三甲，一甲三名依次称为状元、榜眼、探花，二甲赐进士出身，三甲称同进士出身。

成熟的科举制度最重要的特点首先表现为"投牒自应"，读书人不论其出身、地位、财产如何，均可自行报名参加考试，不必像汉代那样由地方官吏举荐。其次，表现在考试定期举行，不再由皇帝颁诏下旨。第三，考试极为严格，录取与否完全取决于考场所做的文章的优劣。第四，正因为如此，它打破了严格的封建等级界限，堵塞了地方官僚和庶族地主以权谋私、营私舞弊的漏洞，用较为规范和相对公平的形式，教育、培养和选拔了大批熟读经书、注重修身、恪守封建伦理纲常的人才，为寒门弟子成为文化名人，或步入仕途参与国家管理提供了机会，从而削弱了地方割据的势力，加强了封建中央集权统治。第五，养成了中国知识分子认真读书、严谨治学的优良传统。

科举制的弊端在于助长了近代教育家陶行知先生所批评的那种"读死书，死读书，读书死"的不良学风，以及不正常、不正当的功名利禄思想。吴敬梓的《儒林外史》写有周进和范进，都是被科举制度弄得疯疯癫

---

① 参见金诤：《科举制度与中国文化》，上海：上海人民出版社1990年版，第48页。

癫的人。老童生范进考了20多回均不中，变得"面黄肌瘦，花白胡须"，穷得衣服都"朽烂"了，连其做屠夫的岳父也甚是瞧不起他，致使他家十几年"不知猪油可吃过两三回"。后来他终于考中，在闻知后"看了一遍，又念了一遍，自己两手拍了一下，笑了一声道：'噫，好了，我中了！'说着，往后一跤跌倒，牙关咬紧，不省人事"。此等"疯相"，活脱脱地揭露了科举制度在教育和培养人才方面所存在的严重弊端。

尽管如此，科举制度作为中国注重读经的传统道德教育机制，在历史上的功绩还是不应抹杀的。

第三节　以"训""规"立教的家庭道德教育

历史上的中国是一个按照以家庭为本位、家国一体的结构模式组建起来的社会，即所谓"天下之本在国，国之本在家"[①]。《礼记·大学》说："古之欲明明德于天下者，先治其国；欲治其国者，先齐其家。"视家为国之本，认为"齐家"与"治国"之理相通。基于这种思想认识，中国古人十分重视家庭的道德教育。

中国古代的家庭道德教育，都是由家长掌握的。家长是家庭财产的管理者，是家政事务的决策与领导者，也是家庭教育的主持人。家长在家庭中享有至高无上的教育权利，他的话就是至理，其他人等不可不听。同时，家长在道德上教育其家庭成员也是一种不可推卸的责任，"子不教，父之过"，一个家庭的孩子（包括其他成员）如果没有受到良好的道德教育，会被人们认为是作为家长的父亲的过错，世人会因此而指责他（在有些情况下也包括其他长辈），指责他没有尽到作为父辈的责任，有的甚至因此而为旁人或后人留下骂名。

---

①《孟子·离娄上》。

一、历史中国家庭道德教育的基本内容

中国历史上的家庭道德教育，基本内容包括三个方面。

（一）敬老爱幼

敬，谨慎、恭敬之意，表示对他人谦恭的态度。敬是检验一个人道德品质是否高尚的重要标准，《左传》中言："敬，德之聚也；能敬，必有德"。在国家的政治生活中和用人制度上，敬老是一项政策。我国早在先秦时期便有重臣七十岁"致仕"或"告老"的做法，后来形成了退休制度。如汉平帝时规定："天下吏比二千石以上，年老致仕者，三分故禄，以一与之，终其身。"①武帝时"故禄"提高到二分之一。虽然都不如在岗时高，但确是一种"不劳而获"，因此不能不说是出于敬重老年人的道义之举。

在家庭生活里，敬的特指对象是家中的老人。老年人操持家务，抚育子女，一生辛辛苦苦，值得敬重；老年人操劳一生，晚年渐渐地失去了劳动能力，离不开晚辈的赡养，需要敬重，如此等等。不论从哪个角度看，敬重老年人都是合乎道义的，都是社会生活和家庭生活的一种实际的道德需要，由此也形成了中国人的道德个性。

中国古人关于敬重老人的道德要求是全面的，不仅强调"养"，而且讲究"养"的心意和态度，按照孔子的说法就是"养"而不允许"色难"，即给难看的脸色让老年人看。

在中国人的家庭生活中，父母长辈对小辈的爱护，不仅表现为在生活上的倍加关心和照顾，为了"护犊"，有时甚至可以舍弃自己的性命，而且表现在期盼小辈"成器"，为了儿女的前程特别是儿子能"成龙"，可以倾家荡产提供各种帮助。这种传统在今天，不仅没有减退，反而得到了淋漓尽致的发挥。从这一点看，强调尊重老年人，也是晚辈道义上的一种

①《汉书·平帝纪》。

回报。

在中国历史上，敬老被称为孝，爱幼被称为慈，父慈子孝是家庭道德生活的永恒主题。但是，家庭道德教育实际上主要是关于孝的教育，要求晚辈特别是子女对长辈尤其是父母要具有孝心。

在数千年的历史发展过程中，敬老爱幼已经成为中国人的一种伦理思维定式，形成一种政治伦理文化。许多大思想家、大教育家，不仅从伦理道德上阐发过敬重老年人和爱护年幼者的重要性和必要性，极力主张由家庭而通达社会普遍地推广开来，而且将此作为一种"治国平天下"的基本国策。如孟子说："老吾老，以及人之老；幼吾幼，以及人之幼。天下可运于掌。"①

（二）六亲和睦

六亲，古说不一，但多指称父、母、兄、弟、妻、子。在家庭道德教育中，中国古人十分重视六亲之间的和睦，并有具体、细致的规定和要求。王夫之有一段精彩的文字可看作是这种规定和要求的代表作："和睦之道，勿以言语之失，礼节之失，心生芥蒂，如有不是，何妨面责，慎勿藏之于心，以积怨恨。天下甚大，天下人甚多，富似我者，贫似我者，强似我者，弱似我者，千千万万。尚然弱者不可妒忌强者，强者不可欺凌弱者，何况自己骨肉？有贫弱者，当生怜念，扶助安生；有富强者，当生欢喜心，吾家幸有此人撑持门户。"②

在传统中国，六亲和睦被看成是家庭的一大幸事，是家庭兴旺发达的重要标志，生活在这样的家庭里的成员会感到光彩，这样的家庭也会受到旁人的赞誉。反之，则被认为是家庭败事，生活在这样家庭的成员会感到倒霉，这样的家庭也会受到旁人的抱怨、非议甚至公开指责。这种强调家庭和睦的道德要求，养成了中国人历来重视几代同堂的传统习俗，巩固了重视封闭性住宅空间的传统生活方式。老舍的《四世同堂》生动地反映了

①《孟子·梁惠王上》。
②《姜斋文集·丙寅岁寄弟侄》。

这种特点。

在这一点上，中国人的传统与西方人的传统是不一样的，西方人在家庭生活圈里强调的是个人自由、个性独立。两种家庭模式究竟哪一种好，不应一概而论。有人认为，中国人的家庭生活模式好一些，因为家庭和睦就会和气生财，对家庭的稳定与发展有好处。也有人认为，中国传统的家庭生活习俗和模式不利于人的个性发展，现代家庭应当重视个人的自由发展和自由竞争，六亲和睦造成的家庭伦理氛围已经不适应现代社会的要求。这种看法显然是需要讨论的。

值得我们注意的是，六亲和睦在今天仍然是家庭稳定与发展的需要，和睦的家庭生活环境并不妨碍家庭成员个性的自由发展。在家庭生活圈里，个性的自由发展应当以不妨害家庭的稳定与发展为前提，因为没有这个前提条件，所谓个性自由也就没有了保障。因此，注意六亲和睦的这种传统，在现代社会的积极意义是应该给予充分肯定的。

（三）勤俭持家

中国人尤其是中国普通的老百姓，一贯是十分勤劳、节俭的。明知地很少、收成十分有限，也会起早摸黑，成年累月忙个不停。除了豪门贵族及其他的富有者，古代中国人在家庭生活方面是长于精打细算的。生产工具和家中日常用具不让有多余的，能自己制造便绝不会到市井中去买，新的用旧了便修，修到不能再修也会将就一段时间。过去有一种补锅补碗的职业工匠，谁家的锅破了，孩子将碗打烂了，他们会服务上门，用两块铁皮一根铁钉将破损的地方夹住，再糊上泥巴一样的东西就管用。补起来的锅碗既不好用，又十分的难看，但是人们还是补了再补，用了再用，因此那种工匠的生意好得很。这种职业性手艺在新中国成立后的相当长的一段时间内，仍然甚有市场。至于吃与穿，更是强调节俭。吃，能省则省，穿，从不讲究"排场"，正是这种节俭生活方式的生动反映。

就社会根源看，将勤俭持家作为家庭道德教育的内容，在直接的意义上是由落后的生产力及由此而导致的低下的家庭生活水平决定的，在根本的意义上它是不平等的社会制度的产物。因此，今人对勤俭持家应当持历史的态度。在今天的家庭生活中，我们仍然应当提倡勤俭的理家理财的道德风尚，这不是要将我们的生活降低到旧中国的水平，而是要反对脱离自家承受能力的消费追求；当然，我们同时也不赞成只是一味地聚敛钱财，硬是把富日子当苦日子过的态度。总之，在家庭生活中，今天中国人的追求应当与其实际的收入相一致，与当今社会发展和社会生活的整体水平相协调。

中国古代家庭道德教育，在内容上还有一点也是值得今人注意的，这就是关于"治国""治世"的教育。它们多出自一些"明君""明臣"和明儒世家。基本内容是教导家庭（家族）成员莫忘古规古训，尽职尽责治理国家，真诚善良立身处世。

二、家庭道德教育的基本方式

上述家庭道德教育的主要内容，都是以"训"即"家训"的形式出现的，以"家训""教家立范""提撕子孙"，这是历史中国家庭道德教育的主要特点，也是中国传统道德国情的一种特色。

在中国历史上，几乎家家都有家训。不论是哪一种哪一家的家训，都是由家中长者提出来的，都被当作训教家庭成员特别是后代的至理名言，核心是儒家的仁爱和中庸思想。注重率先垂范、情法并用、褒责结合，是中国古人实施家训的基本方式。为了惩戒，使家训行之有效，许多人家还设有"家法"，一般是用竹片做的，专门用来惩治违背家训的子孙，也有用来责打违规奴仆的。

家训都为世代相传的。一般人家的家训多为言传身教的形式，唯有君王和名臣、儒学学者等名门望族多立有成文的家训。在中国历史上，上层社会的家庭教育中的"训"，有帝王的、大臣的、儒学之"士"的，难计其数。君王的家训中要以一些开国者所立最有价值。开国君王一般都比较有朝气，有远见，他们从王朝永久不衰考虑，不仅能够做到严于律己，而且对后代都有严格的要求，其共同的特点都是道德方面的做人与治国。如史称周公的周武王之弟姬旦，曾佐武王伐纣灭商，大功告成后又因成王年幼而摄政，他在长子代其受封于鲁时对其作了这样的训诫：

"我文王之子，武王之弟，成王之叔父，我于天下亦不贱矣。然我一沐三捉发，一饭三吐哺，起以待士，犹恐失天下之贤人。子之鲁，慎无以国骄人。"①

"德行广大而守以恭者荣，土地博裕而守以俭者安，禄位尊盛而守以卑者贵，人众兵强而守以畏者胜，聪明睿智而守以愚者益，博闻多记而守以浅者广。去矣，其勿以鲁国骄士矣。"②

这两段训诫之辞的意思是说：我是文王的儿子，武王的弟弟，成王的叔父，我的地位在天下也不低了。然而我却仍在沐浴时多次握住头发、吃饭时多次吐出口中的食物，起身接待士，这样做是因为我恐怕失去天下的贤人。你去鲁国，一定不要因为是国君而对人骄傲。（作为一名国君）德行广大而能保持恭敬，必然荣盛；土地辽阔、物产富饶而能守住险要，可保安全；官高禄厚、地位尊贵而能谦卑自守的人品德高贵；人口众多、兵力强大而能保持戒备，就会胜利；大智若愚者知识会增加更多；博闻强记而能自视浅薄者，会获得更加广博的知识。你去吧，千万别因拥有鲁国而对士骄傲。

姬旦还给成王作过一些家训式的告诫，《史记·鲁周公世家》有这样的记载："自汤至于帝乙，无不率祀明德，帝无不配天者。在今后嗣王纣，诞淫厥佚，不顾天及民之从也。"意思是说：从商汤到帝乙，商代没有一个帝王不遵奉美德，也没有一个因失去天道而不能与天相配。但到了商的最后一个帝王纣，其却荒淫骄佚，从不顾念顺从天命与民心。

后来，像曹操的"不但不私臣吏，儿子亦不欲有所私"③；刘备的"勿以恶小而为之，勿以善小而不为。惟贤惟德，能服于人"④等，都是开

①《史记·鲁周公世家》。

②《戒子通录》。

③《诸儿令》。

④《遗诏敕后主》

国君王训诫后代的著名家训。

中国历史上的家训，最有影响的还是如上文提到的名臣名儒的家训，其中又以魏晋时期的颜之推的《颜氏家训》最为著称，一直流传到今天。颜之推在其《颜氏家训》中自誉"吾家风教，素为整密"，其言并不为过，因为其家训所涉及的内容全面又精到，即使在今天也具有十分重要的借鉴意义。此处我们不妨摘引几段：

关于训诫儿子的：

吾见世间，无教而有爱，每不能然。饮食运为，恣其所欲。宜诫翻奖，应诃反笑。至有知识，谓法当尔。骄慢已习，方复制之，捶挞至死而无威，忿怒日隆而增怨，逮于成长，终为败德。孔子云："少成若天性，习惯如自然。"是也。俗语曰："教妇初来，教儿婴孩。"诚哉斯语。

意思是：我看到世上有些父母对子女不加教育而溺爱，却常常不以为然。不论饮食言行，放纵他们的欲望，本来应该告诫的反而给予奖励，本来应该斥责的反而加以赞赏。等到孩子长大到知事识理的年龄时，以为应该这样。直到骄横傲慢已经形成习惯，再来制止，即使把他打死，也没有什么威力了。忿怒渐渐增长而怨恨也会随之增加，待到长大成人，终于还是道德败坏。孔子说过："年幼时养成的习惯，就像天生的一般；长期形成的习惯，好像本来就如此。"就是这个道理。俗语也说过："教育媳妇要从刚过门时开始，教育子女要从婴儿时就开始。"这话很正确。

关于训诫兄弟的：

兄弟者，分形连气之人也……二亲既殁，兄弟相顾，当如形之与影，声之与响……兄弟之际，异于他人，望深则易怨，地亲则易弭。譬犹居室，一穴则塞之，一隙则涂之，则无颓毁之虑。

意思是：兄弟，是同一父母所生的人……父母亡故之后，兄弟之间互相照顾，应当像影与形相随，音与回声相连一样……兄弟之间，与别人不一样，因为相互之间期望太深，容易产生埋怨情绪；因为住在一起，有了隔阂也容易弥合。譬如房屋一样，有一个洞就必须塞住它，有一个缝隙就必须填平它，这样才不会担心它塌下来。

关于治家的：

夫风化者，自上而行于下者也，自先而施于后者也。

是以父不慈则子不孝，兄不友则弟不恭，夫不义则妇不顺矣。父慈而子逆，兄友而弟傲，夫义而妇陵，则天之凶民，乃刑戮之所摄，非训导之所移也。笞怒废于家，竖子之过立见；刑罚不中，则民无所措手足。治家之宽猛，亦犹国焉。

意思是：风俗教化，是从上到下推行的，也是从前人影响到后人的。所以父亲不慈爱，儿子就不会孝顺；兄长不友爱，弟弟就不会恭敬；丈夫不讲情谊，妻子就不会柔顺。如果父亲慈爱而儿子忤逆，兄长友爱而弟弟傲慢，丈夫讲情谊而妻子凶悍，那么这样的人就是天生凶暴的人，必须由刑罚来予以制裁，不是教育开导所能够改变的。责罚不用于家庭，小孩子们马上就会有过失；国家的刑罚不恰当，老百姓就不知道怎么办才好。治理家庭的宽和严，如同治理国家一样。

从《颜氏家训》可以看出，中国古代家训包含有家教、家范、家诚、家规等方面的内容，其核心要求是尽孝、六亲和睦与循古。这也是中国古代家庭道德教育的主旨。

著名的《孝经》本质上也是讲尽孝和循古，多适用于家庭道德教育。这部经典是在秦汉之际编纂而成的。唐代之礼，贯彻了孔子"道之以德，齐之以礼"的政教思想，把孝悌作为政教的根本。唐玄宗还亲自注《孝经》，极力提倡孝道，其所以如此，是基于"欲求忠臣，必于孝子"的认识。孝，是中国传统道德国情中流传最久、影响最大的道德要求之一。

"规""训"并举，一般是统治者和知识分子家庭采用的教育方式。《红楼梦》《祥林嫂》等文学作品所描述的名目繁多的规矩，是封建社会以"规"立教的家庭道德教育的真实写照。

以"规"立教的家庭教育方式，多在普通百姓家庭中实行。这种教育从婴儿时便开始。在我国许多地方都流行着这样的习俗：月头封手。婴儿出世满月，母亲给婴儿穿上带袖口的衣衫，不让婴儿的小手露在外面，这叫"封手"，意思是不让小孩拿别人家的东西，将来不会变成不守规矩的

人。也有的人家因为怕妨碍婴儿小手的活动，改"封手"为"捆手"，即用红羊头绳不松不紧地捆住婴儿的小手腕，男左女右，其道德教育的意蕴仍在其内。

总之，在中国历史上，由于受父为子纲、夫为妻纲的纲常伦理思想支配，家庭道德教育多是以"规矩"的形式进行的。这样的家庭"规矩"一般都比较简单易行，便于施教者掌握，也便于受教育者遵循。

第四节 内容集中、方式独特的社会道德教育

社会道德教育，是道德教育的一个重要方面。其基本特点是发散性，不像学校道德教育那样，有稳定的政策支撑，有明确的教育计划和培养目标。

历史中国的社会道德教育，多是以以文载道的方式进行的，其内容没有今天这样丰富多彩，形式也没有今天这样完备。今天的社会道德教育的内容不仅具有先进性，而且还具有广泛性，形式也是多种多样的，设有专门的机构和大众传播媒介，配备有专门的工作人员，具有规范性、组织性和计划性的特征。

一、以文载道的内容与形式

以文载道，史称文以载道。宋代周敦颐是最早明确提出这一思想的人，他在《通书·文辞》中说："文所以载道也"。在他之前，韩愈和柳宗元已有此类说法："学所以为道，文所以为理耳"[1]，"文者以明道"[2]。他们在这里所说的"文"，都为文章、文学之意，"道"则是指伦理道德标准，认为文章或文学都是用来体现社会的伦理道德的，是为社会的伦理秩

---

[1]《韩昌黎集·送陈秀才彤序》。
[2]《柳河东集·答韦中立论师道书》。

序和人们的道德生活服务的。需要指出的是，"道"的具体含义，在韩愈和柳宗元那里主要指的是以孔孟为代表的儒家所提倡的伦理道德标准，而在周敦颐那里的情况却有所不同。周敦颐虽然是宋明理学的奠基人，但其思想体系却比较复杂，基本倾向还是属于道家，他的"道"与韩愈和柳宗元的"道"实际上存在着重要的区别。我们此处所谓之"文"指的是文学作品（主要是小说和戏曲），而"道"则特指儒家的伦理道德标准。

在中国历史上，作为社会道德教育的内容和活动形式，对广大劳动人民影响最大的载道之"文"，是文学作品，而当首推的是小说和戏曲。这种小说和戏曲又有两类不同的情况：一类是被统治阶级推崇、认可或默许的；另一类则是被统治阶级禁止的，即所谓"禁书""禁戏"，只在民间流传。前者传播最广，流传最长，真正达到了家喻户晓、人人皆知的程度。平生"没有看戏的意思和机会"的文学巨匠鲁迅，在偶然涉足"京城"戏场时也曾为那种"连插足也难"的盛况感到惊讶。

在文学史的视野里，以文载道之盛势始于明代，此后连绵不绝。像《三国演义》《水浒传》《西游记》《红楼梦》《聊斋志异》《儒林外史》等小说，《桃花扇》《杜十娘》《牡丹亭》《白蛇传》等戏曲，《杨家将》《岳家军》《封神榜》等评书，都是最具有"载道"特征的文学作品。它们在中国的民间流传最广，影响最大。鲁迅《故乡》中描述的"社戏"盛况，正是这种历史情况的真实写照。在广阔的农村和小集镇，每逢农闲、逢集，或逢年过节，总会有戏台或书场，看戏或听书的人，人山人海，盛况空前。在农闲或严冬季节，不少的乡村还开设有"家庭书场"，说书的人或者是私塾先生，或者是村中家中那些见过世面的人，他们将自己从外地听来的"书"又说给家乡的父老乡亲听，有的还在说的过程中加上自己的理解，说出了家乡风味。从许多地方志的记载看，在中国历史上，除了一些极为偏僻落后的荒野孤村之外，几乎是没有一个村落集镇与书场和戏台无关。

在古代中国，普通的中国人基本上都目不识丁，无法从文字形式的儒家经典中得到伦理道德方面的社会性教育，因此，他们所受到的社会道德教育主要不是来自学校和书本，而是来自各种载道之"文"。这种深刻的影响即使在今天也可以十分清晰地见到历史踪影。

文学作品总是社会生活和人们的实际需要的反映，所以，考察、分析历史上载道之"文"所包含的伦理道德价值，是认识以文载道的社会道德教育方式的基本途径。

概括起来看，以文载道的社会道德教育对中国人所产生的深刻影响有两个方面最为突出，一是"忠"，二是"义"。"忠"，即忠君，属于政治伦理范畴，由于"朕即国家"、君与国是一体的，所以忠君与报国是两个相互关联的政治伦理道德标准。这种价值标准在《杨家将》《岳家军》等"文"中体现得最为充分。"义"，即行为合乎社会提倡的伦理道德标准。这种价值标准，在《水浒传》《三国演义》等"文"中得到了淋漓尽致的体现。一部《水浒传》，主要写了一个"逼"字，主题反映的是走投无路的人们被"逼"得走上了打倒贪官污吏直至反抗朝廷的道路。但所有这些实际上都是围绕一个"义"展开的，围绕"义"，作者塑造了《水浒传》中许多栩栩如生的人物，贯通了引人入胜的故事情节，抽去了"义"，也就抽去了《水浒传》的筋骨。至于《三国演义》，写"义"虽然不如《水浒传》那样突出，但是它给后世留下最深印象的还是诸如"桃园三结义""斩颜良、诛文丑"的篇章。值得我们注意的是，统治者和劳动人民对待"忠"和"义"的态度是不一样的。前者重视载"忠"之"文"，后者青睐载"义"之"文"，个中原因自不待说。

二、道德评价的内容与方式

道德评价，是人们依据一定社会或阶级的道德标准，通过社会舆论或个人的心理活动，对社会的道德现象和他人或自己的道德行为进行善恶判断，表明褒贬态度的道德活动。道德评价是一种极其重要的社会性道德活动，就其功能看也是一种社会道德教育。

传统中国人的道德评价，内容集中在"忠""孝""节""义"上。这些都是封建社会最重要的道德评价标准。

"忠"与"节"多为统治者评价的内容。"忠",即忠君报国;"节"即"气节",指的是在生死关头、在须作出重大道德选择时能够恪守封建伦理纲常的"大节"。在中国历史上,统治者对"忠臣"和注重"大节"者,历来都倍加赞颂,而对"奸臣"和"变节"者则历来都大加鞭笞,并且将此种评价态度通过各种形式向平民百姓广为传播,力求做到家喻户晓。清代有位学者曾编撰一本叫《人范》的书,记载了历史上践履"忠""孝""节""义"的模范人物,里面就有许多是关于守"大节"的评价,在面临生死选择时既有守"大节"的民族英雄,也有守贞操的烈妇。

"义",作为封建社会重要的道德标准,大体上有三层含义。一是君臣之"大义",所谓"深明大义"即是,是指人们在处理个人与国家之间关系问题上应当坚持的道德标准,在面临重大道德选择的特殊情况下与"大节"相通。这方面的道德评价,通常是由统治者作出的。二是"情义"(情谊),一般是指人们在处理人与人之间的关系问题上所坚持的道德标准。传统的中国百姓,对人与人之间是否具有"情义"(情谊),相互之间的人伦关系是否具有人情味,是很看重的。对讲"情"讲"义"的人,人们常作出"这人不错"的评价,反之则觉得"不够意思",不愿与其来往。三是"哥们义气"之"义",这是特殊的人群或集团内部人们特别看重的道德标准。由上简要分析,我们不难看出,"义"作为中国封建社会道德评价的内容,表面看起来很集中,实际上是相当复杂的,今人对此认识应当作出具体分析。

关于"义"的道德评价,有一点是特别值得今人注意的,这就是:这种道德评价虽然有时出自统治者,但更多还是发生在平民百姓当中。

"孝",是处理家庭伦理关系的道德标准,特指小辈对长辈表示恭敬、乐于赡养的道德情感和态度。关于"孝",我们在前文已经论及,古人的规定很是郑重,且又繁琐。《孝经》采用孔子对曾子讲述孝道的形式,论述和列举了天子、诸侯、卿大夫、士、庶人各自应当怎样实行孝道,对双亲应当怎样奉养、埋葬、祭祀等行孝的各个环节都作了极为细致的规定。

传统中国人之所以如此特别地看重"孝",是因为确认"孝"是道德上做人的根本,"五刑之属三千,而罪莫大于不孝"。在统治者方面,"以孝治天下"曾被作为基本的国策,上自天子,下至庶民,都必须尽心尽力行孝。凡是这样做的,就受到各方称赞,反之则遭人唾骂、唾弃,被世人和后代称为"不肖子孙"。

综观中国几千年的历史,整个社会的道德评价就是围绕"忠""孝""节""义"这四个最重要的道德标准展开的,形成了中国特有的社会舆论,中国人特有的道德心理和评价习惯。这是中国传统道德国情的一个重要方面。

任何时代任何人的道德评价,总是要通过特定的方式进行,中国历史上道德评价的方式独特多样。从统治者方面看,惯用的形式是皇帝下诏封赐或树碑立传,被封赐者多得到伦理道德上的荣耀,而且享有世袭的特权。树碑,是给那些模范地践履封建社会道德标准的突出人物,或者是具有典型意义的事件树一块碑,立在市井之明处,以表明统治者的赞许态度,形成一种社会舆论,影响人们的思想与道德观念。也有的碑,是专门给那种严重违背封建社会道德标准的罪人树的,在这方面最具有典型意义的莫过于杭州岳飞祠里的秦桧像,其目的是警示后人要忠奸分明,莫做"奸贼"。与树碑近似的还有立牌坊,但立牌坊与树碑不同,牌坊一般是立在村镇之郊,很少有立在市井之中的。牌坊既有功业性的,也有"贞洁""孝节"性的。立传,即诉诸文字,编书成传,将那些伦理道德方面的典型人物的言与行编进书里,世代相传。历史中国是一个多传的国家,各种各样的传浩如烟海。《史记》《资治通鉴》《增广贤文》等,本身说的是历史与文化,其实多含有大量关于功过的政治伦理与道德评价。在这些极为珍贵的文化典籍里,许多重要的历史人物和事件所包含的道德价值的问题,都得到了褒或贬。也有些传,是专门性的道德评价,上文提到的《人范》就是一种典型。

上述统治者的道德评价,一般属于"盖棺论定",其对象都是离世以后的"忠烈"和"贞节"人物。

从平民百姓方面看，道德评价的方式多与碑和传等无关，以背后议论、街谈巷议为多。而所评价的对象多是平民百姓当中的人，评价的内容多与"孝""情义"（情谊）有关。对于现任官员特别是天子，传统中国人是绝不敢说三道四的，对历史上的官员乃至天子虽有评价，但也不多，内容多涉及"明"或"昏"、"清"或"赃"，而且多为早有历史定论者。这种情况与今天大不相同。

在道德评价上，传统的中国百姓所关心的主要是自己的事，自己身边的事，或与自己有关的事，而对与自己无关的事是不那么注意的。平民百姓的道德评价还常通过"咬耳朵根子"、传播"小道消息"、散播各种言论等的方式进行，其中也不乏流言蜚语。所以，在道德评价上，中国人有害怕舆论的心理与传统。这种评价方式作为一种传统，在今天仍然是很盛行的。

历史中国是一个多民族的国家，道德评价还有一点也是值得今人注意的：因民族传统习惯的不同而显示出差异。少数民族在道德评价方式上主要不是说，而是做，即采用实际措施。如在侗族，对不守乡规和品德不好的人，人们多不用言语而用行动评价，主要做法是实行"围刺隔离"。评价和处理的具体方式是：由乡老、头人召集全寨子的人在鼓楼杀鸡摆酒，当众宣布犯错误人的过失或罪行，决定对其实行隔离，并用喝鸡血酒的方式表决，喝了表示同意。被隔离的人在此期间不得与寨里的其他人有任何的接触，直到他认识到错误，向全寨子的人赔礼道歉，或者赔偿了损失，才能获得自由。

由上不难看出，在中国历史上，统治者的道德评价一般以"褒"为主，平民百姓的道德评价常以非议为主。这个特点，无疑是由阶级压迫和剥削的社会特点所导致的。在封建社会，统治者要维护自己的统治，表现自己的高明，必然要公开地多说社会的亮处。而绝大多数的社会成员是社会财富的创造者，却处于无社会地位的境地，这种受压迫被剥削的境地使他们惯于对统治者持批评态度，对社会持否定态度，并且由此而形成对整个社会持批评和否定态度的评价思维定式，造成了两种"水火不容"的评价习惯。

这种特点，作为一种历史遗风，在今天仍然有一定的现实社会基础。虽然，现在中国已经处在社会主义的历史时期，最广大的劳动者已经成为国家的主人，今天的治政者与封建王朝不可同日而语，但是，由于社会上仍存在着一定的不正之风，所以，历史遗风有其存在的某种现实基础。因此，在今天，在道德评价上一褒一贬的情况依然存在，很多的老百姓还是保留和发扬着开口就批评的历史遗风。关心国家和社会的发展，敢于批评，无疑是一种历史进步，但此"风"若长久地存在下去甚至任其发展，不能不说这也是一个从社会心理上危及国泰民安的问题。

第五节　目的明确的道德修身

传统中国人特别注重修身。修身又有两种不同的情况：庶民的修身和统治者及其士阶层的修身。

庶民的修身，多与佛教的修身伦理有关，与儒家伦理文化的关系并不大。这一点，我们在前文已经论及。

平民百姓有感于他们现世的卑微和贫困境地，期待着来世有好运，因此修身目的不在今世，而在来世；修身的方式基本上是不做坏事，或积善成德。很显然，这种修身对于维护封建社会的稳定和统治阶级的利益是大有好处的，所以，它虽然与主流伦理文化并不合拍，但在几千年的封建统治中，仍然沿用不绝。

今人所研究的传统的修身问题，说的都是统治者及其士阶层的修身，流传至今的修身思想和理论所涉及的对象也基本是这些人。在今天，这些人的修身思想和理论，我们应当从三个方面把握其要旨。

一、修身的目的是齐家、治国、平天下

统治者及其士阶层的道德修身，多是从政治意义上着眼的，修身的目的是齐家、治国、平天下。孟子说："天下之本在国，国之本在家，家之本在身。"①荀子在谈到"君道"时说："闻修身，未尝闻为国也。君者仪也，仪正而景正；君者盘也，盘圆而水圆；君者盂也，盂方而水方……故曰：闻修身，未尝闻为国也。"②

《大学》也开宗明义说道："大学之道，在明明德，在亲民，在止于至善。"后又说道："古之欲明明德于天下者，先治其国。欲治其国者，先齐其家。欲齐其家者，先修其身。"说的都是修身与齐家、治国、平天下的关系。强调修身是齐家、治国、平天下的逻辑起点，是根本。

"明德"一语，出自周公。周公总结了夏商灭亡的教训，提出"明德慎罚"的治国思想，要求统治者勤政修德、力戒荒淫。要惠民——"君子所其无逸。先知稼穑之艰难，乃逸；则知小人之依"③。要裕民——"怀保小民，惠鲜鳏寡"④，"彼裕我民，无远用戾"⑤。要近民——"平易近民，民必归之"⑥。可见，"明德"作为统治者的修身目标，是最好最高的道德规范和要求；"明明德"就是要掌握"明德"，使"明德"得到发扬光大。"亲"，新也，"亲民"是说要能够教化老百姓，使他们去掉陋习，悔过而自新。"至善"，最高的道德境界，"止于至善"是说要达到最高的道德境界。所谓"齐家"，就是要治理家政，使之整齐划一。为此，个人在家庭中要做出表率、榜样。"治国"，就是要治国理政，使国家稳定、富强。"平天下"，也就是使天下太平。这个政治目的是一个价值系统，由治

---

① 《孟子·离娄上》。

② 《荀子·君道》。

③ 《尚书·无逸》。

④ 《尚书·无逸》。

⑤ 《尚书·洛诰》。

⑥ 《史记·鲁周公世家》。

理家政出发而达到治国理政的目的，最终实现天下太平。后来，朱熹也明确说道："圣贤教人，只是要诚意、正心、修身、齐家、治国、平天下。所谓学者，学此而已"①。这些，在中国传统修身方面都是具有经典意义的重要思想和理论。

在封建社会，除了极少数世袭者外，要想加入统治者的队伍就必须走"科举举士"的门路，一般的人更是如此。所以，在"德教为本""德教为先"和"学而优则仕"的教育方针和培养目标的指引下，修身的目标一律是"成大人""做大事"。

二、修身的认知过程

古人在修身方面高度重视修身的认知过程。

修身的认知过程是直接由修身的目的和目标决定的。《大学》对此作了这样的表述："欲修其身者，先正其心；欲正其心者，先诚其意；欲诚其意者，先致其知；致知在格物。物格而后知至，知至而后意诚，意诚而后心正，心正而后身修，身修而后家齐，家齐而后国治，国治而后天下平。自天子以至于庶人，一是皆以修身为本。"

在这里，古人强调的是，修身的认知过程主要在于"格物、致知、正心、诚意"。"格"，至也，即接触，"物"，事物，"格物"是说接触事物并"穷至事物之理"。用今天的话来说，就是要到户外去，参加社会实践活动，不是一味闭门读书、思过。"知"，识也，"致知"是说获得知识。"正心"，是说心要端正。"诚"，实也，"诚意"是说真心实意，不要自欺。概言之，修身的认知方式是接触世事，参加社会实践活动，获得知识，以端正心性，做到不自欺。

不难看出，这种认知方式的着眼点是主体与客体相统一、主观与客观相统一。

①《续近思录》卷二。

三、修身的行为方式是由心而发的实践系统

古人修身的行为方式，有以下四点是很值得今人注意的。

（一）诚心以尽性

尽性，语出《礼记·中庸》："诚者，天之道也；诚之者，人之道也。诚者不勉而中，不思而得，从容中道，圣人也；诚之者，择善而固执之者也。""惟天下至诚为能尽其性；能尽其性，则能尽人之性；能尽人之性，则能尽物之性；能尽物之性，则可以赞天地之化育；可以赞天地之化育，则可以与天地参矣。"所谓尽性，就是使自己的本性得到充分的发展，得到尽量发挥。儒家伦理思想的主脉认为人的本性是纯洁、平静的，没有什么感情的波澜，人的"六情"——哀、乐、喜、怒、敬、爱只是因为受到外物的刺激才得以发生和发展的，所以要尽性。

尽性须诚心。从主体来说，要尽性就得诚心，诚心即真心实意、一心一意、言行一致。荀子所说的"知之曰知之，不知曰不知，内不以自诬，外不自以为欺"[1]，即是一种"诚"。

诚心需立志。"志不强者智不达。"[2]孟子首次引用《商书·太甲》关于"自作孽，不可活"的观点说："自暴者，不可与有言也；自弃者，不可与有为也。言非礼义，谓之自暴也；吾身不能居仁由义，谓之自弃也。"[3]

诚心需内省。孔子的弟子曾子主张"一日三省"："吾日三省吾身：为人谋而不忠乎？与朋友交而不信乎？传不习乎？"[4]孔子主张"见贤思齐

---

① 《荀子·儒效》。

② 《墨子·修身》。

③ 《孟子·离娄上》。

④ 《论语·学而》。

焉，见不贤而内自省也"①。孟子主张"反求诸己"②。荀子主张"自存""自省"："见善，修然（整饬貌），必以自存也；见不善，愀然（忧虑貌），必以自省也。"③

诚心需改过。"过则勿惮改"④，"过而不改，是谓过矣"⑤。隋代大儒王通仕途不就，退而著书讲学，门徒千余，死时被其弟子奉为"圣人"，称其为"文中子"。他认为"痛莫大于不闻过"，在道德修养方面特别强调闻过与改过："必也言之无罪，闻之以诚"⑥。要改过，就要善于向别人学习。孔子说："三人行，必有我师焉，择其善者而从之，其不善者而改之。"⑦孟子举西子蒙之例说明改过之重要："西子蒙不洁，则人皆掩鼻而过之。虽有恶人，斋戒沐浴，则可以祀上帝。"⑧

（二）尽性以力行

力行，即道德的践履，指的是一个人为展示自己的道德人格、实现自己的道德理想而坚持不懈地做好事、善事的行动。在中国古人看来，看一个人的道德品质的好坏与优劣，主要不是看他的言论，而是要看他的实际行动

在这方面，历代思想家多有明确的主张，如孔子说："弟子入则孝，出则悌，谨而信，泛爱众，而亲仁，行有余力，则以学文"⑨。墨子说："士虽有学，而行为本焉。"⑩"赖其力者生，不赖其力者不生。"⑪"言足

---

①《论语·里仁》。

②《孟子·公孙丑上》。

③《孟子·修身》。

④《论语·学而》。

⑤《论语·卫灵公》。

⑥ 转引自毛礼锐、瞿菊农、邵鹤亭：《中国古代教育史》，北京：人民出版社1983年版，第277页。

⑦《论语·述而》。

⑧《孟子·离娄下》。

⑨《论语·学而》。

⑩《墨子·修身》。

⑪《墨子·非乐上》。

以迁行者常之，不足以迁行者勿常。不足以迁行而常之，是荡口也。"①董仲舒强调："强勉行道"，认为如此就会"德日起而大有功。"②

（三）慎独以自律

慎独讲的是人与环境的关系。荀子认为，环境对人的道德品质的形成和发展是有影响的。他在《劝学》中言："蓬生麻中，不扶而直；白沙在涅，与之俱黑。兰槐之根是为芷，其渐之滫，君子不近，庶人不服。其质非不美也，所渐者然也。故君子居必择乡，游必就士，所以防邪僻而近中正也。"但他认为，环境对自己的影响是积极还是消极，最终还是取决于自己。"肉腐出虫，鱼枯生蠹。怠慢忘身，祸灾乃作。强自取柱，柔自取束。"③

（四）持时以守恒

这主要体现在如下几个方面：

一是强调"锲"。"功在不舍。锲而舍之，朽木不折；锲而不舍，金石可镂。"④二是强调"积"。"君子务修其内而让之于外，务积德于身而处之以遵道。"⑤"积土成山，风雨兴焉。积水成渊，蛟龙生焉。积善成德，而神明自得，圣心备焉。"⑥"人积耨耕而为农夫，积斫削而为工匠，积反（贩）货而为商贾，积礼仪而为君子。"⑦三是强调防微杜渐。如刘备所说："勿以恶小而为之，勿以善小而不为。"⑧董仲舒主张"谨小慎微"，他认为人的道德品质养成遵循的是"众少成多，积小致巨"的规律，因此应当"渐以致之"。

---

① 《墨子·贵义》。
② 《举贤良对策》。
③ 《荀子·劝学》。
④ 《荀子·劝学》。
⑤ 《荀子·儒效》。
⑥ 《荀子·劝学》。
⑦ 《荀子·儒效》。
⑧ 《遗诏敕后主》。

第四章　新中国成立后近三十年间的道德国情

　　1949 年 10 月 1 日，中华人民共和国中央人民政府委员在首都北京就职，下午 3 时，毛泽东亲自按动电钮，升起了第一面五星红旗，庄严宣布："中华人民共和国中央人民政府今天成立了！"

　　中华人民共和国的诞生，结束了长达一个多世纪的半殖民地半封建的反动统治，其是中国人民长期浴血奋斗的辉煌结晶。

　　从中华人民共和国成立到党的十一届三中全会召开的近 30 年时间，是中国道德国情发展史上一个非常特殊的历史时期。

　　早在中华人民共和国成立之前，毛泽东就指出："中国文化应有自己的形式，这就是民族形式。民族的形式，新民主主义的内容——这就是我们今天的新文化"①。所谓"民族形式"，也就是中国悠久的历史文化的国情特征，这种文化特征自然包含道德国情的特征。

　　新中国成立初期，国家成功地进行剿匪反霸的斗争，歼灭了武装匪特 240 余万人。与此同时，新中国又成功地清除了旧社会的遗毒，禁止了危害中国人民 100 多年的鸦片，取缔了妓院和暗娼，并组织她们进行了思想改造，等等。这些，对于巩固新政权，维护新社会的秩序，确立新的思想道德观念，都起到了极为重要的作用。但是，政治经济制度变更后，面临的建设任务还很复杂、很艰巨，这不仅表现在制度本身的完善，而且表现

　　①《毛泽东选集》第 2 卷，北京：人民出版社 1991 年版，第 707 页。

在思想文化和道德方面的更新。后一种任务更复杂，更艰巨，这是因为，旧社会的思想和道德价值观念不会随着新制度的建立而退出历史舞台。这就在根本上决定了新中国成立后道德国情与政治经济方面的国情必然会在一个很长的历史时期处在一种不协调的状态，对于新中国的人民来说，改造、改善道德国情还任重道远。

我们大体上可以从如下几个方面来分析和阐述新中国成立后30年间中国道德国情的基本情况。

第一节　道德国情的心理基础：坚定的政治信念与深厚的道德情感

一国的道德国情，作为民族的精神生活需要和精神生活方式，必定有其特定的心理基础。在新中国成立后近30年的时间里，道德国情的心理基础是坚定的政治信念和深厚的道德情感。

信念，指人们在一定认识的基础上确立的对某种政治制度、理论主张或思想见解及理想坚信无疑，并身体力行的精神状态和心理倾向。从心理构成的机制看，信念是认识、情感、意志综合作用的结晶。认识是形成信念的前提条件，它来自对某种政治制度、理论主张或思想见解及理想信念的认识，这种认识可能是正确的，也可能是错误的；可能是深刻的，也可能是肤浅的，由此而形成不同的信念。情感是通达信念的桥梁，它在信念形成过程中起着这样的特殊作用：接受是形成信念的前提。因此，情感在信念形成过程中所要解决的问题是关于信念的接受问题，是将关于信念的知识转化为关于信念的内心体验的过程。意志是形成信念的关键，它使人对信念坚信不疑，坚定不移，在人的活动中表现为一种坚持精神，一种终生不悔的生活态度，为信念可以付出一切努力，可以作出牺牲包括牺牲自己的生命。"砍头不要紧，只要主义真"，表达的就是一个革命者的坚定的信念。无可置疑性是信念的基本特征。在价值倾向和心理定式上，主体对信念的对象是否真实、正确的问题，一般都抱有无可置疑的态度。凡是信

念的对象，不论它客观上是否真实、正确，主体都是确定无疑、确信无疑的。所以，信念在人的价值观念结构中最稳定。

信念与信仰的联系最为密切，两者在许多情况下是被当作同义词使用的。了解和把握信念的真正意义正在于对信仰的关注。不过，信仰更多地是被人们用在对社会制度和主导型社会意识形式的尊崇和信奉方面。比如，我们常说的资本主义必然灭亡，社会主义必然胜利，马克思主义基本原理是放之四海而皆准的颠扑不破的真理等，说的就既是信念也是信仰，而更深刻的含义则是信仰。由此看来，在社会价值的内涵上，信仰比信念更丰富、更深刻。

不论是在社会的意义上还是在个体的意义上，信念和信仰都是一种系统，其中最重要的是政治信念和信仰。它不仅影响到一个社会的政治制度的稳定、经济的发展、人的政治态度和政治立场，而且影响到社会的舆论环境、文化建设和人的道德与精神生活。换言之，不仅影响到政治、经济与文化方面的国情，而且影响到道德国情。

作为新中国成立后近30年间的社会心理基础，坚定的政治信念和信仰形成的直接原因是广大劳动人民的翻身解放。

在中国共产党的领导下，深受旧制度压迫和剥削、灾难深重的中国劳苦大众经过前仆后继的浴血奋战，终于获得了翻身解放，成为国家的主人。广大人民群众从这种天翻地覆的变化中深切地感受到"没有共产党就没有新中国"，从内心深处坚决拥护和绝对相信、服从共产党的领导，"跟共产党走"成为人们坚定的政治信念和信仰。

坚定的政治信念信仰又必然会激发起高涨的政治热情。新中国成立后近30年间，人们是以高涨的政治热情参加革命和建设的。打倒地主土豪分田地，不分昼夜；"一化三改造"，工人、农民举双手赞成，连民族资产阶级也跟着走。后来，办农业互助组、农业合作社、人民公社，开展"大跃进"运动，广大人民群众都是满腔热情投身其中；直到"文化大革命"，人民群众的政治热情也是有增无减。

很显然，在那个年代，翻身得解放的人们对于自己在旧社会被剥削和被压迫，在新社会当了国家和自己的主人有着深刻的体会，由此而形成的坚定的政治信念和信仰及高涨的政治热情，又必然会生发出经久不变的深厚的道德情感。

在新中国成立后的近30年间，热爱新中国、热爱中国共产党和革命领袖，一直是人们情感表达的中心和主题。这不仅体现在学校、家庭和社会的各种形式的教育活动中，体现在社会舆论领域，而且体现在各种形式的文化和精神生活方面。据不完全统计，在新中国成立后的近30年间发表和广为流行的数百首革命歌曲和民歌中，绝大多数都是歌颂中国共产党及其领袖的，歌颂新社会新生活的也多与歌颂中国共产党及其领袖相关，除了一些地地道道的民歌民谣外，几乎每首歌曲都有歌颂新社会新生活和中国共产党及其领袖的意思。歌声响遍神州大地，深入到每个中国劳动者的心田。那时，在日常生活中，人们想问题办事情基本上都是从这种深厚的情感出发的。这是看一个集体是否先进的主要标准，衡量一个人是否优秀、是否高尚的唯一标准。

在新中国成立后的近30年里，坚定的政治信念和信仰、深厚的道德情感教育和影响着广大人民群众，培养了一代不同于以往任何历史时代，也不同于改革开放时代的各类先进人物，他们只属于那个时代的政治生活楷模和道德生活的榜样。如党的领导干部中的"模范县委书记焦裕禄"、工业战线上的"铁人王进喜"、解放军中的共产主义战士雷锋与王杰等。他们都是全心全意为人民服务，敢于"愚公移山"和"一不怕苦，二不怕死"，充分体现时代精神的新人。他们的道德人格，在理想的意义上既体现了中国共产党人的革命传统，也体现了社会主义的新伦理精神。所有这些，在直接的意义上，实际上都是坚定的政治信念信仰和深厚的道德情感的熏陶和支配的结果。

总而言之，坚定的政治信念和信仰，深厚的道德情感，是新中国成立后近30年间道德国情的基础，也是这段时间内中国人道德和精神生活的核心。

从价值判断与逻辑判断的内在关系来分析，新中国成立后近30年间以坚定的政治信念信仰和深厚道德情感为基础的道德国情，经过了一个较为复杂的演变过程。

在新中国成立初期至20世纪50年代中期，也就是到社会主义改造基本结束这段时间，中国人在自己的道德生活中的价值判断与逻辑判断基本上达到了一致。因为，那时，党和国家解决中国问题的方针、路线和政策是正确的，人们在政治上具有的坚信不疑、坚定不移的信念和信仰，以及深厚的道德情感，正体现了价值判断和逻辑判断的一致性，或曰价值与真理的一致性。因此，对这个阶段中国道德国情的心理基础，中国人的道德与精神生活，不应当持有任何怀疑和诋毁的态度。

此后的情况，变得复杂起来。一方面，执政党在指导思想上出现了"左"的东西，党和国家在社会主义建设的方针、路线和政策上因此也出现了问题，一些非马克思主义、非科学的东西融进了党和国家的政治生活中。另一方面，广大的中国人民群众对这些变化没有丝毫的警觉，更谈不上科学的认识，坚定的政治信念信仰和深厚的道德情感，致使他们不仅不能（也不愿）分清正确与错误、科学与谬误的界限，相反，继续驱使着他们对错误和谬误的东西全盘接受，继续抱着深信不疑的态度。20世纪50年代后期之后的20多年内，中国人的道德与精神生活一直处于逻辑判断与价值判断相分离的状态。

本来，信念、信仰和情感都属于非理性的东西。在坚定的政治信念信仰和深厚的道德情感的支配下，人们确信领袖说的话都是绝对正确的，自觉自愿地绝对听从，认为共产党的政策和要我们办的事情都是绝对无误的，我们要自觉自愿地绝对照办。那时，支配人们行动的是耳朵和眼睛，而不是大脑，人们渐渐地习惯于以党和领袖的指示作为判断一切是非的标准，甚至是最高指示，习惯于用他们的思想代替自己的思维，而不用自己的脑子想问题、办事情，用实践作为标准检测自己的所思所为。在1958年前后出现的"大跃进"和人民公社运动，人们的热情是何等的高涨。到了"文化大革命"时期，这种热情并没有降低，反而以另一种更极端的形式表现出来。

在新中国成立后近30年间的一段很长的时间内，人们的思维方式的主要特征是价值判断与逻辑判断脱节，在许多情况下甚至只有价值判断而没有逻辑判断。信念、信仰和情感等非理性的东西一旦离开理性的支撑，必然会使行为走向荒谬，导致信念、信仰和情感的价值失落。

值得注意的是，在新中国成立后近30年间，所谓的价值判断，严重忽视了个人的需要。这使得中国人的理论思维方式存在着根本性的缺陷，是一种无个人需求的价值判断。有史以来的实践证明，这种价值判断方式是十分脆弱的，最易于导致逻辑判断的失落。

从另一方面来看，价值判断与逻辑判断相脱节的情况，在客观上又为"左"的思潮的泛滥提供了适合的土壤。

中国共产党及其领袖的"左"的思想的形成，初始阶段突出地表现在文化领域，后来渐渐地成为一种治国指导思想。

在"左"的思想控制人们的思维的年代里，专门研究道德问题的伦理学没有丝毫的学科地位，在20世纪60年代前后虽然曾露了一下头，但很快就被当作伪科学扼杀了。

道德情感由于缺乏理性的支撑而导致社会道德要求存在着深刻的矛盾。

情感的心理基础是理性，理性的基础则是社会的政治经济结构以及与此相关的人民的物质生活水平。政治上的翻身解放，使广大人民群众在理性上产生了对于中国共产党及其领袖的深厚情感和真诚的信仰，在特定的历史环境中，这种情感和信仰不仅会很强烈，而且会很长久支配人的思想与行动，这是由于政治给人的感受往往特别深切，其鼓动性往往特别强烈而深刻。政治上的情感和信仰会对道德情感、道德意志起着发生、发展、深化的巨大作用，并且在表现形式上常常将道德情感和道德意志淹没在其中，甚至取而代之。从这一点分析，就情感来说，新中国成立后近30年间中国人在道德情感方面实际上多是以政治情感的形式表现出来的。但是，由于政治和经济体制存在着弊端，人民的物质生活水平不高，近30年间人们的政治与道德理性实际上是缺少现实基础的，它在根本上决定了情感与理性存在着不协调的潜在矛盾。

这种矛盾集中地反映在社会道德要求上。社会的道德要求在道德上历来体现"统治阶级的意志"。在一定的社会里，政治经济结构和人们物质生活的实际状态在客观上所需要的道德调节，是提出社会道德要求的逻辑根据，如果说政治经济结构是必要条件的话，那么物质生活的实际水平就是充分条件。新中国成立后近30年间，这种逻辑基础一直是不甚可靠的，提出的社会道德要求与其社会现实之间存在着很大的差距。在道德提倡上注重先进性要求而忽视广泛性要求，甚至只讲道德要求的先进性，不讲道德要求的广泛性，不分对象、不分场合、不分层次，千篇一律地用高标准要求每一个人。不论是对共产党员、领导干部还是对一般的工作人员，乃至于学校的学生、年幼的孩子，社会道德要求都属于共产主义的道德层次，都是为实现共产主义的目标而奋斗和全心全意为人民服务的要求。不论是在工作岗位还是在家庭生活圈里，提倡的都是"同志语言"和"革命的一套"。在"文化大革命"期间，这种状况发展到了极点。

脱离生产力发展和人们的实际的物质生活水平，高谈阔论共产主义的新道德，人们是很难做到的，只能是高谈阔论而已。人们只能在情感与信仰的层面上来"应付"高标准的社会道德要求，看起来似乎都能做到，实际情况却不是这样。

社会道德风尚和人们道德生活的正常、合理状态，本质上所反映的是社会约束与主体自律的一致。在这里，最重要的是主体的自律，即主体对社会约束能够自知自觉，对归依社会约束能够自觉自愿，而这则又是一个客观的问题：在客观上主体现时的道德水准与社会约束能否产生共识，发生共鸣。如果社会约束超过了主体的自知、自觉、自愿的道德水准，在社会约束面前，主体将会作出什么样的反映呢？历史告诉我们有三种人、三种情况：一是背道而驰，干出违反社会约束的事情来，以至于落得个不妙甚至很惨的下场；二是盲从，为了表示自己对社会的尊重与服从，不理解也要执行，心甘情愿地接受社会约束；三是不惜丢掉自己的人格，昧着良心以伪善的面孔表示接受一切社会的约束，为了表示自己的"道德高尚"

便沽名钓誉，生着点子唱高调，干露脸的事，为此甚至踩着别人的脊背和肩膀往前、往上跑。

总之，从心理基础看，在坚定的政治信念信仰和深厚的道德情感的支配和左右下，新中国成立后30年间道德国情呈现出这样的情况：一方面有助于巩固新生政权，培育和调动人们建设社会主义的积极性，帮助国家度过较为特殊的历史时期，同时培养和造就了像雷锋、焦裕禄那样的真正的共产主义战士。但是另一方面，由于缺乏理性的指导，久久地依靠政治信仰思考和行动，又被"赶超资本主义"和"继续革命"的热浪冲昏了头脑，所以社会的道德价值导向和人们的道德生活严重地脱离了实际，处于一种被人为拔高、扭曲的状态；不仅如此，还让一些心术不正的人有了可乘之机，演变为"道德骗子"或"政治骗子"。

以上，就是新中国成立后近30年间建立在坚定的政治信念和信仰以及深厚的道德情感的基础之上的道德国情，它留给今人最深刻的教训是，这30年间的道德国情是一种情感与理性不协调的特殊历史时代的产物。

尽管如此，我们仍然要充分肯定坚定的政治信念信仰与深厚的道德情感在国家建设和人们精神生活中的巨大作用，我们所要反对的只是缺乏甚至没有理性支撑的政治信念信仰和道德情感。

第二节　革命传统和共产主义道德教育培养了一代新人

在新中国成立后的近30年里，尽管由于受到"左"的严重影响，中华民族优良的传统道德一度被人为地丢在了脑后，社会主义和共产主义道德并没有真正为我们所认识和把握，更没有真正地建立起来，道德国情处于一种被扭曲的状态。但是，在培养新中国新一代的建设者和接班人方面，革命传统道德和共产主义道德所起的积极作用是不容置疑的。这里就涉及一个重要的问题：应当怎样看待在这段时间里成长起来的一代人？

应当具体客观地看待新中国成立后近30年间成长起来的这代人。20

世纪四五十年代出生的人，都是在新中国成长起来的，他们真正的是"长在红旗下"的一代人，代表了整个时代。

总的看，他们所受的政治和思想道德教育，都属于革命传统和共产主义范畴，其中自然不乏"左"的因素，但基本的价值观念应是无可厚非的；他们在新中国的发展史上发挥过承前启后的极为重要的作用，今人应当给予充分的肯定。

他们在新中国成立后的近30年间，曾以顽强的斗志和卓越的工作，使新中国在世界民族之林中站立了起来，他们在社会主义建设事业的实践中充当了骨干和中坚力量。20世纪70年代末开始，当那些以自己的热血和身躯为新中国诞生不懈努力的革命者渐渐地退下了奋斗的岗位以后，他们又扮演了新的角色。在中国共产党的领导下，推动拨乱反正、解放思想的革命运动的是这代人，在此后的改革开放浪潮中，起着先驱和中坚的骨干作用的仍然是这代人。就是说，40多年来中国轰轰烈烈的改革开放和社会主义现代化建设事业，也是从这代人做起的。

难能可贵的是，这一代人经历了由新民主主义到社会主义转变时期的经济改革和阶级斗争的风风雨雨，他们随着共和国一道成长，一道受挫，一道总结惨重的教训，形成了体现他们那个时代特征的特殊的品格。他们的人生经历和经验十分丰富，是值得后人记取和学习的。

他们对于各种旧思想旧道德有深入了解并持批评态度，对于马克思主义、毛泽东思想的世界观、人生观和道德价值观进行深入学习，并有较好把握，对于中国共产党人的革命人生观、道德观，即社会主义和共产主义道德有真正了解和真诚尊崇。他们对党的事业、对祖国和人民的忠诚、对同志的真爱、对工作的敬重和奉献品格，以及艰苦奋斗和吃苦耐劳精神，既是对中华民族优秀传统精神的理解、继承和升华，也是对革命传统的继承和发扬，还是对社会主义和共产主义道德的初步实践。他们的品格不仅体现了中华民族精神，而且反映了新中国的一个历史时代，在新中国的发展历史上留下了浓墨重彩的一笔。

但是，他们所接受的道德教育，他们的道德品格结构，又打上了那个时代"左"的思潮的烙印。他们习惯于从政治上看道德问题，在"政治觉悟""政治立场""政治态度"上评价人的道德境界，因此时常出现"不近人情"的景况。同时，这些人往往在脱离现实条件的情况下提倡和奉行一种极为高尚的道德境界，把国家和集体的利益放在至高无上的地位，把个人的事情和利益置于无足轻重、可有可无的地位，并且将此作为评判别人的行为高尚与否的价值标准，律己律人。在20世纪50年代末期兴起的"大办钢铁运动"中，许多农民之所以硬是将自家烧饭的铁锅打碎送进"小高炉"里"炼铁"，不是为了别的，只是为了表明自己的"大公无私"。

还有一点也是值得一提的，那就是在新中国成立后的近30年间，在接受革命传统和共产主义道德教育的过程中，成长了一批道德高尚、严于律己的优秀干部。他们在政治思想方面，自然打上了那个时代的烙印，是"左"的路线的推行者或执行者。他们当中的一些人，自己又是"左"的路线的受害者。但是，在处理公与私的关系问题上，他们大多是大公无私的，其中许多的人为了替人民谋利益，艰苦奋斗、兢兢业业、鞠躬尽瘁。这些人的道德精神，对于今天的人们，特别是对于公职人员来说，不能不说是一笔宝贵的精神财富。

总之，应当看到，由于经受过各种历史变动的磨炼和洗礼，这代人对于经济与政治的变革、道德的调整与重建的适应能力也很强。在改革开放的历史大潮中，他们很快便自觉地丢弃了过去时代灌铸在他们脑袋里的"左"的东西，既不守旧，又保存和坚持着那些在过去时代形成的优良的品性。因此，我们完全有理由说，在新的历史条件下，这一代人的品格仍然具有不可忽视的代表性。在中国的道德国情中，他们不仅反映着过去，体现着现实，而且可以代表着未来。

这代人成长的原因，首先，如前所说，是政治方面的原因。这代人在新中国成立的时候一般都还年幼，绝大多数出身于贫苦家庭，"根正苗红"，直接从其翻身得解放的父辈那里受到启发和熏陶。"文革"之后，一些人曾批评过"根正苗红"，说此为"龙生龙，凤生凤，老鼠生儿会打洞"的唯心主义邪说，殊不知这正是这代人成长的前提和逻辑基础。家庭出身对一个人的成长不会起决定性的作用，但会在前提和逻辑基础的意义上对一个人的成长产生影响。因为，家庭出身与家教是密切相关的。所谓"龙生龙，凤生凤，老鼠生儿会打洞"，其"生"所说实则是指家教，不应看作是什么先验论。这种情况，即使在已经取消了以家庭出身为考察人的标准的今天，不也是举目可见吗？把人的家庭出身看成是区分和识别人的品质的标准以至于唯一标准，是不科学的；置人的家庭出身于不顾，仅看人的所谓现实表现，也未必可靠。

其次，是政治运动的冲刷和正规的学校道德教育。新中国成立后近30年间的政治运动的主旨是告诫这代人"千万不要忘记阶级斗争"，坚持"无产阶级专政条件下的继续革命"。学校的思想政治教育，从其所开设的课程和实际开展的工作来看，内容多为政治教育和道德教育。政治教育的中心内容是培养一代新人，使他们坚定政治立场和提高思想觉悟，道德教育的基本内容是要求一代新人全心全意为人民服务，继承和发扬革命传统道德，做无产阶级革命事业的接班人。这些教育内容，如前所说，是超越了当时的社会发展要求和人们实际所能达到的思想水准的，但却在一种超越线上铸就了这代人坚定的政治立场和崇高的道德品质。

再次，是道德榜样的深刻影响。新中国成立后的近30年间，在中国共产党的领导下，全社会一直高度重视发现、宣传各种先进典型，号召人们学习。这里，我们要特别提一下20世纪60年代初开展的向雷锋同志学习的活动。雷锋是中国人民解放军沈阳部队某部运输连四班班长，1962年8月15日不幸因公殉职。他平时牢记阶级苦，坚持学习毛泽东思想，对自己要求严格；工作上精益求精，公而忘私；生活上勤俭节约、艰苦朴素，却能够把节余的钱用来帮助别人，并以助人为乐。雷锋不幸殉职后，其事迹受到毛泽东、周恩来等老一辈革命家的高度重视，他们纷纷挥毫题词，号召全国人民向雷锋学习。毛泽东的题词是"向雷锋同志学习"，周恩来的题词是"向雷锋同志学习：憎爱分明的阶级立场，言行一致的革命精神，公而忘私的共产主义风格，奋不顾身的无产阶级斗志"，刘少奇的题词是"学习雷锋同志平凡而伟大的共产主义精神"，朱德的题词是"学习雷锋做毛主席的好战士"，陈云的题词是"雷锋同志是中国人民的好儿子，大家向他学习"，邓小平的题词是"谁愿当一个真正的共产主义者，就应该向雷锋同志的品德和风格学习"。很快，在全国人民特别是青少年中，兴起了向雷锋学习的热潮。与此同时，全国还广泛地开展了宣传和学习"党的好干部""县委书记的好榜样"焦裕禄和"铁人"王进喜的活动，收效也是明显的。当时，国家正处在经济特别困难的时期，向先进模范人物学习的活动，增强了全国人民的凝聚力，对号召和团结全国人民共渡难关起到了极为重要的作用。如果说这一代人思想品德结构存在如上所说的"两面性"是由于受到"左"的思潮的影响的话，那么，先进模范人物及雷锋精神对他们的影响则只是正面的。先进模范人物的毫不利己、专门利人、助人为乐、关心集体、勤俭节约、艰苦奋斗的优良品格和作风，深入人心，哺育了一代新人。

历史的发展是一代代人接力递进的过程，没有昨天一代人的努力，就没有今天这代人生存与发展的现实基础。现实的人们，重要的不是寻找和指责前人的缺陷和不足，更不是自视高明、目空一切，而是要思考如何继承前人的业绩，把事业推向新的发展阶段。

第三节 宣传和贯彻集体主义道德原则的得与失

如何处理集体利益与个人利益的关系，或公与私的关系，是人类伦理思维和社会道德调节的永恒性主题，也是一个人参与社会道德生活通常所碰到的课题。如何处理公与私的关系问题历来是道德的基本问题，人类自古以来社会的一切道德现象都是围绕这个基本问题展现的。

总的看，在新中国成立后近30年间，我们在处理个人利益与集体利益之间的关系的问题上是做得不够好的，有些情况下甚至将两者对立起来了。讲集体利益，时常漠视、忽视个人利益，以至于将个人利益当作个人主义来批评；与此相关的是，视平均主义的"大锅饭"为集体主义，以为吃"大锅饭"就是发扬了社会主义道德、共产主义风格，视个人劳动致富是搞资本主义或"资本主义尾巴"，谁希望发家致富就是想走资本主义道路。

这种不协调集中反映在对集体主义的理解上。集体主义是社会主义时期国家调整各种利益关系和人们道德生活的基本原则。它建立在社会主义公有制为主体的经济关系的基础之上。从科学的意义上来理解，它的基本精神应当是把集体利益与个人利益结合起来，也就是毛泽东在《论十大关系》中所说的"必须兼顾国家、集体和个人三个方面"的利益。同时集体主义也应当主张，当个人利益与集体利益发生矛盾而又不能调和的时候，个人利益必须服从集体利益，为维护和发展集体利益作出必要的牺牲。但是在改革开放前的近30年间，我们对集体主义的理解、宣传和贯彻基本上违背了集体主义的这种科学内涵。

这首先表现在作为认识前提，对个人利益这一概念的理解失之偏颇。一是对个人利益没有进行科学的分析，没有区分出正当的个人利益与不正当的个人利益。个人利益本身是一个中性概念，本身并不存在善与恶的分野问题，与个人主义是两个不同性质的范畴。个人利益与个人主义发生联系的中间环节是主体关于个人利益的占有和获取方式。主体是用社会主义法律、政策和道德所允许的方式占有和获取个人利益，他的个人利益就与个人主义毫无关系。反之，他是用化公为私、损人利己等方式占有和获取个人利益，他的个人利益才与个人主义相联系。但尽管如此，个人利益与个人主义也是两个不同的范畴。就是说，两者之间并不存在必然的联系，关键是看其主体的个人利益的获取方式。就是说，由于存在着占有和获取方式的区别，个人利益才存在着正当与不正当的差别，只有不正当的个人利益才与个人主义发生联系。如政策允许的自留地、家养的禽畜、居所周边种的瓜果蔬菜，凭借自己的劳动而获得的个人的其他收益，就属于正当的个人利益，同化公为私、损人利己的个人所得是存在质的差别的。但个人利益在当时多被当作了不正当的个人利益，获利者往往被当成了个人主义者。

二是将私有制与个人利益混同了起来，进而将私有制等同于个人主义，将"私有制是万恶之源"理解为个人利益是万恶之源，把私有制当作个人主义来批评。诚然，在社会制度的意义上，私有制是占有和获取个人利益的基本形式，确实是一切私有观念的根源，也是一切社会丑恶现象的滋生地。但是，个人利益的占有和获取方式并非唯独是私有制。在公有制的社会里，凭借个人的合法合理的劳动，同样可以占有和获取正当的个人利益；也有人通过不合法不合理的手段，占有和获取不正当的个人利益。即使是在私有制社会里，人们占有和获取个人利益的方式也不一定就凭借私有制，或者虽然凭借的是私有制，但由于接受教育和受其他方面因素的影响的原因，人们所形成的伦理价值观念也不一定就是个人主义。

但是，在新中国成立后的近30年间，人们并没有对个人主义作出如上所说的实事求是的分析，一直在坚持着将个人利益当作个人主义来批评、批判，坚持着在私有制与个人利益、个人主义之间建构某种必然联系。因此，那一时期的人们错误地认为个人利益越少，个人主义就越少，人就越革命，制度就越"公"。在这种错误认识的支配下，向一切私有形式开战，尽可能地压抑个人需要和个人发展，成了思想文化和道德与精神生活领域内的常规任务，斗争的基本形式则是"大批判"。

在思想认识上不加分析地将个人利益当作个人主义，在私有制与个人主义之间构筑必然联系，也同时影响了人们对个人主义的正确理解。在那个年代，人们几乎天天都在与个人主义作斗争，但由于对个人主义的认识和理解缺乏科学性，因此反对个人主义的思想斗争在多数情况下流于形式。

在新中国成立后近30年间，我们关于集体主义的教育与提倡就是在这样的基础上进行的。

其次，正因为个人利益被当作个人主义，所以人们将个人利益看成是与集体利益相对立的存在物。讲集体主义的道德原则实际上是在把个人利益与集体利益放在对立的前提下进行的，所谓坚持集体主义的道德原则实际上是为了遏制甚至反对个人利益。因此，在那个年代，个人利益一直

"名声"不好，谁都免不了会关心他的个人利益，但谁都不敢明说，不然，马上就会有人抬出集体主义加以反对。1954年，刘少奇在《关于中华人民共和国宪法草案的报告》中，对个人利益的地位及其与集体利益的关系作了如下的阐述："我们的国家是充分地关心和照顾个人利益的，我们国家和社会的公共利益不能抛开个人的利益；社会主义，集体主义，不能离开个人的利益；我们的国家充分保障国家和社会的公共利益，这种公共利益正是满足人民群众的个人利益的基础。"

再次，正因为在思想认识上没有区分个人利益的正当与否，所以很多人把维护和追求正当的个人尊严和价值的需要也当成了个人主义。新中国成立后，随着社会制度的更新，人民做了国家的主人，个人的政治经济和社会伦理地位得到了提升，人的尊严和价值也应相应得到他人和全社会的普遍尊重，这既体现了新中国人民的需要的发展，也体现了新社会的文明与进步。但是，在高度集中统一的计划经济体制和"左"的思潮的影响下，个人的尊严和价值并没有得到应有的尊重。不要走"个人奋斗"的道路，"个人的事再大也是小事，集体的事再小也是大事"，是当时社会普遍赞誉的人生原则和座右铭。在这种不正常的思维和舆论环境中，有些人是不敢进行"个人奋斗"的，他们大多不思进取，无所用心，得过且过，走着随大流的人生道路。另有一些人，心里想的是个人的尊严、荣誉、价值和美好前途，想的是不断得到提拔，成名成家，但在舆论环境的压力之下，要么硬着头皮顶着干，最终落得悲惨下场，要么韬光养晦、口是心非，养成了一种双重人格。所以，那时，人们在组织和领导面前，在公众场合或他人面前，一般都是一个面孔，一个声音。不然就会被视为思想落后，重则还会被看成政治上有问题。

实践证明，个人利益与集体利益的关系长期处于不协调的状态，就不可能在科学、正当的意义上提倡集体主义，不可能在科学、合理的意义上维护和发展集体利益，相反会使集体在人们的价值理解上成了一种似是而非的东西，在人们的内心信念和信仰上成了一种模糊、虚幻的异己存在物而又必须崇拜的对象。

个人利益与集体利益长期处于不协调的状态，也不可能使人们在科学、正当的意义上维护和发展个人的正当利益，难以使人们切身感受到新社会新制度给自己带来的好处和实惠，从而树立起对于社会主义制度的科学认识和感情；更不可能在科学、合理的意义上帮助人们自觉抵制和克服个人主义价值观的侵害，从而在理性上接受集体主义的价值观。

在这种情势下，个人主义反而会悄悄地滋生和发展起来。因为，个人的人生现实使得人们关心个人的生存和发展成为一种自然需要。当社会可以为个人提供这种帮助的时候，人的自然需要与社会需要就会联结起来，由此而产生对于社会的认同，接受社会关于集体需要的价值观。而当社会对这种自然需要不能提供帮助的时候，人必然要采取社会可能不予认可或与社会发展要求相悖的手段来实现自己的目的，个人主义的思想意识由此而被诱发、生长、发展起来。从这一点看，反对个人主义并非唯有大力提倡集体主义就能奏效，社会关心个人恰恰是培养个人的集体观念、反对个人主义的一种基本方式。

总而言之，个人利益与集体利益的长期不协调，不仅会损害集体的形象，遏制集体事业的发展，也会增加人们投身社会主义建设事业的盲目性，挫伤个人参加社会主义建设事业的积极性，最终导致人们远离集体。

历史是现实的一面镜子。在新中国成立后的近30年间，个人利益与集体利益之间的关系之所以处理得不好，与传统道德国情存在的弊端直接相关。中国传统道德国情是在儒家伦理文化的影响下形成的，社会调控的道德价值体系一直存在着不重视甚至漠视、忽视个人利益的价值倾向。秦汉之际虽曾有过杨朱的"拔一毛而利天下，不为也"的公开主张，但这种利己主义的思想理论形态，从来没有也不可能在中国传统道德国情中产生什么实质性的影响。

同时，个人利益与集体利益的长期不协调与传统的文字文化也很有关系。中国古代的文字是文言文，凡是个人问题或与个人有关的问题，都用"私"表示，如私利（个人利益）、私心（自私自利）、私欲（个人欲望）、私情（个人情感）、私意（个人目的、个人理想）、私人（个人身份），等等，都只用一个"私"字来表示。在中国古代文字文化中，"私"至少具有五种含义。一是"私下"，即"背地里"或"一人独处"的意思。孔子说，颜回听他讲学从不提问，也不发表意见，但他回去一人独处时还是能够钻研的，即所谓"退而省其私"①。二是"私自"，意思是以个人的名义或个人的身份说话办事。《论语·乡党》在描述孔子孤身一人出使别国时的愉悦心情时说："私觌，愉愉如也。"三是"私欲"，与个人欲望、个人需求相通。如朱熹说的"饮食者，天理也；要求美味，人欲也"②的"人欲"，李贽说的"夫私者，人之心也。人必有私，而后其心乃见；若无私，则无心矣"③的"私"指的是"私欲"。四是"私利"，相对于"公利"而言，指的就是今天我们所说的个人利益。韩非在说到西门豹的品性时，作了"秋毫之端无私利"的评价，他说的"私利"就是这个意思。五是"私心"，即自私，亦即今天所说的利己主义，是相对于"公心"而言的。与"私心"相近的尚有"偏私"，是相对于"公平""公正"而言的。陈浩在注释《礼记·礼运》中的"大道之行也，天下为公"时所说的"不以天下之大私其子孙"的"私"，就是从这种意义上说的。不难看出，上述五种含义，前四种并不属于道德范畴，唯有"私心"——自私，才具有道德意义，属于道德范畴。但是，在中国古代，五种含义通常都是用一个"私"来表示的，由此而混淆了道德与非道德的两个不同领域，把个人的许多正当的需要和欲望都视为不道德的事情，不允许正当的个人观念的存在。

这种多义混杂的语言习惯，一直沿用到现代。如大公无私的"私"与公私兼顾的"私"，都用一个"私"表示，但它们的含义显然不同。前一个"私"所指应是"私心"，后一个"私"所指应是"私利"。20世纪80年代初，中国青年界曾开展了关于"人的本性是不是自私"的大讨论，结果并没有取得令人满意的答案，原因就在于当时并不能分清含义不同的"私"，将人人所具有的重视"私利""私欲"的"本性"，与自私自利的

---

① 《论语·为政》。
② 《朱子语类》卷十三。
③ 《藏书·德业儒臣后论》。

"私心"看成了一回事。当时，由于知识和理论准备不够，讨论最终不了了之。

由上可知，在新中国成立后近30年的时间里，在宣传和贯彻集体主义道德原则这个问题上的得与失，是十分清楚的。得失相比较究竟哪个方面大？毋庸讳言：失大于得。

第四节　道德人格存在双重现象

人在道德人格上是否表里如一，是衡量一个人道德品质是否优良的基本标志。人格健康的人，心里想的和嘴上说的，嘴上说的同实际做的，一般情况下是一致的。反之，人格不健康的人，总是口是心非、表里不一。

在传统的意义上，中国人的人格本来就具有勇敢与懦弱、自尊与自卑等方面的双重特点。在新中国成立后近30年间，这种双重结构的历史现象发生了许多重要的变化，但其双重性的特点却并没有得到根本性的改造。

传统中国人的道德人格是内倾型的，它使得传统中国人在国家政治生活和各种社会活动场合都缺少一种表现欲望和勇气，给人以懦弱、胆怯、谦卑的印象。政治上的翻身解放，政治和思想文化上一次接着一次的富有鼓动性的各种运动，把传统中国人的热情最大限度地激发、调动了起来。为了表示自己具有"革命的坚定性""无产阶级的政治觉悟和立场"，许多人都锻炼、培养出一种特殊的表现欲望和勇气，充分展现出自己过去从未有过的特殊人格。那时的中国人与历史上的中国人比较起来，似乎完全换了一副面孔，一种人格。他们自己也感到在社会主义制度下人似乎就应该这样地活着。但是，正如前面所指出的那样，中国人在这近30年的时间里，一方面是热情多于理性，高涨的热情，对新社会新生活，对共产党及其领袖真诚的爱和绝对的相信，使得他们把自己一切的"个人问题"都深深地搁在了脑后，想的说的做的都是"革命工作"，至少让别人看来是这样。另一方面，人的求生存求发展所必需的自然需要或"个人问题"又真实地存在着，谁也回避不了。那些有了很多孩子张嘴要饭吃的家庭主事者，有了一些科学文化知识之后想图谋新的发展的人，有了一定的职权想不断进步的领导者，以及政治上受到不公正的对待不得不忍气吞声、求得个人安宁的人，即使具有高涨的革命热情，也丢不掉他们的责任心，免不了要时常考虑他们的"个人问题"。于是，一方面要积极地去参加"继续革命"，另一方面又要认真地考虑"个人问题"。这种心理状态，在伦理道德上必然会形成一种双重人格。

经过1957年的"反右派"，许多人在心理上存有"防人之心"，生发一种人人自危的心态，生怕说话做事不谨慎，会被人上纲上线，招来麻烦，危及自家的安宁。在日常生活中，人们在相处和相互交往的场合缺乏必要的真诚和坦率，见人只说三分话，凡事都留有余地，留有退路。那时，人与人之间的关系实际上是建立在一种互不信任、互相防范的心理基础之上的，满足于一种"革命性"的敷衍和应酬，缺少真心、真情和与人为善的人格精神。表现在个人的学习与修养方面，不少人所做的往往也是违心的事情。如对待"全国人民只读一本书"，许多人是持有不同看法的，但表面上叫人看起来又都在"认真"地读。这种情况在当时的青年学生中也很普遍。

综观新中国成立后近30年间的道德国情，情况是相当复杂的。我们一方面批判了封建旧道德，提倡了共产主义的新道德，培养了一批献身于社会主义革命和建设的积极分子和中坚力量；另一方面，由于政治经济体制和思想路线上存在的问题，又致使我们的道德国情在内部结构上存在着严重的不协调的情况。它使我们的民族在伦理思维和道德生活中表现出明显的情绪化的倾向，在对待自己民族道德传统的问题上采取了非历史主义的态度，在处理集体利益与个人利益的关系上采取了漠视个人需要和价值的态度，最终导致人格上出现内在的矛盾。

第五章　当代中国道德国情的观念变化

所谓"当代"，在这里即改革开放的历史新时期。

"文化大革命"结束以后，1978 年 12 月 18 日，中国共产党成功地召开了十一届三中全会，从此，我们告别了"以阶级斗争为纲"的动乱年代，也告别了"以阶级斗争为纲"年代所滋生的道德，在以经济建设为中心的基本方针的指引下，中国进入改革开放和加速社会主义现代化建设的历史新时期。改革开放以来，中国在经济、政治乃至文化的各个领域发生了翻天覆地的变化，取得了令世界瞩目的巨大成就，包括道德国情在内的各个方面的国情正在发生着极为深刻的变化。

道德作为调整人们相互之间以及个人与社会集体之间的行为规范和价值准则，与整个社会生活乃至人们的起居作业及社会交往，密切地联系在一起，因而是社会生活最敏感的神经。道德的根源在于人们在社会生产和社会生活中实际形成的关系，尤其是实际的经济结构和利益关系。因此，当社会处在大规模的经济和政治变革时期，道德国情总是最先受到冲击，最先发生变化，并且反映最为强烈。改革开放和市场经济的发展有力地冲击着一切与它不相适应的思想道德观念，引起人们的思想道德和精神面貌的深刻变化。当代中国的道德国情与历史中国的道德国情大不一样了。

而道德国情的这所有一切的变化，都是从人们的道德价值观念开始的。处在改革开放和发展社会主义市场经济的历史大潮中的中国人道德价

值观念在多方面发生了重大的变化。

第一节　义利观念的变化

　　义与利是中国传统伦理思想最重要的两个基本范畴，也是传统中国人伦理思维和道德生活的中心问题。

　　在传统意义上，义，本意是指符合公众利益的思想和行为，即所谓"义者宜也"①，实则指封建社会提倡的道德标准，这才有所谓"仁义道德"的俗成之说。利，指的主要是个人的物质利益、功利。众所周知，在中国历史上，义与利一直是被作为道德的两个对立面来看待的，孔子就一直把它们看成是两个完全对立的东西，这才有所谓"君子喻于义，小人喻于利"②之说。

　　在中国历史上，儒学学者几乎无一例外地都将义与利看成是两个相互对立的方面。孟子见梁惠王，回答梁惠王的"亦将何以利吾国乎"问话时说："王何必曰利？亦有仁义而已矣。王曰，'何以利吾国？'大夫曰，'何以利吾家？'士庶人曰，'何以利吾身？'上下交征利，而国危矣！万乘之国，弑其君者必千乘之家；千乘之国，弑其君者必百乘之家。万取千焉，千取百焉，不为不多矣。苟为后义而先利，不夺不餍"③。对于这种义利对立观，儒学之外确曾有过不同的声音。如墨子说过"义，利也"④。荀子认为任何个人都不可能不考虑个人利益，然而应该使个人利益服从道德原则，主张"先义而后利者荣，先利而后义者辱"⑤。故他说："义与利者，人之所两有也，虽尧舜不能去民之欲利，然而能使其欲利不克其好义也。虽桀纣亦不能去民之好义，然而能使其好义不胜其欲利也。故义胜利

---

　　①《中庸》第二十章。

　　②《论语·里仁》。

　　③《孟子·梁惠王上》。

　　④《墨子·经上》。

　　⑤《荀子·荣辱》。

者为治世，利克义者为乱世。"①但从基本倾向来看，中国伦理思想所强调的是义与利的对立，主张重义轻利，先义后利，舍利取义。这种义利观念在历史上延续了两千多年，构成了中国人道德价值观念体系的主轴与核心。

应当看到，在新中国成立后近30年的时间里，这种片面的义利观念不仅没有得到应有的改造，在"左"的思潮的控制下反而被强化。

实行改革开放后，经过拨乱反正和解放思想，特别是发展社会主义市场经济以来，不论是在社会还是在个人，中国人的义利观念都发生了根本性的变化。

这首先表现在对义与利的特定内涵的认识和理解发生了变化。中国人不再像过去那样不敢谈利，甚至谈利色变。人们越来越清楚地看到，贫穷不是社会主义，贫穷与社会主义制度之间没有必然的联系，社会主义不应该主张贫穷；在社会主义制度下，只要不违背道德标准，讲个人利益，谋取和发展个人利益，不仅是天经地义的，而且是应当大力提倡的。改革开放，说到底是要调整人们的利益关系，为广大人民群众谋利益。不注重广大人民群众的切身利益问题，不在利益上给广大人民群众以实惠，就根本谈不上改革开放，就是最大的不仁不义，作为共产党人也就违背了全心全意为人民服务的宗旨。就个人而言，如果不重视个人的利益需要和发展前景，不仅会失去提高自己生活水平和发展的前提条件，失去自己应有的人格，而且在他人的眼里也成了一个没有出息的人。因此，在当代中国，个人利益、个人发展需要成了人们关注的中心问题和热门话题，能够发家致富、成名成家者成为许多人羡慕甚至崇拜的偶像。

其次，在义与利之间，许多人把利放在了第一位。从国家和全社会的意义上看，为人民群众谋实实在在的利益，成了第一位的工作；利益问题成了各个部门和单位关注的焦点，被放在了最为突出的位置。

从个人的意义上讲，讲个人利益和需要，讲个人的尊严和价值，讲个人的合法权益，都是无可厚非的。

①《荀子·大略》。

总之，对利益特别是个人利益，中国人从来没有像今天这样表现出极大的热情和兴趣，从上到下，从集体到个人，人人想的讲的干的是如何发展经济。经济成为社会发展的中心问题，成为公共场合人们公开议论的中心话题。

再次，获利的方式和手段发生重要的变化。如前所说，获利的方式和手段本身存在着义的问题，人们在获利的过程中也表达了自己的义利观念。过去，中国人获利一贯讲究的是"劳动致富""劳动发家"，认为"不劳动者不得食"是天经地义的，反之则为不仁不义，而这里的劳动所指的实际上多是体力劳动。如今获利的方式和手段有了许多的变化，而这些变化又与劳动方式的变化很有关系。

总而言之，实行改革开放特别是发展市场经济以来，中国人获利的方式和手段更加多样。

应当如何认识这些"翻天覆地"的巨大变化？改革开放以来理论界围绕这个问题展开热烈讨论。首先应当看到，这是一种历史进步。利己是人的自然本性，也是社会发展和进步的基本前提。从人的生存和发展需要来看，利己之心人皆有之，一个人关心自己的利益是参与一切社会活动的基本动因和前提，社会道德的文明与进步，离不开这个最为重要的基础。在生产力低下的历史发展阶段，社会为了维护自身的稳定，谋求发展，必然要通过政治、法律的规范来限制和约束人的利己本能，人的利己之心因此受到压抑，不得抒发和疏导，道德也因此而失去了应有的基础，只能屈服于政治和法律，缺少应有的文明特质。传统的重义轻利、先义后利、舍利取义的义利观，正是生产力低下的中国封建社会政治与法律对人的利己的自然本性进行限制和约束的产物。从这一点来看，在改革开放和发展社会主义市场经济的历史变革中，人们对自己利益的关注，是对人的自然本性的肯定和呼唤，必将从根本上改善社会的道德状况和人们的道德生活。这是一个具有历史性的进步意义的重大变化。

在这种历史性变革中，对人们利益观念的变化的认识也出现了一些值得商讨的思想和理论观点。比如，有些人根据"不管白猫黑猫，逮着老鼠就是好猫"的看法，主张不管好人坏人，赚到钱就是好人，将赚钱的多与少作为看人用人的一个基本尺度。这当然是不妥的。因为这完全忽视了义的价值，将社会主义的道德标准排斥在获利活动之外。

在义与利的关系问题上，社会主义的义利观应是主张义与利的统一，也就是道德标准与获利方式的统一。其要义应当包含如下两点：一是重视物质利益对于个人发展和社会进步的价值，鼓励人们积极地去追求个人利益，发家致富；反对重义轻利以至只讲义而不讲利的传统观念。二是在获利方式上提倡自力更生、发奋图强，用自己的辛勤劳动获取个人利益，追求发家致富，获利行为要接受社会主义道德标准的指导和约束，不做损害社会集体和他人利益的事情。

第二节　公平观念的变化

公平的要义或实质内涵是权利与义务的均衡。历史上，公平不论是何种形式，也不论其调整是国家手段、社会方式还是人与人之间的契约，所反映的都是普通的、处于弱势的人们对于整体或他人提出的要求，都是义务主体对于权利的呼唤。

在社会科学领域，公平是一个被广泛使用的重要概念。不仅在经济、政治、法律领域里使用，在道德生活领域里也使用。公平对于社会秩序的稳定和社会的繁荣与进步，对于人的物质生活和精神生活的需要来说都是须臾不可离开的，人类有史以来各种矛盾与纷争，各种刀光剑影、炮火连天的战争，无不与公平失落或错位有关。

公平作为伦理范畴，在西方思想史上源于古希腊的"Orthos"，即"表示置于直线上的东西，往后就引申来表示真实的、公平的和正义的东西"。而在中国，只可以追溯到20世纪80年代中期。1985年底，中国伦理学会在广州召开第四次全国研讨会，有篇提交会议的论文正式提出道德权利这个全新的概念，并从道德义务与道德权利之间应当保持某种均衡的关系立

论，论述了道德领域的公平问题。此后，关注公平的学人越来越多，赋予公平以伦理价值内涵也越来越宽泛。

公平作为伦理范畴的提出和确认，在中国，其直接的推动力是市场经济的客观需要，直接的要求是对中国传统伦理进行根本改造。

中国历史上长期实行的是小农经济，中华人民共和国成立后很长一段时间推行的是高度集中的计划经济，市场经济制度在中国史无前例。小农经济以家庭为单位，人们自力更生、自给自足，生产者也是消费者，基本上不与他人和社会发生权利与义务的关系。计划经济是政府经济，生产经营计划甚至其执行流程都在政府的掌握之中，权利在政府，义务在企业，企业是经济活动的义务主体却不是权利的主体。市场经济则不同。市场运作的基本法则是机会均等、公平交易，经济活动的主体须将权利与义务集于一身，要求实现权利与义务的均衡和对等，这是它的生命。没有公平也就没有市场经济。

市场经济公平法则的确立，既需要市场经济建立和完善其自身的体制，也需要社会公平价值观念的支撑。公平价值观念不是市场经济本身所能创造的，它需要政治、法律、道德等上层建筑顺其逻辑走向为其创造，要求所创造的价值观念具有公正的基质，能够为其服务。显然，这种创造过程其实是一种有关公平价值观念的系列变革，公平作为伦理范畴的提出，正是在这种系列的观念变革中应运而生的，它是市场经济紧急呼唤的产物。

在中国，公平作为伦理范畴的提出和确认，一开始便要求对中国传统伦理进行根本性的革命改造，因为中国传统伦理多不讲公平，其突出表现就是在人与人和个人与社会集体之间从来没有道德权利一说。

中国历史上一方面是汪洋大海式的小农经济，一方面是封建专制政治。在此基础上产生的儒家伦理文化也因此而包含着两个基本的价值趋向。一是与“大一统”相一致，教人无权利地服从整体，调整的对象是个人与国家及宗族之间的关系，属于政治伦理范畴。二是与自私自利的小农意识相左，劝人无条件地善待他人，调整的对象是人与人之间的关系，属于所谓"人伦"伦理范畴。政治伦理以"三纲"为主体，既是政治标准，也是伦理规范，强调臣、子、妻须绝对地对君、父、夫负责，绝对地听命于君、父、夫的安排，故而古时有"天子""父亲大人""夫君"之称谓，有"君要臣死，臣不得不死"，"父要子亡，子不得不亡"之训条。在这种情况下，一方专握权利，一方专担义务，"三纲"的基本价值倾向是权利与义务的对立。"人伦"伦理以所谓"仁、义、礼、智、信"为主体，表现在推己及人，律己待人，有诸如"己所不欲，勿施于人"①，"己欲立而立人，己欲达而达人"②，"君子成人之美，不成人之恶"③之类的劝诫之说。其间，确可见其劝诫人与人之间需相互爱护关心之意，但基本的价值倾向还是强调小视自我，重看他人。可见，儒家伦理文化是一种轻视个人道德权利的片面的义务论伦理。在这种伦理文化的长期教化下，中国人形成了注重他方权利和己方义务的做人法则，成为一个无须、无视公平的民族。

应当指出的是，今人对这种片面的义务论伦理的认识，是需要持分析态度的。人对世界的认识和把握从来不会有终结，社会对自身的状态和发展道路及前景的理解和诠释，总是离不开自身的局限和实际需要。因此，历史不会按照今人精心设计的全面蓝图展示其轨迹，相反总是要把某些片面性传承给我们，令我们不满意，这大约犹如未来人对待我们今天这些"古人"所思所为一样。从这一点来看，片面性既是一种历史必然，也是一种历史必要。义务论的中国传统伦理是片面的，但对于那段漫长的历史来说既是一种必然，也是一种必要，正因为如此，它既是合理的，也是不合理的。说其合理，那是历史所不能跨越的鸿沟，要保持封建社会的稳定，面对普遍分散的自然经济，在国家管理上只能实行高度集权的专制政治统治；要维护社会的文明，面对汪洋大海式的离心离德的自然道德生活，在社会调控上只能灌输"大一统"的整体意识和重在他人的道德良

---

① 《论语·颜渊》。
② 《论语·雍也》。
③ 《论语·颜渊》。

知。扬弃其合理的一面，丢弃其不合理的一面，这既是真待历史也是善待历史，是今人为将要成为历史而给未来一个应有的交代。

无须、无视公平必然会导致两种不良后果。一是效率的低下。人们一般认为，效率与公平是两个相互联系的对应范畴，但事实上公平本身也会产生效率。所以，提倡公平的结果必然会增加效率，进而赢得社会的文明进步。

二是人的自然本性的失落。本来，人为了自己生存和发展的需要，都必定会关心自己的权利，这是人的"利己"的自然本性，也是人的道德人格的一种自然表现。人之所以可信，具有超越神鬼那样的品性，不仅在于对别人正当权利的尊重，也在于对自己正当权利的关注。古人所云"哀莫大于心死"，实在是一个普遍而又深刻的道理。一个毫无"利己"需要和动机的人，己"心"已死，便无发展的需求，还谈何对他人和社会有所作为？一个人从关心自己权利——生存与发展的自我需要的"利己"本性出发，才有可能在经验的意义上与他人和社会集体发生这样那样的权利与义务的关系，才有可能在接受教育的意义上认识和梳理这些关系，进而自觉或不自觉地产生对社会需要和他人权利的关注之情，由"利己"渐而产生对于"利他"的认同感、义务感和责任感。人的社会本性或本质的实质内涵是人的认同感、义务感和责任感，它在生发的意义上受制于特定历史时代的社会经济关系，在现实的意义上则以人的"利己"本性为基础。一切的"利己"欲望和动力，正是形成"一切社会关系总和"的基本前提和动因，无此，则人的所谓社会本性或本质就不可能生成，人的所谓对社会需要和他人权利的关心也就成为无稽之谈。从根本上来说，不是人的社会本性影响人的自然本性，而是人的自然本性影响人的社会本性。人的自然本性的失落就是人之所以成为人的社会本性的失落，人的受教育基础和实践动因的失落。人性的真正完善，在于个人的自然本性和社会本性的统一。

人失落自然本性又会导致人格变态，促使人走进"忘我"的境界。这些人中，确有一些真的淡忘以至完全忘记自己权利的人，他们是可信可敬的。然而，这些人中还存在着不少欺世盗名的伪君子，他们内心深处一刻没有忘记自己的权利，但却要作出一副"忘我"之貌，力图以此维护和谋取自己不正当的权利。社会的伦理榜样不能替代社会的伦理公平的提倡，伦理榜样所代表的是一种典型，而伦理公平所代表的则是一种普遍法则。两者之间，首先应是伦理公平，应是道德权利与道德义务之间的均衡，由此才能形成一种真正良好的社会风尚。人只有求真才能求善，只有求己之真才有可能求他人之真、他人之善。一个社会若求真求善者少，而伪君子或准伪君子多，便会世风日下，此时应当认真地检查一下在个人与社会集体及人与人、权利与义务之间的关系是否普遍地失去了必要的均衡，也就是是否普遍地失去了伦理公平。

在片面的义务论伦理的长期教化之下，传统中国成为举世瞩目的"礼仪之邦"，其历史价值今人自然不可否定。但同时也应当看到，我们为此付出了扭曲人的自然本性和人格的代价。扭曲的东西一旦得到舒松的环境就要舒张，舒张的东西得不到适时正确的疏引就会变态。现在许多人抱怨自己的不少同胞"不像个样子"，殊不知这正是我们从片面的义务论传统伦理道德所得到的"报应"。

伦理公平与利己主义是根本对立的，它是反对利己主义的思想武器。首先得指出，在中国人的心目中，利己主义与个人主义常常被混为一谈，这实际上是不正确的。因为，个人主义有一定的合理性，而利己主义则从来都是不合理的。

不公是利己主义最为典型的性态特征。伦理公平的要义和核心是主张人与人和个人与社会集体之间、权利与义务之间的均衡，而利己主义作为一种道德原则和人生价值观，其核心和基本倾向是以自己为中心，主张个人利益和个人价值的至上性，认识和评判个人与他人、个人与社会集体之间的权利与义务的关系，不是用均衡的标准，而是用"一头沉"即"以自我为中心"的标准。在实践上，利己主义者总是把个人利益放在第一位，漠视社会集体和他人的利益，为了实现个人利益和欲望甚至不惜损害他人和社会集体的利益。就是说，利己主义在处理个人与集体、个人权利与义务之间实行的不是公平，而是偏私。与漠视个人自由和个人价值的专制主

义及其他同类错误倾向相比较，利己主义在另一种极端上违背了伦理公平原则。

古人说得好："人人营私，则天下大乱。"①所以，自从私有制出现以来，引导人类走向文明进步的人文思想和社会科学一直没有停止过同利己主义作斗争，而斗争的主要思想武器就是伦理公平，尽管不同历史时代有不同的伦理公平观。伦理公平是识别利己主义（当然也包括专制主义）的试金石，也是反对利己主义的思想武器。

利己主义古来有之。在传统和现实的意义上，利己主义在中国都尚未形成独立的意识形式，但是与小农经济有关的自私自利思想和自由主义作风作为俗文化的伦理形式，早已融会在中国人的道德生活中，成为不少中国人的处世哲学。这种源远流长的人生哲学，不仅广泛地存在于普通民众的日常生活中，而且也深刻地渗透在一些执政者或执政集团的成员的灵魂深处。毛泽东在《反对自由主义》一文中所列举的共产党员和革命队伍中的自由主义的十一种表现，其中多数就属于这种处世哲学。这种处世哲学在数千年的历史演变中使得中国人养成了两种德性：一种是侵害型的，以"人不为己，天诛地灭"，爱占别人或大家的便宜为基本特征；另一种是"内倾""自保"型的，以"拔一毛以利天下而不为"，"事不关己，高高挂起"，"各人自扫门前雪，休管他人瓦上霜"为基本特征。在中国封建社会，同自私自利思想和处世哲学划清界限并与之作斗争的人文思想是儒家伦理文化。儒家伦理文化本质上是反利己主义的，它主张个人对于他人、家庭和国家的义务和责任，即所谓修身、齐家、治国、平天下，力求将人引导到关心"大家"的人生道路上。儒家伦理文化是传统中国反对利己主义的思想武器。这也是儒家伦理文化的合理性一面。

在西方资产阶级革命早期，霍布斯确认"人对人是狼"，片面强调个人的绝对自由和权利，漠视个人权利与义务的统一。这种极端的利己主义在资产阶级上台后不久，便为主张重视"最大多数人的最大幸福"、把个人对于公众的责任和义务放到了引人注目的位置的功利主义所修正和取

①《老残游记》。

代。在此期间，密尔甚至明确地提出了要使个人利益、个人权利和公众的利益和权利"合成"起来的主张。再后来，以爱尔维修、费尔巴哈等为代表的一批进步的人文主义者又提出了合理利己主义的思想，认为个人是目的，社会是手段，目的与手段应当统一，并主张个人的存在与发展要以目的与手段的统一为基础。不言而喻，这种思想的人文要义是主张个人权利与义务的统一，宣扬的是一种伦理公正。

从以上的简要叙述中我们可以看出，中西方的人文思想都看到了利己主义对他人和社会的危害性，在反对利己这一点上是一致的。但是，它们之间也存在着明显的差别。在发展的基本逻辑走向上，它们的区别在于：儒家伦理文化是逐渐强化国家整体的权利和个人的义务而漠视以至忽视个人的权利和国家整体的义务；西方的人文思想是以较为客观的态度极力寻找社会与个人之间在享有权利与履行义务之间存在的某种平衡，以其特有的伦理公正来抵制利己主义的侵害。概言之，儒家伦理文化是以一种一无是处、基本否定的态度对待中国人的自私自利的处世哲学的，西方的人文思想则既看到了利己主义适应资本主义制度需要的合理性的"善"的一面，也看到了利己主义对于资本主义制度存在的破坏性的"恶"的一面。在社会调控上，它们的区别在于：中国封建社会是依靠专制政治和严酷刑罚来遏制小农自私自利和自由主义的思想的，资本主义国家解决利己主义"恶"的"劣根性"及其必然对社会造成危害的根本办法是全面实行法治，用法律公正和政治民主遏制利己主义的伦理偏私。西方人的这种做法和经验表明，资本主义社会正是用包括伦理公平在内的普遍公正原则维护自己的稳定，促进自己的繁荣的。我们在反对利己主义的斗争中，应当注意借鉴西方社会的这些有益经验。

在讨论伦理公平应为一项伦理道德原则的时候，我们不能不说到集体主义的伦理道德原则。总的来看，伦理公平应是集体主义的合理内核和价值基础，但也不应当以伦理公平替代集体主义。

集体主义作为社会主义社会人们道德生活的指导原则，最早由斯大林提出。在中国，集体主义基本思想成熟于革命战争时期，独立的概念形式形成于社会主义过渡时期。新中国成立以来，集体主义曾包容着人们对社会主义道德精神的许多不成熟理解，带有明显的"左"的特性。在那以后，学界一些有识之士开始对集体主义进行细致研究，并不断对其进行认真说明。现在，科学理解和说明的集体主义尽管还远远没有成为实际道德生活的指导原则，但学界对其科学内涵的认识已基本达到一致。

过去，我们一说到集体主义，就自然想到个人服从集体，这实际上是不正确的，因为它违背了伦理公平原则。集体主义包含着个人服从集体的原则，但不可将集体主义归结为个人服从集体。

这里，首先需要明确的，集体主义道德原则所涉及的个人利益所指是单个人的个人利益，不可理解为只是相对于集体利益而言的一般意义上的个人利益；不作如是观，集体利益就与集体本身一同成为虚幻的假象，因为集体利益本质上正是多数个人利益的综合。这样就可以看出，集体主义内含着三个相互联系、相互说明的价值标准，在运用集体主义道德原则的时候需要有三种价值理解。第一，个人利益与集体利益在价值属性上是一致的，在实践上个人与集体都享有维护和发展自己利益的权利。第二，个人利益与集体利益在价值趋向上有时会出现不一致的情况，个人为了维护特别是获得更多的利益，会要求集体提供某种或某些条件，于是产生所谓矛盾。这一般是个人发展的超常态要求与集体需要维护自己现状之间的矛盾，满足了此种要求，个人就发展了，集体也因此而壮大了。就是说，个人要求多一份权利，集体就少不了要为个人多尽一份义务。不这样做，是不公平的。第三，个人利益与集体利益在价值趋向上有时会发生对立，即个人发展的超常态要求由于受到某些条件的限制，集体一时无法多尽一份义务，在这种情况下，个人应当服从集体，为集体作出牺牲，因为这种牺牲相对于多个人的个人利益来说是必要的。在人类历史上，个人与集体之间的矛盾本来就是一种不可避免的客观事实。在社会主义社会，由于各种原因所致，个人与集体之间有时会发生矛盾和这种矛盾暂时不能解决，也是一种客观事实。在这种情况下，集体主义为了维护大多数人的利益，要求个人作出服从集体的必要牺牲，自然是合理的。如果说不合理，那我们的理论认识就是一种倒退，因为资产阶级的功利主义早已确认必须维护和谋求"最大多数人的最大幸福"。在个人利益与集体利益不能两全的情况下，确认和维护大多数人拥有个人利益的权利，也可看作是一种伦理公平，只不过比作为"普世伦理"和"底线道德"的伦理公平的要求更高罢了。

但我们仍然不可因此而简单地用伦理公平替代集体主义。这是因为，如上所说的集体主义道德原则本身就内含着两种伦理公平，作此替代没有必要，而且还因为这种替代会产生一些不必要的问题。比如，公正是一个政治、法律、伦理等多学科共有的范畴，将一个多学科共有的范畴仅仅作为专有的伦理范畴来看待，容易引起学科领域里的理论歧义和概念混淆，在实践上反而容易导致伦理公平的失落。再比如，伦理公平虽然是一个普遍实行的价值原则，但由于受经济关系和政治制度因素的制约，其内涵是一个历史范畴，不同的历史时代有不同的伦理公平观，社会主义的伦理公平观与历史上的伦理公平观应有本质的不同，如果将历史上共同使用的伦理公平观作为社会主义专有的道德原则，也会在伦理学和实际道德生活中引起各种混乱。而集体主义是社会主义特有的基本的道德价值原则，不仅易于与历史上的多学科的公平观区别开来，而且易于与历史上的其他形态的道德原则区分开来，不会出现上述混淆。

概言之，关于道德权利的提出引起的伦理公平观点的变化，以及将公平作为伦理范畴是中国致力于改革开放和社会主义现代化建设事业的产物，将在根本上变革中国传统的片面义务论伦理。从伦理公平出发，我们将会在科学的意义上推动中国的伦理学学科建设，有效地抵制利己主义价值观念对中国人道德生活的不良影响，逐步确立起集体主义的价值指导地位，改善中国人的伦理思维方式和道德生活方式。

第三节　个人观念的变化

在国家和社会整体的意义上，实行改革开放之前的中国人是不重视个人的。在旧中国，由于封建专制政治和文化的统治，个人的尊严和价值，个人的利益和需要，都处在被漠视被忽视的地位，个人只有在家庭生活圈里才能受到重视。当出现"圣君""盛世"的时期，个人随着"江山"的整体巩固自然会得到某些恩泽，但总的来说，个人是不被重视的。在新中国成立后近30年间，如前所说，由于受"左"的错误的影响，个人利益和个人价值都没有得到应有的尊重。

改革开放以来，可以说，中国人的个人观念发生了根本性的变化，突出的表现就是个人主体意识的觉醒和强化。

这可以从两个方面来看。第一个方面的变化，我们可称其为"从我做起"意识的觉醒。它首先是20世纪80年代初由一批高等学府的莘莘学子提出来的，并很快成为全国热血青年的共识。在拨乱反正、解放思想的运动中，当时的一些中国人，只把眼睛盯着过去年代党的领导人所犯的错误，国家所走的弯路，以及社会上存在的不少严重问题，为抱怨、失望的思想情绪所困扰，脚步停留在批评往事上面，指责现实，而不注意做好眼前的事、身边的事。主张"从我做起"的青年们认为，这样是不行的，空谈误国，历史毕竟是历史，总结了历史的教训就应当放眼未来，为国家和民族的振兴而努力，每个人如果都能够做好自己的事、身边的事，国家和社会上的问题也就会逐步得到解决。这种个人观着眼于国家和社会，把振兴民族和强化自身的责任担在自己的肩上，显然是合理的。它的出现，既吸收了改革开放的新观念，又体现了过去年代强调的集体精神，无疑是一种历史性的进步。

另一个方面的变化，我们可称其为"个人自主和自由意识"的觉醒。这种变化与改革开放和市场经济的兴起直接相关。改革开放和市场经济的一个基本特征就是强调个人在经济活动和其他社会活动中充分行使自己的自主权利，客观上要求调动个人的积极性，充分发挥个人的才能，因此充分尊重个人的自主与自由抉择与活动方式。持这种观点的人，特别看重个人的权利与自由，看重个人的成就与价值，一般不愿意接受别人的帮助和让别人干预自己的事情。与过去年代相比，其主流方面无疑也是一种历史性的进步。

但是，改革开放以来，特别是发展社会主义市场经济以后，中国人的个人观的变化并不是这么简单，它还有另一种更为复杂的情况。

这种复杂的情况主要反映在思想理论界。首次典型反映是在20世纪80年代初期。1980年，《中国青年》杂志第5期发表了署名"潘晓"的文章，题目是：《人生的路啊，怎么越走越窄》。这篇文章提出了两个观点，即"人的本质都是自私的"，"人人都是主观为自己，客观为他人"，在当时的思想理论界产生巨大影响。很快，它在全国范围内引起了极为强烈的反响，青年们尤其是大学生们围绕这两个观点展开了空前热烈的讨论。数月之后，杂志社匆匆写了个按语，表示对这场讨论的总结。这次全国范围的讨论，正值拨乱反正、思想解放的热潮之中，是中国人在思想理论领域向自己传统的个人观第一次发出的公开挑战。但是，由于当时人们的思想、理论和精神准备不足，这场讨论并没有取得什么重大的成果，更没有取得较为一致的看法，从一定的意义上甚至可以说还造成了人们思想认识和理论思维上的新的混乱。

第二次的典型反映是关于张海迪人生价值观的讨论，是在宣传和学习张海迪自强不息、顽强进取的精神的过程中展开的。一个人的个人观与其人生价值观总是紧密联系在一起的。张海迪幼时患小儿麻痹症，全身高位截瘫，但她付出了常人难以想象的努力，克服了重重困难，为社会作出了甚至常人也无法作出的贡献：以其所掌握的针灸等医术为父老乡亲治病，撰写、翻译并出版了多部著作，还进行了诗歌、散文和歌曲的创作。她参加了上百次大型社会公益活动，处理了来自全国各地甚至国外的许多来信，接待了许多的来访者，给许多青年尤其是给残疾人以直接的精神激励。曾有人用这样一首诗赞美张海迪："你不能走，却开拓出一条闪光的路；你飞得起来，因为你是长着理想翅膀的鹰！"她的个人观念集中体现在她对人生价值的基本看法方面。她认为人生价值的核心是"个人对于社会的贡献"。有一次，一位外国记者采访张海迪，问她什么时候最幸福，她笑着说："我应该说实话，我在梦里最幸福。因为我在梦里是那样的健康，有一双十分健壮的腿，可以向那么遥远的地方跑去；可是我睁开眼睛时，这样的幸福就会不翼而飞。我还有一种幸福，那就是通过一定的努力，为社会、为人民做出一定成绩的时候，我感到很幸福。我用马克思的话来总结自己的生活，那就是马克思讲的，能给人带来幸福的人，他本身是幸福的。我愿意做这样的人"。不少青年人对这种个人观和价值观表示出一种不以为然的态度，提出了自己的不同看法。有人认为，人生价值应当是在于个人从社会的索取或社会对于个人的尊重与给予，把人生的价值归于对社会的贡献是过去"左"的思潮的反映。还有人认为，在人生价值问题上，要反对两种片面性，一种是强调贡献，另一种是强调索取，片面强调哪一个方面都是不对的。

现在看来，关于张海迪个人观或人生价值观的讨论，对于帮助青年人树立正确的个人观和人生价值观是具有积极意义的，至少能触发青年人对人生观和人生价值问题的认真思考。不足之处在于当时的讨论并没有深入下去，缺乏细致有说服力的理论分析，没有真正弄清人生价值的本质、人生价值的评价标准以及人生价值实现的途径等重要问题。

从基本的内涵看，人生价值无疑是包含个人对社会所作出的贡献和个人从社会所得的回报即个人的索取这两个方面。但是，在本质的意义上，人生价值是个人对社会所作出的贡献，因为个人要想从社会得到回报及回报的多与少，得到社会的尊重，就必须首先对社会作出贡献。在这里，贡献是前提。不这样看问题就不能真正把握人生价值的科学内涵，不能树立正确的个人观。就是说，在衡量和评价个人价值的标准问题上，要看的是个人对于社会的贡献而不是个人对于社会的索取，这是衡量一个人的人生价值大小的唯一标准。因此，一个人只有在对社会作出贡献的过程中才能实现自己的人生价值。再说，由于受各种社会因素的制约，个人从社会的索取与其对社会所作的贡献总是不一致的，一般来说前者总是小于后者，甚至远远小于后者，这正是维持社会发展的必要条件。若将贡献与索取同时作为标准，那就无法解释人类自古以来贡献与索取总是不一致的历史现象，无法解决实际上存在的两者的差别，无法推动社会不断发展了。而所有这些极为重要的思想和理论问题，当时都没有真正弄清楚。在学习和讨论中，不少年轻人还认为，实现人生价值只有靠个人奋斗，把个人奋斗与对社会作出贡献对立了起来。

诚然，一般说来，一个人奋斗得好与不好，他都会对社会作出某些贡献，其结果如何都会在社会的舞台上留下踪迹。但是，在认识上如果也作如是观，就不能在价值取向上自觉地把个人对社会的贡献放在第一位，而只会把个人放在第一位，在实践中就会因受各种个人因素的影响，以至最终放弃个人奋斗，不能真正实现自己的人生价值。从这一点看，所谓"人人都是主观为自己，客观为他人"的观点，也是错误的。

如果说，在关于"潘晓"来信的讨论中，所反映的个人观念的变化主要是在哲学方面，属于哲学认识论方面的个人观念的变化的话，那么在学习和宣传张海迪事迹的过程中所反映出的片面认识和观念，则是人生价值观方面的个人观念的变化。其核心都是主张关注自我，注重自我，崇尚自我实现。

如果说在整个20世纪80年代，个人观的变化及与此相关的集体观的发展主要是在思想和理论的领域，那么进入20世纪90年代以后，人们已普遍地将关注的焦点由思考转向了实际行动。人们对思想理论上的争论已经失去了往日的兴趣，把主要热情和精力放到了满足和实现自身的需要与发展上。这种情况，不是表明个人观念的变化已经结束，而是表明新的变化的开始，诸多不科学、不正确的东西还有待人们进行深入的思考和研究。

不论怎么说，在20世纪80年代，在改革开放大潮的冲击下，中国人的个人观念终于从传统个人观的深谷里走了出来，开始重视个人的尊严和价值、个人的利益和追求。相对于过去的历史时代来说，它确实是一次思想道德观念方面的大变革，其社会效应应该说才刚刚开始，这是变化的一个方面，表明我们社会的一种进步。变化的另一个方面是，一些不正确、不符合中国道德国情的个人观念也纷纷浮现出来，涌了进来，在新的气候下生根、生长。

改革开放以来，关于个人观的变化，最值得人们关注的是在思想理论界于20世纪80年代出现的"为个人主义正名"的观点，以及20世纪90年代出现的关于以个人主义代替集体主义的公开主张。有篇文章认为，中国人存在着"对个人主义理解和认识上的偏差"。文中具这样讲的："在西方社会，个人主义一般被理解为：突出个性与个人特征，强调个人的独立性，赞成个人行动自由及信仰的完全自由"，"个人主义明确认定以个人为中心的原则，强调个人理性和个人意识，个人权利神圣不可侵犯"；个人主义是推动社会进步和人的发展的根本动力。中国之所以长期落后，是因为"个人主义在中国历史上从未占据过一席之地"，"正是由于民主传统与市场经济发展的基础——个人主义，才导致我国在近代西方文明复兴、整个西方世界发生历史性变革之时闭关自守、墨守成规、徘徊不前，远远落在西方工业社会之后"。中国人要想与落后和愚昧彻底决裂，只有放弃集体主义，因为"集体主义被少数个人或少数个人的利益集团所利用，在冠冕堂皇的旗帜下成为消灭个人主义的致命武器"①。

这种观点显然是要人们相信，中国人在不知道西方个人主义为何物、未受其影响之前都是大公无私的，鲜有自觉维护个人利益和价值的"个人理性和个人意识"，更不可能有"个人本位"或"以个人为中心"的道德意识。

应当怎样来评判上述论点呢？诚然，中国历史上确实没有出现过如同西方资本主义社会那样的个人主义，但是，作为指导道德生活的基本原则，中国人对"个人主义"并不陌生（为了进行区别，我们不得不给自己家园中的个人主义加上引号）。我们知道，任何属于社会意识的东西，其产生和发展的根基都是一定社会的经济关系，个人主义作为一种基本道德

① 夏业良：《个人主义论辩——兼与钱广荣先生商榷》，《人文杂志》1999年第3期。

价值观念，其根基只能是私有制。这既是一种不应争辩的历史事实，也是人类知识和理论领域里的一个常识问题，不独马克思主义作如是观。个人主义是一种历史范畴，在人类历史上，由于私有制自身发展的程度和形式存在着历史性的差别，所以个人主义在不同的历史发展阶段，出现过不同的表现形式。在中国历史上，产生在普遍分散的小农私有制基础上的"个人主义"，集中表现为"拔一毛以利天下而不为"，"各人自扫门前雪，休管他人瓦上霜"，我们可以称之为"小农个人主义"，与资本个人主义相比，它具有"自发""自保""内倾"的价值特征。关于这些，我们在前面已经论及。就是说，个人主义在中国历史上不是从未占有过一席之地，而是占有的形式没有西方资本主义历史阶段那样的完整系统，如此而已。

集体主义是调整个人与集体之间利益关系的社会主义道德基本原则。在新中国大约经历了以下发展阶段。最初是在 20 世纪 50 年代中期以前，基本倾向是强调个人服从集体。其后，由于受"左"的思潮的影响，存在着明显的漠视直至随意否认个人利益的弊端。实行改革开放以来，随着思想解放和观念更新，伦理学者为适应新时期的客观需要，在众多学人研究的基础上对集体主义作了新的阐释。它注意到了纠正传统道德价值双重结构中的两种片面性的基本倾向，既与片面强调社会集体的至上性和个人服从与个人牺牲的绝对性的传统观念不同，也与"以个人为中心"的中国传统个人主义和西方现代个人主义不同，比较准确地体现了当代中国改革开放和发展社会主义市场经济的客观需要。

在新中国成立后相当一段时间内，由于受到"左"的思想不合人性的压制，特别是受"文革"影响，传统的"小农个人主义"长期没有得到真正的表现机会，但是作为一种根深蒂固的传统价值原则和人格特征，并没有因此而消失。后经过体制和思想的变革，我们削弱和纠正了轻视和忽视个人利益和个人价值的不良传统，取得了历史性的进步。但是，我们应当同时看到，这些变革也为"小农个人主义"重新释放自己的能量提供了历史性的机遇和土壤。它"新生"了，它的"新生"不是对历史的简单重复，因为它是在一种宽松的新环境中重见天日的，"新生"之后又旋即遇到了它的"兄弟",即随着改革开放之风被引进的西方个人主义,于是在新的历史条件下发生着逻辑的认同,形成一种具有中国特色的新的个人主义。今天在中国盛行的个人主义,既不是传统意义上的"小农个人主义",也不是现代西方意义上的个人主义,它不再是那么"内倾"和"自保"了,也不是那么"自发"了,而是具有一定的"系统性""侵害性""分裂性"与"攻击性",因为它不仅获得了生存和繁衍的最合适的土壤,而且还赢得了一些理论家的鼓吹和支持。它究竟是什么类型的个人主义,恐怕现行的文库里很难找到它的档案,我们也不必去深究。但是,只要不是闭目塞听或装聋作哑,谁都会感受到它,都能指出它的危害,因为它的存在是千真万确的事实。

改革开放以来,为了推动中国的改革事业,我们批判和警惕"左"的思潮,即传统价值观念中那种漠视个人利益和价值的倾向,而对传统个人主义的历史状态及其在新的历史条件下的"复活"与"新生",注意得很不够,以至于一些共产党员也信奉起个人主义的价值观。这种现象成为当代中国改革开放和社会主义现代化建设事业的一大思想障碍。

在中国这样的社会主义国家,要坚持集体主义的道德原则和价值观,这在理论上说并不是十分困难的事情。但要通过教育和宣传,把集体主义变为广大人民群众的道德精神和自觉行动,将是一个长期的过程;要反对个人主义,在理论上说也并不是什么困难的事情,但要通过教育和宣传将个人主义赶出人们的道德意识和道德活动领域,也将是一个长期的过程。但是,只要我们坚持走社会主义道路,就必须坚持集体主义,坚决反对个人主义;只要我们坚持这样做,就终会达到我们的目的。

第四节　公德意识的变化

公德即社会公德,是调节社会公共生活场所的道德规范要求,所以又称场所道德或公共生活准则。

公德是集体的一种形象，反映一个国家、一个地区或一个单位的道德风尚和人的精神面貌。一般说来，一个人的道德品质总是具有某种稳定的倾向和特征的，在家庭、学校、工作部门里是怎样表现的，在社会公共生活场所里也同样会是怎样表现的。所以，察看一个社会的公德状况，往往就可以发现这个社会成员的道德品质状况，它从一种最宽阔的视角折射出一个社会的成员的道德水准。

自从有道德这种社会现象以来，公德就是每一个社会最基本的公共生活准则。孟子从性善论出发，认为人皆有"恻隐之心""羞恶之心""辞让之心""是非之心"，并谓之为"四端"，即："恻隐之心，仁之端也；羞恶之心，义之端也；辞让之心，礼之端也；是非之心，智之端也"①。这就是所谓良心，它是人生而有之的。此说在哲学上自然应归于先验学派，但其将良心归于人之"善端"，即最基本的道德心理和道德意识，是十分有道理的。由此观之，人们才把是否能够遵守社会公德看成是一个人最基本的道德品质水准，社会公德状况可以用来充当衡量一个社会道德风尚的基本的晴雨表。

正因为如此，社会公德总是反映特定历史时代一个国家道德国情的状况；考察当代中国道德国情中的观念变化，不可不涉及社会公德问题。

作为礼仪之邦的中华民族，曾以优良的公德传统为世界所瞩目、所尊敬，其中又以尊老爱幼、见义勇为、爱护公物为世界所称颂。历史中国我们可以姑且不说，新中国成立后像雷锋、王杰这样的先进模范人物，不仅影响了中国人，也影响到世界上包括像美国那样的西方资本主义国家。

当代中国人的公德意识怎么样？总的来看，在改革开放和发展社会主义市场经济的历史条件下，在不断增加物质财富和不断提高物质生活水平的过程中，中国人的良心与正义感不仅没有为金钱所窒息，而且仍然保持着传统的公共生活美德，对公共生活环境包括公共道德环境的质量要求越来越高。这首先表现在广大城乡居民高度重视对居住环境的改造和改善方面，他们要求公共生活环境美观舒适、安全卫生，具备相互关心和相互帮

①《孟子·公孙丑上》。

助的新风尚。改革开放以来，我国一些中小城市的市政建设发展很快，有的已经"脱胎换骨"，一派新气象。那些新建的街道和街心公园等公共生活场所，并没有设置"讲究公共卫生""不要随地吐痰""违者罚款"之类的警示牌，但违者却极少见到。这一方面说明当代中国人对于自己公共生活环境的珍爱，另一方面也说明优美的公共生活环境可以培养人的公德意识。而在那些新落成的高层居住楼里，居民们正以一种现代文明的方式处理着新型的邻里关系。

其次，表现在对违反社会公德的行为持批评和憎恶的态度，对社会公德的呼唤更为强烈。当代中国人对于那些在公共生活场所不讲公德的现象是十分不满的，即使不能公开表明自己的批评和憎恶的态度，也会将其列为茶余饭后、街谈巷议的话题。

但与此同时，我们还应当看到，当代中国人的社会公德意识在不少方面正在下降。

先让我们来看看见诸报端的几件真实的事情：

《人民日报》1996年4月19日在其主办的"个人素质与公德意识"的专栏讨论中，有几位作者描述了他们在公共场所的奇特经历。一位说："在列车上，我仔细观察了好久，不讲公共卫生的旅客，至少占了一多半。这些职业、身份各不相同的人，果皮、废纸、瓜子壳、废塑料袋、快餐盒、空酒瓶随手扔，满地皆是。乘务员打扫累得满头大汗，我劝对座的旅客别往地上扔果皮，不料那旅客说：'都不扔，那要乘务员干什么？他挣的就是这份钱！'"另一位说："一次，我乘长途汽车去邯郸，途中上来一位老人，交了车钱后要车票，乘务员不给，两人吵了起来。我看不过去，对乘务员说：你收了钱还不给人家开票，看你车上写的只收钱不开票是贪污行为，你有啥理由与人家争吵？乘务员一听，矛头就对准了我，说我多管闲事，让司机停车，逼我下车。车一停下来，本来默不作声看热闹的一车人，开始埋怨我多事。无助的我陷入了尴尬境地。"还有一位当时已81岁高龄的老人说，她有次乘公共汽车，看到一个小孩为了替其父母占座位便躺在三人的座位上，她就在座位的一角坐下，不料小孩的父母上车后竟冲着她喊："你这么大年纪了，怎么和小孩抢座位？"

《文汇报》1996 年 9 月 11 日报道：当年前 8 个月，上海市街道上的窨井盖被人偷走 289 只！上海市的市政管理在全国还是算相当不错的，至于其他城市，窨井盖被偷走的情况就更是屡见不鲜。一些行人特别是骑自行车的人因此时而跌入深深的黑洞，受伤、致残，有的甚至丧命。

以上，我们只是选了一些具有代表性的见诸报端的真实事例。实际上，在日常的公共生活领域，像这种不顾社会公德的现象实在是屡见不鲜。它表明，在当代中国，有些人正在丢掉祖宗和前人的优良传统，有的人的公德意识已经荡然无存了。

公德意识下降具有如下一些值得研究的特点：一是多为成年人，其中又以中年人居多。二是多为受教育程度不高的人。人的道德意识不是与生俱来的，也不是自发形成的，它的形成和巩固依靠的是教育。受教育的过程中，包括家庭教育的时间少，或机制不健全、效果不佳，都会在当事者身上留下不良的影响，当他们进入公共生活场所的时候，自然会"原形毕露"。三是多发生在流动性比较大的公共生活场所。一个人只要离开家庭生活、职业生活、学习生活的场所，就自然会进入到社会的公共生活领域，而一个人常常正是这样来安排自己的生活的。当在改革开放和发展社会主义市场经济大潮的冲击下，人们活动的空间随着外出择业机会的增多而扩大，随着闲暇时间的增多而增多，公共生活已经成为当代中国人社会生活必不可少的重要组成部分。它涉及的人越来越多，调整的社会生活领域越来越广。所以，提倡和遵守社会公德，比以往任何时候都显更重要。

因此，加强社会公德教育应是当代中国社会主义道德建设的一个重要组成部分。目前社会公德教育，应当有意识地把重点放在成年人尤其是中年人的身上，放在那些流动性比较大的公共生活场所的道德教育和管理上。

第五节　职业观念的变化

职业活动是人类基本的社会活动，也是最重要的社会活动，因为职业活动是人类得以生存和发展的基本前提。职业观念的产生和巩固，在根本上直接受一定社会的经济制度和利益关系的制约和影响，经济制度和利益关系的变革和调整必然引起职业观念的变化。改革开放以来，中国人的职业观念与计划经济年代相比，发生了明显的变化。

第一，表现在择业方面。择业体现执业主体的一种自由权利。在计划经济的条件下，人们实际上是没有这种权利的，不存在什么职业选择的问题，"一切听从党安排"，"革命的需要就是我的志愿"，是那个时候社会提倡和人们普遍遵守的择业观念。在计划经济体制下，由于人们的职业选择没有什么自主的权利，一切服从于党的组织和有关政府部门制订的计划，若确需变动，即使是照顾家庭和夫妻关系等，也必须层层报批，得到同意后方可成行。因而，那时人们在职业选择方面也就没有什么烦恼，在择业观念上也不存在什么差异。现代，由于择业观念与过去不同，择业的标准也发生了根本性的变化，什么样的职业能够获得较高收入，能够充分施展自己的才华，有助于自己的快速发展和实现自我价值，就选择什么样的职业。

第二，表现在执业目的方面。过去，执业是为了社会主义革命和建设事业，为了人民的幸福，也就是要全心全意为人民服务，强调的是奉献精神，虽然不少人心里并不一定是这样想，但嘴上也会认真地这么说。在那个年代，人们都比较看重为集体多作贡献，而很少计较个人的得失，把个人的命运紧紧地与集体和国家联系在一起，笃信"大河淌水小河满，大河没水小河干"。现在，人们的执业目的一般都是为了个人和家庭的生存、稳定与幸福，为了孩子上学读书、成家立业。

第三，表现在执业过程方面。在计划经济年代，人们在执业过程中是非常卖力的，有多大力出多大力，出大力流大汗，是那个年代的时尚，因此涌现出不少的劳动模范和先进生产者。同时，在执业过程中，从业人员一般都是服从命令听指挥的。现在的情况大大不同了。许多人对待自己的职业抱着按酬付劳的态度，给多少钱就干多少活。

第四，对社会兼职的看法发生了变化。有人称社会兼职为第二职业，此说不准确，因为凡可称之为职业者，即专指主体须用主要精力承担和履行的一份工作。职业是社会分工的产物，而社会分工是主体主动选择的结果，所谓兼职就是在本职执业之外兼了一份具有一定职责的工作。

社会兼职，在西方国家早已是司空见惯的事情。它对于充分调动和发挥人的潜能，繁荣经济和推动整个社会加速发展，无疑是具有积极的作用的。在新中国成立后近30年间，除了组织和领导上的安排以外，社会兼职是绝对不允许的。20世纪60年代在经济调整和复苏时期，曾经出现过一些社会兼职现象，但当时是被列在"资本主义尾巴"和"修正主义苗子"之列的，没有让其继续发展。

现在，中国人的社会兼职已经相当普遍。这种情况在知识文化与科学技术界比较盛行。兼职的人大体上有两类，一类是退休的专家，另一类是在职人员。前一类人员，既已退休，何以还称其为社会兼职人员？因为，他们虽已退离本职岗位，但还享受着在本职岗位时的工资待遇。兼职的目的，基本上都是为了发挥余热或过剩精力与才华。

对社会兼职的意义，应当作具体分析。一般来说，它不会影响到保障本职工作的质量和水平，具有实现人尽其才、促进其他方面事业发展的积极作用；但如果缺乏必要的政策约束和管理，也可能会影响到在职人员的本职工作质量。如果没有必要的政策约束和管理，本职与兼职已经出现的本末倒置的情况必然会盛行起来。

社会兼职之所以成为当代中国的一种"时尚"，与个人观念的变化是直接相关的。如今中国人的职业观念，核心是个人利益和个人发展。这当中又有些不同的情况。一般来说，文化程度不高、能力不强的人，择业更看重个人利益的得失与多少；文化程度较高、能力较强的人，特别是这样

的年轻人，择业更看重个人发展。

以个人利益和个人发展为核心的职业观念变化带来了一系列值得注意的问题。从宏观和全局方面来说，为根据社会需要调整经济活动中的人才人力资源配置，为主体充分发挥自己的实际才能，提供了前所未有的机会和机遇，这一点首先应当充分肯定。

职业观念的变化，还扩大和丰富了事业心的内涵。事业与职业既有联系又有区别。事业，通常是通过职业体现出来的，或者说职业是人们实现事业的主要形式。但职业毕竟不同于事业，某一方面的职业，只要我们将其作为事业来做，那就是事业。事业与职业的主要区别在于：事业与人的正确的人生价值观和伦理道德观紧密地联系在一起，一个人虽然从事某一种职业，但如果其思想和行动没有或缺乏正确的人生价值观和伦理道德观的指导，那么他实际上是只有职业而没有事业的。事业心也不同于一般的职业观念。所谓事业心，指的就是与职业密切相关的正确的人生价值观和伦理道德观，以及在其影响下的成就感。正因为如此，职业以外也常有事业，事业心的内涵远比职业观念丰富。在过去，中国人所讲的事业和事业心，实际上都是从职业的意义上说的，职业以外无事业，也没有什么事业心的问题。衡量一个人的事业、事业心问题的主要指标，就是其职业活动的水准，职业道德教育在某种意义上就是要求从业人员树立本职工作的职业观念。现在有了社会兼职，情况不同了，许多人在本职工作以外也多了一种事业，多了一份事业心。因此，衡量一个人的事业和事业心的价值标准，在客观上就要求开阔一些。这实际上也是一种职业观念的变化。

从微观和局部来看，职业观念的变化同时也带来了多方面值得研究的问题。如区域发展的不平衡问题：经济文化比较发达的地区，因为就业机会多，个人利益和个人发展的机遇多，所以要到那里从业的人也多，那些地方现在真可谓是人才济济。相反，那些经济文化相对较落后的地区，去从业的人就少，文化程度较高、能力较强的人去得就更少。这样，势必会造成地区之间的差别，形成地区间的两极分化，甚至会直接造成单位情况的两极分化。

以个人利益和个人发展为职业观念的核心，特别是以个人利益为职业观念的核心，必然会同时造成奉献精神的失落。人类有史以来，不论是在哪个历史时代，那些乐于奉献的人都会受到称赞，成为当时代人们学习或传颂的榜样，并在此后世代相传。在资本主义社会也是这样。奉献，之所以成为人类有史以来被赞美、称颂并力图推行的道德价值，是因为在任何社会里，人们相互之间在许多情况下总是存在着一种需要对方"无私帮助"的客观需要。客观需要，不论是社会意义上的，还是个人意义上的，都是社会发展和人的进步的真正动力。没有奉献精神，或者说没有人与人之间的不图任何回报的无私帮助，人与人之间的关系就会失去应有的状态，社会生活也会因此而失去常态。

如何梳理和引导当代中国人职业观念的变化，目前还是一个需要认真对待的复杂的社会问题。

第六章　当代中国道德国情的矛盾分析

改革开放以来中国人道德观念发生的巨大变化，使得当代中国的道德国情变得极为复杂。其状况正如人们所普遍感觉到的那样，道德生活领域里存在着许多说不清、道不明的地方。许多人由此而感到国家的道德提倡和个人的道德生活发生了危机。更有一些人觉得中国人的道德生活没有希望了，因此而把羡慕的目光投向西方社会。

改革开放以来中国人的道德价值观念发生巨大而又十分复杂的变化，集中表明在历史大潮的冲击下中国人目前实际信奉的道德价值标准并不统一，处于见仁见智的紊乱状态；实际采取的道德行为在价值取向上并不一致，处于各行其是的状况。中国人正面临着一次历史性道德进步的变革洗礼。

在这种情况下，从整体上对中国道德国情的现状进行实际分析，勾勒出它的大体面貌，在客观的意义上求得科学的认识，就显得十分地必要。

我们可以从如下几个方面来进行具体分析。

第一节　"新"道德与传统道德的混淆、磨合和矛盾并存

当代中国道德国情之所以存在着说不清道不明的情况，首先是因为道德国情中同时普遍存在着各种价值观念的混淆、磨合和彼此之间的深刻

矛盾。

这种状况，早已被国人普遍看成是真正的国家大事，许多人认为这个问题若是处理不好会出"大乱子"。

在自然界和人类社会中，矛盾是普遍的、绝对的，一切事物发展的根本动力在于事物的矛盾性。事物的发展，就其实质来看，是矛盾着的两个方面最终发生某种或某些磨合的结果，而混淆则是矛盾的两个方面，由斗争与较量而达到某种或某些磨合的必经阶段或过程。就是说，矛盾、混淆和磨合这三种状态并存，是一切事物在其发展过程中必然存在的现象，当事物处在急剧变革与发展过程中的时候更是这样，这是一种客观规律。

矛盾、混淆与磨合三者并存是道德国情在其历史演进过程中最基本、最常见的现象，而其中又以磨合最为重要。因为，正是磨合使道德国情得到改造和改善，赢得了道德的新生和一次又一次的进步。从一定意义上可以说，道德从一种历史形态转变为另一种形态，并由此而改造和丰富着道德国情的社会内涵，靠的就是不同历史时代的道德之间所发生的磨合，没有磨合就没有道德国情的历史演变，就没有道德的发展与进步。而整体、全局性的矛盾、混淆与磨合同时存在，则是道德国情在其经历社会大变革的历史发展过程中的特有现象。我国现实社会的道德国情，正处在这样的历史演进过程中。

首先让我们对矛盾的状态进行一次简要的分析。目前中国道德国情中的矛盾情况相当复杂，分析起来有五种矛盾交织混杂在一起。

第一种是传统道德中的优良因素与不良因素之间的矛盾，其社会的背景，正是改革开放和发展社会主义市场经济的历史环境。在这种历史环境中，这两种因素既有如前所说的混淆，同时也存在着尖锐的矛盾。这种矛盾，就是继承和发扬道德国情的优良传统、批判和摒弃道德国情的不良传统之间的矛盾。从实际情况看，许多人并没有把它作为一种矛盾来看待，只是在继承和发扬优良传统、批判和摒弃不良传统的意义上来看待传统道德问题，而不大注意它在现实中的矛盾表现。但是，这种矛盾在现实生活中却是客观存在的。如传统道德国情中的重视国家整体利益，推崇与人为善、见义勇为、个人修养等优良部分，与"事不关己，高高挂起"的自私自利的小农意识、为了个人发财致富而不惜坑蒙他人、遇到他人需要你慷慨解囊或解其身临险境之危时却视而不见或避而远之等不良部分，在现实生活中就是一种客观存在的尖锐的矛盾。

第二种是在改革开放和发展市场经济大潮中萌发的新道德中的先进因素与落后因素之间的矛盾。如尊重个人价值和个人利益的观念与传统的个人主义价值观之间的矛盾就是一种客观存在。这种新道德不同因素之间既有混淆也有矛盾的情况，但也被不少人所忽视。他们或者认为凡是新的就是好的，或者对凡属新的东西都一概反感，一概加以反对，心存抵触情绪。因此，指出新道德不同因素之间客观存在的矛盾，肯定其先进的因素，批判其落后的因素，是很有必要的。

第三种是传统道德中的优良因素与新道德中的不良因素之间的矛盾。如重整体利益和因此而需要大力提倡集体主义与个人主义价值观之间的矛盾、与人为善和与人为恶之间的矛盾、见义勇为与见死不救之间的矛盾等。对这类矛盾，人们一般是能够识别、把握和理解的，感情上也能接受。因为它是人类有史以来一直存在的客观情况，也是改革开放和发展社会主义市场经济过程中必然会出现的现象。

第四种是传统道德中的不良因素与新道德中的先进因素之间的矛盾。这种矛盾，改革开放以来已经成了一个老话题，如漠视个人利益、价值与尊重个人利益、价值之间的矛盾，人们早已清楚地看得出来，也无须细说。

第五种是两种磨合之间的矛盾，即传统道德中的优良因素和新道德中的进步因素的磨合与传统道德中的不良因素和新道德中的落后因素的磨合之间的矛盾。

上述五种矛盾，在总体上反映了中国道德国情的现状，集中反映了当代中国的所谓道德矛盾或道德冲突问题。矛盾的发展前景究竟会怎样？解决矛盾的办法究竟应当有哪些？人们的希望和担忧集中地表现在这里。

当代中国道德国情中存在的各种因素混淆的情况，分析起来有两大类。一类是传统道德中的不良因素与其优良因素之间的混淆，二是新道德中的落后因素与进步因素之间的混淆。如重视整体利益和需要与漠视个人利益与价值的传统，尊重个人利益与主张个人主义的新因素，就存在着相互混淆和似乎说不清道不明的情况。混淆的真实情况是价值取向不同的道德观念混为一体，相互渗透、交融、交织在一起。混淆的焦点集中表现在如何看待和处理社会集体利益和个人利益之间的关系的问题上。在这个带有长远性和根本性的问题上，当前最应当引起我们注意的是：本来是漠视个人正当的利益与需要，却要打着尊重整体利益与需要的旗号；本来实际奉行的是利己主义、享乐主义和拜金主义的人生价值观，却要用尊重个人利益与需要来搪塞。特别值得注意的是，后一种混淆还为这样一种理论所支撑：在市场经济条件下，个人利益和需要是社会发展的根本动力，是社会发展的轴心。不难看出，这种理论的价值理解和价值形态自然是照搬照抄西方的个人主义。

须知，关心和维护集体利益，是人类自古以来道德生活的主题，我们推行的是社会主义市场经济，在社会主义市场经济的条件下，无疑要把集体利益和需要放在第一位，并在这个前提下把个人利益与集体利益结合起来。它的价值理解和价值理论形态便是社会主义的集体主义道德原则。在改革开放和发展社会主义市场经济的历史条件下，我们究竟是要推行个人主义，还是要坚持倡导集体主义？目前在理论和思想认识上并没有解决，两种价值观仍然处在相持不下、谁也说服不了谁的混乱状态。价值观念的紊乱必然会造成心理的失衡和行为选择的失范。离开了书本上说的、文件上写的，许多人在职业选择、婚姻选择、人际关系选择、理想人格选择等方面，似乎就很难找到一个统一或比较一致的标准，不知所措，无所适从，于是便处于公说公有理、婆说婆有理的两难境地，甚至自己也说服不了自己，由此而在道德生活领域失去了往日的稳定感和信任感，失去了一种必需的信心。

价值观念紊乱、职业选择失衡所带来的直接后果是：忠于职守观念淡化，敬业精神弱化，影响到各种社会工作的质量。

磨合现象也有两种情况。一是传统道德中的优良因素与新道德中的进步因素之间的磨合，二是传统道德中的不良因素与新道德中的腐朽因素之间的磨合。前者的真实情况是如何把尊重整体需要与尊重个人需要这两者结合起来，后者的真实情况是自私自利的小农经济意识与个人主义的道德价值观的自发和不自觉的联结。前一种磨合，是中国现实道德国情必然的历史走向，也是改造、改变中国现实道德国情，促进中国道德发展和进步的客观需要。其艰难程度和必经的历史过程也早已为越来越多的人所认识。后一种磨合，也是一种历史的必然现象，虽然它反映的是道德的退步和堕落，但在现阶段却是不可回避的。这样，就难免会使许多人感到烦恼和痛苦。目前一些人之所以对中国的道德国情的现状不满，对中国的道德建设前景失去了信心，原因就在于此。

中国道德国情的现状是极为复杂的。它与新中国成立后近30年间的道德国情有着许多的不同之处，其中最为明显的地方就是不再像过去那样的"一元化"了。在新中国成立后的近30年内，道德上提倡什么、遵循什么，从中央到地方，从各级领导到平民百姓，都是一个声音，没有也不允许有不同的声音。而现在各唱各的调、各吹各的号，已司空见惯。

若是从价值结构的状态进行比较，中国现实的道德国情与历史道德国情的双重性的价值结构是存在相似之处的。在几千年的历史流变中发展起来的中国道德国情，特别是在价值观念的结构方面，一直处于两种不同价值取向的矛盾、混淆与磨合之中。当然，现实与历史相比，区别也是明显的。中国历史道德国情双重价值结构的主导方面是封建社会的大一统观念，而现实道德国情的双重结构，从目前的实际情况看孰主孰次还很难说得清楚。正因为如此，才真实地存在着所谓的"说不清道不明"的社会认知和评价心理。

一切善良的人们，对于当代中国道德国情的这种极为复杂的状况，都表现出甚为担忧的心情，有些人在思考"中国道德向何处去"的同时，又担心"中国道德无处去"。更多的人在为此而思考，从感性和理性的双重向度思考着中国道德国情的发展前景，探索着中国人究竟应当过怎样的道德生活。

我们没有理由对中国道德国情的发展前景和中国人的道德生活前途失去信心。从历史上看，每当社会处于大动荡或大变革的特殊时期，都会发生多种道德观念混淆难辨、矛盾冲突，同时又发生各种磨合的情况，而最终都会走向光明。春秋战国的分崩离析时期，随着社会大动荡出现了的百家争鸣的混乱局面，争鸣的内容多是伦理道德意义上的，混乱的局面正是伦理道德价值观念混淆、矛盾和冲突相互混杂、交织状态的表现。主导中国几千年道德国情发展的儒家伦理文化，正是在这个过程中取历史和现实的众家之长发生磨合而形成的，并渐渐地强大起来，最终走上了"独尊"的地位。儒家伦理文化的命运同时表明，只有合乎特定社会的经济和政治发展的客观需要的文化形态，在社会大动荡或大变革所引起的诸多文化的矛盾、混淆和磨合中，才能最终脱颖而出，赢得主导地位。

所以，担心当代中国道德国情存在的这种混淆和矛盾状态，会导致社会主义的集体主义和为人民服务的价值观失却其主导的地位，是不必要的。

但是，这需要经过一代人甚至是几代人的努力，需要经过一代代的人们作出艰辛而又科学的研究和实践，以认识中国道德国情的复杂现状，把握它的发展规律和历史走向。在这个过程中，最重要的是要有中肯的分析和认识，认清它的混淆、矛盾的实质及磨合的发展趋势。

应当在认识上理清混淆和矛盾的各个方面，区分是非善恶。认识和区分的基本标准应当是是否有利于改革开放和社会主义现代化建设，是否有利于中国人的道德生活朝着健康文明的方向发展。在这里，应当特别注意复杂的磨合情况，看到在价值趋向上两种根本不同的磨合。如果我们把优良与先进因素之间的磨合称为良性磨合，把腐朽与落后因素之间的磨合称为恶性磨合的话，我们的希望和前景在于精心研究和努力推动良性磨合的加速发展，认真研究和极力遏制恶性磨合的自然扩张。在这方面，从国家和全局的实际需要来看，组织一些人专门研究道德国情的现状，把握它的规律，有目的有计划地促进良性磨合的发展，遏制恶性磨合的自然扩张，

是问题的关键所在。

第二节　"滑坡"与"爬坡"并存

　　鉴于当代中国道德国情存在着矛盾、混淆和磨合的各种复杂情况，长期以来人们一直在争论这样一个问题：我们的道德是在"滑坡"还是在"爬坡"，或者两者兼而有之？这个问题，既是一个如何看待当代中国道德国情发展趋势和走向的重大问题，也是一个涉及如何看待改革开放和发展社会主义市场经济的历史意义的大是大非问题。

　　所谓"滑坡"，是相对于中国优良的传统道德而言的，指的是在改革开放和发展社会主义市场经济过程中出现的丢失优良道德传统和道德失范的现象。"爬坡"，则是指在这一历史变革过程中应运而生的新的道德观念，在得到社会普遍认同的问题上呈现出的困难状态。

　　中国的道德国情现状究竟是在"滑坡"还是在"爬坡"？关于这个问题的争论，几乎是与实行改革开放政策同步进行的。1992年邓小平发表南方谈话以后，中国加快了改革开放的步伐，加速推动市场经济发展的历史步伐。从现象与过程看，这种争论尤以邓小平南方谈话以后的一段时间最多、最为激烈。

　　多年来，思想理论界一直有人不赞成当代中国存在道德"滑坡"现象的看法，他们一律称各种各样的"滑坡"现象实质是在"爬坡"，是"爬坡"给人们留下的错觉，并指责那些认为存在"滑坡"现象的人，是在极力维护传统旧道德。而"滑坡"论者则认为，当代中国的道德国情客观上存在着"滑坡"现象，而且这种现象十分严重。

　　从理论分析上来看当代中国道德国情中的"滑坡"的原因，可以从如下几个方面来概括：

　　一是非道德主义泛滥。非道德主义是一种否认道德的社会功能、反对任何道德约束、主张在人的行为选择上放任自流、不加任何社会约束的价值主张。在人类历史上，每当社会处于大的变革和动荡的时期，在道德价值观念需要重新调整的同时，总会伴随着非道德主义的泛滥。中国目前正处在这样的历史发展阶段。

当代中国非道德主义泛滥与对发展市场经济的片面认识不无关系。"现在还讲什么道德"，"搞市场经济，道德就没有多大作用了"，"现在还有多少人讲道德"是目前非道德主义者的口头禅。以经济建设为中心作为社会主义初级阶段基本路线的中心，在他们那里被理解为以经济建设为唯一的中心。自九届全国人大二次会议通过《中华人民共和国宪法修正案》以来，非道德主义者的这种思维特点和论调更是随处可闻。这些人只讲经济和法律的社会功能，开口只谈经济建设的中心地位和法律的至上性权威，闭口不谈道德在改革开放和发展社会主义市场经济中不可替代的重要作用，不少人还公开著文发表他们的见解。

道德根源于特定的经济关系，而经济关系及其现实的运作方式本身不仅并不能自发地产生道德，而且会时而同自己所需要的道德发生对立和对抗。市场经济由于是建立在个人充分自主自由的基础之上的经济运作方式，更需要道德，对道德提出的要求也更高，而市场经济本身不仅不能自发地生产自己所迫切需要的道德，而且会自发地在对立和对抗的意义上蔑视和诋毁自己所迫切需要的道德。这种"异化"现象反映了经济发展与道德进步之间客观存在的深刻矛盾。

整个20世纪80年代，我们尽管曾有过"代价论""同步论"的争论，尽管几乎天天都在强调要实行物质文明与精神文明两手抓、两手都要硬的建国战略，但毋庸讳言，我们社会发展的实际模式、实际运行过程仍是更偏向于经济建设这个中心。于是，自新中国成立至20世纪80年代的20多年来，中国在物质生活方面的消费是改革开放的成果，而在精神方面的消费基本上还是传统的东西。这是一种深刻的矛盾。如果说这种深刻的矛盾在特定的历史发展阶段，可以被一种经济建设的凝聚力和热情所掩盖或淡化，那么到了一定的时候，它就会爆发，并因此而引发许多其他新的矛盾。

非道德主义正是在这样的理论认识的背景下出现和传播的。

非道德主义在当代中国实际社会生活中的表现，可以说是五花八门、千姿百态。如在职业活动中，有见利忘义、为富不仁、以职谋私的种种表现；在青少年学生当中，只注意知识文化课程的学习而不注意世界观、人生观和道德观的进步的现象，已经引起国家领导人和社会有识之士的高度重视，如此等等。

就思想和理论特征来看，非道德主义是伦理思想史上长期存在的"道德无用论"的现实表现。在伦理思想史上，关于道德的社会作用历来有"道德万能论"与"道德无用论"的分歧与争论。中国由于有着重视以德治国的传统，"道德万能论"在思想理论界和人们的道德生活中一直占据十分突出的地位。在改革开放和发展社会主义市场经济的历史条件下，我们当然要纠正这种历史的偏见。但是，我们不能在纠正这种偏见的同时却又捡起了"道德无用论"，从一个极端走向另一个极端。

道德的社会作用既不是万能的，也不是无用的。道德对于社会生产和社会生活的干预与调节作用，虽然是有限的，但却是不可缺少的，只讲道德不行，不讲道德更不行。道德的社会功能，任何其他上层建筑和社会意识形式都不可替代，它作为特定的社会经济关系的产物，必然具有反作用，必然会对经济基础和上层建筑，乃至整个社会生活发生广泛而又深刻的影响。自古以来，社会的文明进步总是包含着道德的文明进步，总是离不开道德的文明进步，在这种意义上可以说，人类的文明史就是道德文明的发展史。

当代中国的非道德主义之所以得以泛滥，与"主体性道德论"的思想理论观点不无关系。它的基本观点是：道德选择和道德活动应当立足于个体形式的主体，以个体形式的主体为轴心和出发点。这种观点，客观上从哲学的意义上为非道德主义提供了理论根据。探索者的追求精神自然不应否认，但其理论主张却不可苟同。人类道德研究和道德生活的历史表明，任何道德学术都是以特定的社会关系为对象，道德调节从来都是在特定的社会关系中发生、进行并发挥其指导和调节社会生活的作用的。从协调特定的社会关系出发，围绕特定的社会关系进行道德指导和调节社会生活，是所有社会、所有人的一切道德需要和道德现象的本质所在。因此，道德从来都是"关系性道德"，而不是什么"主体性道德"，不论这里所说的主体是个人还是社会，情况都是这样。不从社会关系的意义上讲道德问题，也就无任何道德可言了。

非道德主义本质上是"不要道德主义"，准确地说，是不要社会提倡的道德价值标准，不要社会主义的集体主义和为人民服务的思想。其结果，必然导致人的精神生活的匮乏和失落，产生一系列的社会问题。

本来，人有物质生活和精神生活两大基本需要，道德生活是精神生活的基本方面。在现实生活中，任何人都不可能逃避道德指导和约束，面临道德选择，他要么接受和遵循社会倡导的道德价值，要么反其道而行之，在这个问题上绝对没有什么中间道路可以选择。从这一点来看，在当代中国盛行的非道德主义，与社会倡导的为人民服务和集体主义的道德价值导向是背道而驰的，本质上可视其为个人主义或个人主义的变种。因为，非道德主义者反对社会的道德提倡和道德约束，只要个人的绝对自由，个人想怎么干就怎么干，想怎么活就怎么活，基本的价值尺度是一切从我出发，一切为了自己。

非道德主义的泛滥，引起当代中国人对已经过去时代的深切怀念。觉察和思考社会问题，推动社会进步，有时需要依赖对历史的怀念。我们不应该笼统地说人们对历史的怀念是一种历史的进步，但我们能够否认这种对历史的寄托表达了人们对现实的某种不满吗？

二是道德教育滞后。道德教育，历来是一定社会为了使人们能够具备合乎其需要的道德品质，成为自觉履行道德义务和责任的人，有组织有计划地对人们施加系列的道德影响的活动。道德教育的重要性，不证自明，因为人的良好的道德品质的培养，社会良好的道德风尚的形成，都不是自发、自然的过程，都离不开道德教育。

在精神生产方面，道德教育是人类的一种最普遍、最有意义的社会实践活动。它把社会提倡的道德价值观念，通过家庭教育、学校教育等，传递和灌输给一代一代新人，在各行各业、各种人群中普遍地推广开来，使人们实现道德上的社会化，成为有道德的人。人类道德生活的发展趋势是不断走向文明与健康，这种历史走向依赖于道德教育，没有道德教育就没有我们今天的道德文明，也没有今天的道德文明向未来的高层次高水平的道德文明的发展。

从改革开放和发展社会主义市场经济以来的实际情况看，我们的道德教育是滞后的，其突出表现是道德教育的内容滞后。道德教育的形式并没有大的问题，中国人在这方面极具创造性。道德教育内容滞后的情况在社会道德教育、职业道德教育和学校道德教育领域都存在。现在，我们几乎每天都在讲改革开放和发展社会主义市场经济带来了道德观念的重大变化，其中不乏先进的因素，但是我们用来进行道德教育的内容并没有真正吸收这些先进的因素，基本上还是老的一套，不能反映时代特征。

与此同时，对待中华民族传统道德的教育也缺乏具体问题具体分析。只讲传统道德的优良部分，不讲传统道德的不良部分，讲优良部分也缺少时代特色，给人的印象是在改革开放和发展社会主义市场经济的历史条件下，优良的传统道德可以照搬照用，不需要经过时代的辨析和洗礼。这实际上也是道德教育内容滞后的一种表现。

造成道德教育内容滞后的原因，首先是道德教育的理论研究跟不上实际需要，这方面的专家学者和专业工作人员还拿不出多少成熟的理论成果来指导和影响人们的道德教育活动。对于在改革开放和发展社会主义市场经济的历史条件下，人们应当遵循什么样的道德价值标准和行为规范，也缺乏全国公认的体系指导。所以，在教育活动中人们往往只能"生吞活剥"国家的道德教育指导方针和写在文件里的道德基本原则及其规范体系。

其次是教育者的形象不佳。按照教育规律，没有教育者的"师表"形象，教育者不能率先垂范、身体力行，就没有教育，道德教育更是这样。一种或一项成功的道德教育，教育者应始终是主导，被教育者是主体，主体是否愿意被主导，跟着主导走，重要的不是教育的内容、方法和形式，而是教育者的"主导形象"或"教育形象"。这种形象的确立，要求教育者必须在教育的特定关系之中，而不是在教育的特定关系之外，教育别人的内容和要求，自己必须真的理解、真的信服或信仰，而且也真的首先能做到。这就是以身立教、言传身教、身教为先。在旧中国和新中国的很长一段时间内，我们的道德教育，只要"先生"讲，"学生"就会听。因为，那时"先生"讲的自己能够做到，能够带头做到，做得比"学生"好，整个社会的风气也大体是这样。因此，"学生"打心里佩服，接受教育之后自然便会随之效仿。这样的道德教育才是正常的、健全的，才会具有道德教育特有的魅力。现在的情况大大不同了，进行道德教育的人，包括学校里的一些老师，往往并不能以身作则、率先垂范，他们不是在特定的教育关系之中而是在特定的教育关系之外；有的人甚至对自己讲给学生听的那一套，也糊里糊涂、半信半疑，或者根本就不理解、不相信。

再次是道德教育的机制不够健全。首先是对道德教育者的优劣情况，没有专门的机构和制度加以分清，该褒扬的褒扬得不够，该批评的没有得到应有的批评，甚至根本就没有什么褒扬和批评，做好做坏基本是处于无人问津的状况。其次是学校里的道德教育，特别是大学的道德教育，仍存在管理机构和制度不大健全，职责不明，人员不足等问题。

道德教育滞后的危害，自不待言。不仅殃及当代中国的改革开放和社会主义现代化建设事业的健康发展，殃及中国社会的全面进步，而且殃及后代的健康成长，殃及中华民族的未来。因此，道德教育问题亟待加以研究和解决。

三是道德评价疲软。各种错误、落后的道德价值观念包括非道德主义之所以普遍流行，出现道德价值取向紊乱、道德行为失范的状况，与道德评价疲软是直接相关的。

所谓道德评价，指的是人们依据一定的道德标准，通过社会舆论或个人的心理活动，对他人或自己的行为进行善恶判断，表明褒贬的态度，以及与此相关的活动。道德评价离不开一定的社会舆论环境和个人的心理活动，同时也有利于改善一定的社会舆论环境，塑造人的灵魂，这是一个问

题的两个方面。

就实际内容来看，一定社会的道德评价，既是道德提倡，也是道德教育，因为道德评价所褒扬的内容既是社会提倡的道德，也是道德教育的内容，所反对的内容既是社会所不提倡的道德，也是道德教育所要摒弃的内容。道德评价的最终目的，都是为了保障主导性的社会道德价值在全社会得以广泛实行，在每个人身上都能得到体现。

道德评价有利于主导性道德价值标准的统一和提倡，而在主导性价值标准统一或比较统一的社会环境中，人们对于是非善恶就易于一目了然，这又有利于发挥道德评价的正常功能。而在双重或多元道德价值标准的社会环境中，人们看待任何一种社会现象，一种个人行为，都会存有不同的意见，发表不同的看法，持着不同的态度，这就必然会造成道德评价失常，这种失常又会反过来加剧道德价值取向的紊乱。

道德评价失常的后果，不仅在于难以用道德评价来干预社会生活，达到扬善驱恶、净化社会环境的目的，而且时间长了还会使人们对道德评价失去信心和兴趣，最终放弃道德评价，使道德评价出现疲软状态。

当代中国在道德评价中正存在这样的情况，这是道德国情现状中一个值得注意的不足方面。

四是社会道德控制机制弱化。机制的构成要素是特定的制度和促使制度得以执行的舆论环境。道德的社会控制机制是由道德制度和与道德相关的舆论，以及道德主体的自律这几个方面相互补充、相得益彰而构成的。对于道德建设来说，道德控制机制与道德评价是两个相辅相成的重要组成部分。

由于各种原因所致，自新中国成立至21世纪初，我国的道德控制机制一直就没有真正健全起来，只重视道德评价的社会舆论环境而不重视道德的建章立制。这种本来就不大健全的控制机制，到了市场经济的历史环境中就显得更为薄弱。

这首先表现在如上所说的道德评价失常和疲软，道德评价所形成的社会舆论环境远远不足以扬善驱恶，该表扬的得不到应有的表扬，该批评的没有得到有力的批评。

其次，表现在行为主体的道德自律意识和精神都不强，不少人不仅不管别人的事，连自己的事该管的也不管，得过且过，常常使自己的行为常常处于失控状态。

再次，我们还没有真正地建立起适应改革开放和发展社会主义市场经济需要的道德制度。这是最重要的原因。道德制度，是20世纪90年代一些伦理学人提出来的主张。所谓道德制度，顾名思义，就是用制度的方式使社会道德规范由"软约束"变为"硬约束"，除了具有指导和规劝的作用外，还具有表彰或惩罚的作用，或两种约束、两种作用兼而有之。然而，时至今日，许多从事伦理学教学和研究的人员，包括不少从事道德提倡和道德教育，以及精神文明建设和思想政治工作的人，还反对建立道德制度的主张，他们甚至连建立道德制度的意识也没有，也不允许别人有。其理由是：道德是依靠社会舆论、传统习惯和人们的内心信念来评价和维系的，历来与制度无缘。

道德该不该建立一些必要的制度？从理论上来彻底说明这个问题比较复杂，并非如某些人所理解的那样简单。但是，只要我们从纵横两个角度注意到如下两点经验，就不难得出正确的结论。

一是历史中国道德建设的经验。我们已经知道，中国传统的社会道德规范是一种制度化的道德价值体系，这种价值体系包容在"礼"中，而"礼"不论是从政治、法律还是从道德的角度来看都是制度，"礼"的制度化也就是政治的制度化、法律的制度化、道德的制度化。在中国封建社会，由国家颁布和实行的"礼"，涉及学校、家庭、社会等各个方面的道德教育和道德生活，不仅使道德本身具有制度的特质，而且使道德与政治、法律的制度联结了起来，具备了足够的干预社会调控的资格和功能，这是中国传统道德国情的一大特色，也是中国古人进行道德建设的一条重要经验。

二是现代西方社会道德建设的经验。发达的资本主义国家，在社会生活的道德调节问题上明显地存在着道德制度化——法律化、行政化的倾向，这是西方的成功经验。邻居在家中放音乐等制造的噪声妨碍你休息或做别的什么事情，在西方，解决这个问题的办法，可能是要打个电话到警察局，请警察来解决问题。而在中国，通常的做法是开门过去提出善意的批评，对方一般是会接受的。现在的情况一般不是这样，尤其是在一些公寓式的住宅区。

进入到20世纪80年代以来，我们几乎天天在讲继承和发扬中华民族优良的道德传统，在讲学习西方社会先进的管理经验。当然，我们不可全盘照搬古人的做法来解决今天的问题，也不应一般地赞赏和借用西方发达国家这方面的经验，特别是不可照搬照套他们的一些做法。但是，不论怎么说，在人们道德水准不齐、不少人道德水平下降的历史环境里，在强有力的道德调控和道德调节机制亟待加强，而建立道德制度的问题还没有真正提到议事日程上来的时候，强调认真研究、学习和借鉴中国古人和西方的经验，还是很有必要的。否则，就很难从根本上遏制道德"滑坡"的颓势。

当代中国道德国情中也同时存在着"爬坡"的现象。要说清"爬坡"问题，并不是像有些"爬坡"论者所说的那样简单。比如，究竟应当在什么意义上来理解"爬坡"？有的学者认为，"爬坡"的主要标志是"人们的道德心理和行为特征由'假'向'真'、由'虚'向'实'、由封闭向开放、由单一向多元、由'依赖顺从型'向'独立自主型'转变"[1]。从中国道德国情的现状看，这种理解是缺乏真实性的。人的假的"行为特征"无疑是假的"道德心理"的自然表露，怎么可以笼统地作出中国的道德现状是由"假"向"真"、由"虚"向"实"的转变这种判断呢？据此来理解和评判"爬坡"，是靠不住的。再比如，能不能因为存在极其艰难、极其重要的"爬坡"现象，就可以视而不见，根本否认实际上同时存在的极其严重的"滑坡"现象？当然不能。在道德的发展与进步过程中，"滑坡"是对优良和先进的因素进行的抵触、抗击和腐蚀，所以"爬坡"历来是在反抵触、反抗击、反腐蚀的过程中进行的，两种现象同处于一个过程之

---

① 李德顺：《当前道德建设的重大课题》，《天津社会科学》1994年第5期。

中。因此，充分注意并极力遏止严重的"滑坡"问题，是"爬坡"的必然之需、题中之义；用"爬坡"论反对"滑坡"问题是不正确的，实则是一种"护短"行为。

如同"滑坡"一样，所谓"爬坡"只是一种比喻，人们使用这个约定俗成的概念，只是为了说明在当代中国新道德因素生长和发展的困难程度和道德建设的艰难跋涉的过程与状态。当代中国道德国情中存在的"爬坡"现象主要表现在：人们普遍地发现了个人价值的真实存在，普遍地重视职业活动的服务性质和质量要求，普遍形成了公平意识和时效观念，以及人们特别地发出对道德进步的呼唤、对道德走向新的境界的热切期待，等等。

不难看出，"爬坡"是相对于两种道德现象而言的，它应当具有两层意思。一是在改革开放和发展社会主义市场经济的历史潮流中产生的新的进步的道德观念，在其生存和发展的过程中受到传统旧道德，以及产生于同一历史潮流中的新的落后或腐朽的道德观念的阻挠、混淆和"拖后腿"，因此，要想最终立足并走向强大，得到社会的普遍认同，就必须使劲往前、往上"爬"。二是相对于优良的传统道德在新的形势下必然会受到的多方面的挑战，其中最为突出的，就是以"新"的面貌出现的落后或腐朽的道德观念的挑战和腐蚀。因此，为要立足和保持生命力，就必须要往前、往上"爬"。但是，在这个问题上，"爬坡"论者往往只看到前一种情况，对后一种情况却视而不见。

在总体上应当怎样看"滑坡"与"爬坡"并存的问题，还有一个不应回避的重要的思想认识问题，这就是：两者之中哪个方面，是最需要引起我们注意的？

这个问题，如果从表面现象看都需要注意，因为中国的道德现状是在"爬坡"，同时也在"滑坡"，是在"滑坡"中"爬坡"，边"爬"边"滑"，边"滑"边"爬"，"滑"得叫人忧虑，"爬"得十分艰难。但是，如此说，还不能真正说明问题。从实际情况看，经过多年的艰难跋涉，我们确实已经"爬"出了不少的成绩，新的道德观念正渐渐地被越来越多的人认可，关于优良的传统道德的学习与普及受到不少方面的重视。但是，"滑坡"的势头更为明显，不仅没有得到应有的遏制，反而正在继续地下滑，在有些方面甚至是在加速下滑。这是我们在谈论所谓"滑坡"与"爬坡"并存的情况的时候，应当特别注意的。任何社会事物的变化几乎都存在着这样的情况：发展，走向进步和强大，要困难一些，而蜕变则要容易得多，快得多。当代中国道德国情的变化情况正呈现出这样的态势。

所以，我们在讨论中国道德国情现状存在的"滑坡"与"爬坡"并存的情况的时候，更应当注意"滑坡"的问题，把解决"滑坡"的问题放在头等重要的位置。

第三节　历史性困惑、选择与发展机遇同在

在传统的意义上，中国是一个"道德大国"，时至今日这种"大国"的风采依然熠熠。不论是在传统的意义上还是在现代的意义上，中国人都过惯了道德生活，养成了从道德上看人看事看问题、论辩是非、辨别真假善恶的思维习惯。国家的变革，社会的变迁，没有哪一样会像道德的变化给人们带来的震动和冲击那么广阔深远，对人的心灵的震撼如此之大。这种震动和冲击使我们陷入空前的道德困惑之中。有一位学人曾对令人困惑的道德国情作过这样的客观描述：它"在价值取向上表现为主导价值缺乏引导人们行为的力度；在实际中则由于多种价值取向的并存，使人们在行为的选择中缺乏道德依据，故而表现为行为中道德的缺乏。这种状况，使人们在思想上既有对自身社会行为趋利性和利己性的追求与肯定，又有对他人行为的趋义性和利他性的需求与愿望；在行动上，既有对自身非道德性行为的宽容和谅解，又有对他人道德性行为的赞同、理解和不参与不合作。于是，当不道德行为出现时，人们大肆批评和抨击，而当他人和社会需要自身表现出道德性行为时，人们却又常常表现出道德意识淡漠和道德

行为责任感的缺乏"①。这段文字生动地描绘了21世纪初的中国人在伦理思想和道德生活中所实际存在的困惑感。有些人为此已经感到不能自持了，表现出忧心忡忡和烦躁不安的情绪。

这是一种历史性的困惑。

在这种历史性的困惑面前，我们的理论研究工作，尤其是伦理学的研究工作，却不能适时地拿出像样的成果来指导现实的道德生活，显示自己存在的价值。不少伦理学者的文论发表之后，人们感到既不能被说服，也不能据此去说服别人。

走出伦理学界，20世纪80年代以来，关于当代中国的道德问题理论界有许多的争论，其涉及的范围和对象也可以说是空前的，但给很多人的感觉也是越争论越令人糊涂。

最早的争论是关于农村改革的是与非、善与恶的问题。在中国共产党和国家改革政策的感召和鼓动下，安徽凤阳小岗村的一些农民率先采用了家庭联产承包责任制的经营方式，得到了有关方面的领导人和新闻媒体的公开支持，但是在理论界特别是在伦理学界，不少人对此持不同的看法，于是便有了争论。那既是一次关于是走社会主义道路还是走资本主义道路的政治问题的争论，也是关于对谁有利的道德问题的争论。在争论的初始阶段，如果说前者尚多处于隐蔽或准公开的状态，那么后者则是公开化了的。这场争论后来以铁的事实作了回答，没有再发展下去。

接着，又出现了关于改革带头人是些什么人，即他们的品格是该肯定还是该否定的争论。中国的改革事业是从农村做起的，当其浪潮冲进城市以后，城市以其特有的优势很快便将这浪潮推向高潮。一些有眼光有胆量的人在企业里闹起了革命，首先下刀的是经营与管理体制，打破了计划经济条件下的"大锅饭"和其他许多不合理的经营和管理方式，调动了职工的生产和经营的积极性，激活了企业的运行机制，企业效益增长很快。这使得思想观念还停留在以往时代的人们大惑不解，于是又有了关于城市改革的争论。这次争论，同样是从政治与道德两个方面展开的。关于道德方

---

① 杜培文：《当代中国道德失范及道德嬗变探源》，《甘肃理论学刊》1998年第4期。

面的争论的焦点是改革带头人的品格是先进高尚的，还是落后愚昧的，他们的人格是应当提倡的还是应当反对的，进而发展到进入改革开放新时期以后，我们究竟需要什么样的道德人格的问题。当时，这一问题成了伦理学工作者关注的一个焦点，其中基本上都是高等学校的伦理学教学研究人员，出于某种责任心和事业心，也是出于对伦理学的兴趣，这期间有不少人先后加入了伦理学工作者的队伍，使这个本来受冷落和刚刚恢复起来的队伍迅速地扩大起来。

再往后，便是关于职业道德、社会公德和家庭道德的讨论。

所有这些争论和讨论，都围绕一个中心：处在改革开放和发展社会主义市场经济的特殊历史时期，中国的道德是在进步还是在退步？这些争论和讨论有一个共同的特点：各持己见，谁也说服不了谁，似乎越争论越糊涂。

更值得注意的是，从一开始，争论和讨论都涉及或包含着一个重大的思想理论和认识问题：中国现实社会的道德建设或中国现实道德国情的改造的基本思路应当是怎样的？是坚持在继承和发扬中华民族优良传统道德的基础上来建设，还是在"全盘西化"的前提下去建设？与这个问题直接相关的是应当如何看待儒家伦理文化的现代意义？中国现实的道德建设需要不需要体现社会主义的方向和基本特征，如果说需要，那么又应当怎样体现社会主义的方向和基本特征？这三个方面的问题实际上可以概括为：中国现实的道德国情的历史走向是什么？

面对这些关系到中国道德国情的历史命运和中国人道德生活的基本方式的重大问题上，不少人感到困惑，争论和讨论给他们的感觉不是越来越清醒，而是越来越糊涂，因此常常感叹"中国的道德问题说不清"。在实际的道德生活中，人们普遍感到中国的道德发生了危机、是非善恶似乎总是说不清，看到许多的道德行为失范现象也无人问津，人们常常因此被困惑感缠绕着。

当代中国的道德国情之所以存在诸多回避不了的矛盾和问题，之所以争论不休又不易取得共识，是有其客观的社会历史原因的。

社会发展过程是一种矛盾运动，矛盾过程的两个方面总是处于你中有我、我中有你、我似你你也似我的交织状态，这时非要弄清"你"与"我"来，既办不到，也没有必要。这时，若非要争个水落石出的结论来，无异于缘木求鱼。

就道德领域里的困惑来说，困惑引起人们的烦躁和不安，因为道德与人们的精神生活乃至物质生活息息相关，这往往更会激发人的探索和进取精神。在中国几千年封建社会的长期稳定和新中国成立后近30年间"左"的思潮盛行时期，人们没有真切地经受过道德生活领域里的困惑，中国人过去长期是道德生活世界里的"宠儿"，没有经受过多少道德困惑的"磨难"，这就使得当代中国人的道德困惑显得更为强烈。

因困惑而赢得新的发展，不是自然过程，而是一个历史选择的过程。困惑具有历史性，选择也具有历史性的意义，选择将会为新的发展带来新的发展机遇，因而新的发展也必将具有历史性。正是在这种意义上，可以说，立足于当代中国道德困惑基础上的选择，将会给中国的社会主义道德建设与道德进步带来新的生机，因而其重大的历史意义是毋庸置疑的。

把握这种选择，总的来说，必须坚持社会主义的方向，具体来说应当注意坚持三个基本原则。

一是坚持以马克思主义的基本理论和原则为指导。马克思主义及其中国化的理论成果，是科学的世界观和方法论，其基本理论和原则的普遍指导意义已为中国的革命和建设的实践所证明。思考和研究当代中国的伦理道德建设问题，同样离不开马克思主义的指导，不可背离马克思主义的基本理论和原则，这就是马克思主义关于经济基础与上层建筑的辩证关系的理论和实事求是、一切从实际出发的原则。

当代中国的经济基础是什么？诚然，中国的经济成分和经济体制发生了重大的变革，人们在市场经济体制下运作的进行生产和交换的经济关系，与过去相比也已经有了很大的不同。但是，我国经济结构的公有制性质并没有改变，一切"生产和交换的经济关系"的基础并没有改变，"竖立其上"的人民当家作主的政治制度和社会意识形式的主体也没有改变。

就是说，以马克思主义的观点看来，当代中国的社会主义的性质并没有改变。我们现在建设的是中国特色社会主义，其只是相对于过去国际上通行的一个模式的社会主义而言的。有些人认为，所谓中国特色社会主义就是有特色的资本主义，中国已经复辟了资本主义。这种完全背离了当代中国的国情实际的论调之所以出现，表明一些人在世界观和方法论上背离了马克思主义基本理论和原则的指导。坚持以马克思主义的基本理论和原则为指导，我们在研究中国的伦理道德建设的时候就应当从建设中国特色社会主义的实际需要出发，使调整和重建的道德体系和伦理新秩序能够体现社会主义制度的性质。

在这个至关重要的问题上，目前存在着的一种倾向是不好的，那就是：一些伦理学人在分析和研究当代中国伦理道德建设的时候，对"社会主义"讳莫如深，所采用的理论方法并不是马克思主义的。他们喜欢照搬照抄西方学者或学派看问题的理论方法，或者高谈阔论，或者乐于艰涩文字，把简单的问题弄复杂，把复杂的问题搞得更复杂，所发表的文论叫人看起来，不是中国人站在中国的土地上谈中国的事情，说的多是同胞听不清听不懂的话。这样的研究，对当代中国的伦理道德建设实在无益。马克思主义是科学，科学是老老实实的学问。以马克思主义的基本理论和原则为指导，不仅要坚持社会主义的方向，也需要一种老老实实、脚踏实地的科学态度和作风。

二是在对待中华民族优良传统道德的问题上，是不是坚持继承和创新相统一的原则。从一般理论的意义上看，道德国情的民族特质，要求一个国家和民族在选择和安排自己的道德发展前景的时候必须始终注意慎重对待自己的民族传统。中华民族优良道德传统，既是今天道德进步的基础，也是今天道德进步的重要内容。把我们自己的优良传统丢在一边，另搞一套，既无必要，也是行不通的。从中华民族的实际情况看，我们传统道德国情中的许多因素，与今天的社会主义道德建设的实际需要有着某种内在的逻辑联系。中华民族传统道德的优良部分，如尊重国家和民族整体利益的爱国主义精神、推崇人际和谐及与人为善的仁爱原则、强调个人对于社会的责任、重视理想和精神生活等，是我们先人思想传统不断被继承和创新的结晶，体现着中华民族特有的民族特性和品格，它们在价值趋向的实质内涵上与改革开放和发展社会主义市场经济的实际需要并不矛盾。我们正在建设中国特色社会主义，无疑同时要建设中国特色社会主义伦理道德。但是，如果离开中华民族的道德传统，我们将从何谈论"中国特色"？因此，在今天，继承中华民族优良传统道德，并在此基础上加以创新，是坚持中国伦理道德建设的社会主义方向的客观需要，也是当代中国伦理道德建设的必由之路。

当然，对于现实来说，与任何历史遗产都存在优良与腐朽并存的情况一样，传统道德也存在有优良与腐朽并存的问题。因此，对民族传统道德的继承应采取科学分析的态度。

三是在构建社会道德价值的基本导向上，是不是坚持集体主义。众所周知，每个社会的伦理道德要求都是一个完整的体系，在这种体系中都有一个基本的要求居于核心地位，起着主导作用，这就是道德原则。道德原则在总体上反映一定社会伦理道德要求的价值导向，体现着一定社会的制度性质。

集体主义作为社会主义伦理道德体系的基本原则，与原始社会的平均主义、奴隶社会和封建社会的整体主义以及资本主义社会的个人主义，有着本质的不同，它决定了社会主义制度下人们道德生活应有的基本方式和基本的价值取向，从伦理道德上体现社会主义制度的性质。因此，在思考和研究中国的伦理道德建设的时候是否坚持集体主义的道德原则，实际上是一个是否坚持社会主义方向的问题。

人类社会有史以来的四种道德原则，在价值趋向上尽管存在着这样那样的不同之处以至根本的对立，但总的看，无外乎是注重个人与注重集体的对垒。注重个人的道德原则，将个人与集体看成是对立的两极，在价值理解、价值目标和价值追求的手段上以个人为中心，将集体仅仅看成是实现个人目的的手段，这是个人主义的基本特征。注重集体的道德原则情况比较复杂。原始平均主义将个人与集体和个人与个人看成是一回事，是一种无差别的绝对同一。奴隶社会和封建社会的整体主义将集体与个人看成是对立的两极，通常要求个人无条件地服从集体，为集体无条件牺牲。社会主义的集体主义确认个人是集体的组成部分，两者在根本上是一致的，个人利益与集体利益的差别与对立是客观事实但只具有相对的意义，个人为服从集体和为集体作出牺牲是有条件的、相对的，而不应当是绝对的。

由此可见，任何形式的道德原则，其基本的价值导向都是求得个人与集体的协调与和谐，差别仅在于求得协调与和谐的价值原则和导向不同而已。社会主义的集体主义是人类社会有史以来最科学的道德调节方式。

资本主义社会特有的私有制，使得个人主义的出现成为一种历史必然。个人主义的本性和调节方式是不可能真正导致个人与集体达到资本主义社会所必需的协调与和谐的。这是一个简单不过的道理。资本主义社会促使个人与集体实现其必需的协调和一致的基本做法是，一方面不断修正个人主义，一方面逐步健全资本主义法治，以法律来规范伦理道德问题，实行道德法律化。这是西方发达资本主义国家的通用原则。

当代中国的伦理道德建设必须坚持社会主义方向，而要如此，就必须坚持以马克思主义的科学世界观和方法论为指导，正确处理传统道德的继承与创新问题，坚持集体主义的主导价值地位不动摇。这是当代中国伦理道德建设摆在我们面前的最重大的历史性任务，需要一切有志于中国伦理道德建设事业的人们发扬特别能战斗的精神，积极奋进，不断进取。

第七章　中国社会主义初级阶段道德国情应有的价值体系及道德建设

通过前面两章的分析和阐述，我们对社会主义初级阶段的道德国情的重大变化及其矛盾状态已经初步有了一些比较具体的认识，看到了当代中国的道德国情与历史上的道德国情已经有了许多的不同，表明当代中国的道德国情正处于一种急剧的变化之中，尚未形成一种相对稳定的结构，客观上存在一个历史发展的走向问题。

因此，在社会主义初级阶段，我们不仅要关注经济政治方面的结构的合理性改革，密切注意经济政治发展的历史走向，而且也要关注文化价值结构特别是道德国情结构的合理性变革，注意道德国情发展的历史走向。唯有如此，我们才能真正实现物质文明与精神文明协调发展，切实地把握住中国现代化建设的社会主义方向，促进社会全面进步。

道德国情作为国情的一个重要的组成部分，应与所处国情整体相适应，同时对于其他方面的国情特别是经济和政治的国情的改造与发展具有促进作用。所以，一般说来，这是衡量一个时代的道德国情是否合适、合理的基本价值标准。

社会主义是共产主义的初级阶段，中国社会主义仍处于并将长期处于社会主义初级阶段。我国社会主义初级阶段是一个"由农业人口占很大比重、主要依靠手工劳动的农业国，逐步转变为非农业人口占多数、包含现代农业和现代服务业的工业化国家的历史阶段；是由自然经济半自然经济占很大比重，逐步转变为经济市场化程度较高的历史阶段；是由文盲半文盲人口占很大比重、科技教育文化落后，逐步转变为科技教育文化比较发达的历史阶段；是由贫困人口占很大比重、人民生活水平比较低，逐步转变为全体人民比较富裕的历史阶段；是由地区经济文化很不平衡，通过有先有后的发展，逐步缩小差距的历史阶段；是通过改革和探索，建立和完善比较成熟的充满活力的社会主义市场经济体制、社会主义民主政治体制和其他方面体制的历史阶段；是广大人民牢固树立建设有中国特色社会主义共同理想，自强不息，锐意进取，艰苦奋斗，勤俭建国，在建设物质文明的同时努力建设精神文明的历史阶段；是逐步缩小同世界先进水平的差距，在社会主义基础上实现中华民族伟大复兴的历史阶段。"①在我国社会主义初级阶段，我们要逐步摆脱不发达的状态，基本实现社会主义的现代化，还需要付出极为艰辛的劳动。

当今世界，冷战思维依然存在，霸权主义和强权政治仍然威胁着世界的和平与安宁。因此，在社会主义初级阶段，我们的各项社会主义建设事业，不可避免地会受到各种国际性的挑战，需要排除来自国际上的各种干扰。

面临这样的国内国际形势，我们在推动社会主义现代化建设的时候，不能不在总体上思考和设计社会主义初级阶段道德国情应有的价值体系和价值趋向。

社会主义初级阶段的道德国情在总体上的价值体系和价值趋向，应当具有如下特征：

一是必须与建设中国特色社会主义的总体目标和需要相适应。在全面建成社会主义现代化强国的过程中，国情将会发生一系列重要的变化，道德国情必然会在这个过程中经过一系列的洗礼，与其他变化着的国情相适应。

二是必须与中华民族的道德国情历史保持着内在的逻辑联系。社会主义初级阶段的道德国情，必须是建立在中华民族传统道德国情的基础之

---

① 《江泽民文选》第2卷，北京：人民出版社2006年版，第14—15页。

上，而不是建立在中华民族传统道德国情的基础之外。改造和建立起来的新的道德国情，必须具有中华民族优良道德传统的特质，充分体现中华民族的特性和精神生活需要与精神生活方式。

三是必须体现社会主义的本质特征。这一点最为重要。我国虽然仍处于并将长期处于社会主义初级阶段，但是它在本质上毕竟是社会主义的。因此，改造和发展当代中国的道德国情，必须始终围绕"中国特色社会主义"这个历史主题，坚持社会主义的方向。

就目前中国的道德国情的实际情况看，应当承认，它还不能充分体现上述三个方面的重要特征，还不是社会主义初级阶段应有意义上的道德国情，还需要加以改造、改善和发展，使之与其他方面的国情和建设需要相适应，体现历史与现实、今天与未来相一致的特点，反映出社会主义的本质特征。

第一节　社会主义初级阶段道德国情的价值观念

一国的道德国情，不论是从观念层面还是从活动层面看，总是由几种互不相同又彼此联系的道德价值构成的。从价值构成看，社会主义初级阶段的道德国情应由四种不同的道德价值观念构成。

一、中华民族优良的传统道德价值

就统治者的"官德"看，核心的内容是强调国家民族的整体利益高于一切的价值原则和注重加强自身修养的自律精神。中华民族历经磨难，却一直保持团结和统一，这与坚持国家民族整体利益高于一切的价值原则是密切相关的。在中国历史上，这一价值原则培养和造就了一大批具有公而忘私理想人格的杰出人物，如主张"国而忘家，公而忘私"的贾谊，提倡"先天下之忧而忧，后天下之乐而乐"的范仲淹，自勉自重于"人生自古谁无死，留取丹心照汗青"的文天祥，提出"天下兴亡，匹夫有责"的顾炎武，等等。

中国封建社会的经济基础和高度集权的专制政治，自然会在"自发"的意义上产生高人一等、以权谋私的特权思想，这与注重国家民族整体利益的价值原则又是相背离的。中国封建社会解决这个矛盾的基本办法是要求各级官吏注重加强自身修养，坚持自律。修养的目标都是要做一个能够忠于天子的忠臣、为民作主的"清官"，而不是做一个与天子存有二心的奸臣、骑在老百姓头上作威作福的"贪官"。所以，传统中国的官吏不少都比较看重自己的道德品行，而且在自身修养方面常有自己的一些做法。清代《人范》记有这样一个模范官吏：某地知县本来很坏，是一个不折不扣的"贪官"，当地的老百姓都恨透了他，可又拿他没办法。一次，他的老师替天子寻访时得知此情，狠狠地训斥了他一顿，责其注重自身的修养，并授其一法，即在书房案头摆三只碗，左边的碗放红豆，右边的碗放黑豆，每做一件坏事就取一粒黑豆到中间的空碗里，每做一件好事就取一粒红豆到中间的空碗里。《人范》介绍说，开始，中间的那只碗黑豆甚多而红豆甚少，后来黑豆渐少而红豆渐多，最后全是红豆了，此人后来做了宰相。这个典故说明，中国古代的许多官吏是重视自己的修身问题的，而修身的目的则是为了"治国、平天下"。

就劳动人民的"民德"看，优良部分的内容主要是自力更生、勤俭节约、与人为善等。由于受历史局限性的制约和双重价值结构的影响，中华民族传统道德多是"一种倾向掩盖着另一种倾向"，落后成分一般都包容在优良的成分之中。如重视国家和民族整体利益的价值原则，不论是在哪朝哪代，总是打着封建统治阶级的烙印，所谓"整体"在最高统治者的心目中就是"家天下"，因为"朕即国家"。再比如，劳动人民的自力更生、勤俭节约、与人为善等优良的品质，在另一个方面，便包含着缺乏发展与善恶不分的落后成分。所以，社会主义初级阶段道德国情中所应当包容的中华民族传统道德的优良成分，也是需要经过扬弃的，这样才能与社会主义现代化建设的需要相适应。再比如，不应把重视国家和民族整体利益的价值原则与封建"整体主义"混为一谈，更不能在封建"整体主义"的意义上来理解和倡导社会主义的集体主义，不可把自力更生与对外开放、勤俭节约与积极创新、与人为善与相互竞争对立起来。

由于道德受其自身发展规律所形成的历史"惯性"的制约，中华民族传统道德的优良与落后成分在社会主义初级阶段都客观地存在着，而且都相当稳定，都对今天的国民道德生活发生着巨大深刻的影响，甚至影响到一些决策部门和机构的思维方式，而在许多情况下，落后腐朽的东西对人们的影响，甚至远远地超过优良的方面。这种影响，不仅表现在它作为国家的意识形态，其优良的部分仍然受到高度重视，中国共产党和共和国的领导者们，都曾公开地进行过推崇和倡导，而且表现在它作为深层的文化心理，广泛地扎根在国人的心中。就是说，在社会主义初级阶段道德国情的价值构成中，我们要想通过继承和创新，真正建构起中华民族优良的传统道德，将是一个长期的扬弃过程，这是一个在思想道德领域内充满矛盾与斗争的过程。

诚然，在广大中国民众中，在他们营造的伦理氛围和公开场合，传统的道德价值观念及其活动方式已经不像过去那样是一种用以律己律人的"口头禅"，不那么具有社会的公认性和权威性了，但在实际的行为过程中仍然发挥着举足轻重的影响，制约和指导着人们行为的各个方面。就拿传统的生活价值观念来说，在广阔的社会生活空间，其已经发生衰落、蜕变，但影响生活观念的道德价值观念及其表现出来的行为方式依然是极为传统的。

毛泽东早在革命战争时期就说过："我们这个民族有数千年的历史，有它的特点，有它的许多珍贵品。对于这些，我们还是小学生。今天的中国是历史的中国的一个发展；我们是马克思主义的历史主义者，我们不应当割断历史。从孔夫子到孙中山，我们应当给以总结，承继这一份珍贵的遗产。"[1]在改革开放和发展社会主义市场经济的历史新时期，对待中华民族传统道德问题，我们同样需要有这种"小学生"的态度。

---

[1]《毛泽东选集》第2卷,北京:人民出版社1991年版,第533—534页。

二、计划经济时期实行的由革命战争年代传递下来的革命传统道德和共产主义道德的价值观念

革命传统道德和共产主义道德的基本方面，在今天并没有过时，仍然有着极为重要的现实意义。如全心全意为人民服务的奉献意识，忠于祖国、忠于人民的爱国主义精神，艰苦奋斗、自立自强的人生态度，嫉恶如仇、敢于斗争的革命品格，等等。就道德的生成和发展来看，这些产生和实行于革命战争年代并在计划经济时期发挥过重要作用的道德，实际上也是人类传统美德的最高概括形式，在今天无疑仍然是真的、善的、美的，并且是可行的。但其影响力在改革开放之初却开始迅速减退。

改革开放和发展社会主义市场经济，是空前伟大的社会主义事业。推进这项伟大的事业，我们既要依靠个人的积极性和竞争意识，以及个人的尊严与价值，更需要依靠革命战争年代和计划经济时期那种忠于祖国与人民和乐于为人民服务的品格，以及自立自强、艰苦奋斗的精神。在社会主义初级阶段，在推动改革开放和社会主义市场经济的历史条件下，我们的道德国情中的价值观念结构，绝对不能丢弃革命传统道德和共产主义道德。

三、计划经济时期形成的道德价值观念

在"左"的思潮的控制和指导下，特别是在"文化大革命"中产生的道德价值观念，在现实生活中仍然存在于一些人的道德价值观念中，产生一些不良的影响。

但是，任何事物在其发展过程中都会有其对立面，同时，事物本身也总是内含着矛盾着的两个方面。在"左"的思潮盛行的年代，并不是一切都是"左"的，革命传统和共产主义道德的宣传和教育虽然受到"左"的思潮的影响，或多或少带上"左"的烙印，但其本质方面，并没有发生根本性改变。如艰苦奋斗、不怕牺牲、全心全意为人民服务等。同时，我们

还应当看到，"左"的思潮毕竟是在社会主义新时期盛行的，又因为人们同时受到革命传统和共产主义道德的熏陶，所以，人们所受到的"左"的影响，或者说人们对"左"的东西的理解和认同，也并非"左化"了的，对革命传统和共产主义道德的认识、理解和接受，或多或少都会带上新中国的色彩。所以，对"左"的年代的道德国情，也应当采取科学的态度，实行扬弃的方法，而不能一概加以否定，不然我们实际上就是在割断历史了。就是说，"左"的年代道德国情中的有些方面，也应是我们今天道德国情的组成部分。与此同时，我们还应当看到，在改革开放和发展社会主义市场经济的历史时期，我们恰恰丢掉了计划经济年代（包括"左"的思潮盛行的时期）道德国情中的一些优良成分。

四、改革开放和发展社会主义市场经济以来出现的新的道德价值观念

新时期的新的道德价值观念，不能一股脑儿拿来作为社会主义初级阶段道德国情结构的应有组成部分，用以指导我们的道德建设，因为如前所述，新的东西里也包含了不少落后乃至腐朽的陈旧的因素。

那么，究竟哪些新道德观念具有进步意义？这里有两个衡量的尺度。一是相对于传统道德国情中的落后、腐朽的成分来说，是新的，具有改造和更新旧道德的积极作用。二是有利于推动改革开放、发展社会主义市场经济和社会的全面进步。

在改革开放和发展社会主义市场经济的历史大潮中生发的新的道德观念，虽然已经广泛地存在于生机勃勃的社会生活中，成为人们实际的伦理行为，发挥着实际的作用，但是仍然没有列入国家提倡的道德体系，基本上还是处于一种自发的状态。它们正处在生长的过程中，却缺少必要的理论研究、说明和支撑，以至于与传统道德中的优良部分还处在缺乏认同甚至格格不入的状态中；而它的落后的方面，却处在自发生长甚至与传统道德中的腐朽部分进行认同的状态中。

第二节　社会主义初级阶段道德规范的价值标准

在任何社会里，道德规范体系都是道德价值体系的主要成分，它在可操作的意义上引导人们的道德生活，促使人们从善避恶、扬善驱恶。在社会主义初级阶段，我们需要用什么样的价值标准来构建道德规范体系？应当从如下两个方面来考察。

一、以集体主义和为人民服务为道德规范体系的主导价值

人类自从告别其他的动物类而成为一种特殊的动物类之后，便是群体意义上的社会存在物。对群体的依赖成为人得以生存和发展的基本条件，而对群体的认同、趋同是人的天性或类本性，也是人类有史以来道德生活方式的核心内容和基本形式。由于受经济关系的根本性制约，在不同的历史时代，人们赖以生存和发展的群体是不一样的，由此而形成了不同历史时代的群体观念。在一定的社会里，人们对群体的认同和趋同的意识即群体意识，在道德生活中总是被提炼为特定的道德原则，用作指导人们道德生活的主导性的道德价值观。

由于受经济的根本性制约和政治的强制性影响，不同的历史时代又有着不同的道德原则，但其尊重群体乃至社会整体的核心精神始终并没有改变。这几乎是所有国家的道德国情的最基本情况，只不过在不同的国家和一个国家的不同时代，人们尊重群体和社会整体的道德价值观念，在内容与形式上有所不同罢了。社会主义制度产生以前，在远古时代，它以尊重部落整体的社会意识出现；在奴隶制和封建专制社会，它以尊重专制国家整体的社会意识出现；在资本主义社会，它以尊重人的整体的人道主义这种特殊的社会意识形式出现。尊重整体（群体、集体）历来是道德调控的主旋律，反映人类道德生活的基本走向。

　　集体主义是社会主义时代人们道德生活的基本原则，也是这一时代道德规范体系的核心。

　　集体主义的形成与发展经历了一个历史过程。改革开放以来人们对它的理解和认识仍然存在着分歧。这一分歧集中体现在对集体主义基本精神的看法上。集体主义的基本精神是要求人们对集体认同，要求人们在行动上使自己的利益和需要与集体的利益和需要一致起来，以求两者的和谐；同时也要求人们，当个人利益需要与集体利益需要发生矛盾而又暂时或不可能调和的时候，个人要服从集体，为集体作出某种牺牲。就内涵来说，集体主义比历史上任何一个道德原则都科学、先进。因此，它是社会主义制度下人们道德生活的价值主导方向。

　　这里，我们需要强调指出的是，在理解和贯彻集体主义道德原则的时候，往往会出现这样的偏差：在理解上把尊重集体与集体至上等同起来。其主要表现就是，当个人利益与集体利益发生矛盾的时候，只简单地强调个人服从集体，以为这样就是尊重集体利益，就是坚持了集体主义。这实际上是不对的。个人与集体发生矛盾是常有的事情，当这种矛盾出现的时候，正确的看法应当是消解矛盾，正确的做法应当是协调双方，使双方尽可能达到一致。只有在矛盾暂时或不可能解决的情况下，才能要求个人服从集体。就是说，从尊重集体和整体出发，并不是要求个人无条件地服从集体，更不能把服从集体当作解决个人与集体之间矛盾的唯一办法，以为只要个人与集体发生了矛盾，个人就应当无条件地服从集体。

　　人民是一个政治历史范畴。人民是历史的创造者，人民的力量是一种无可争辩的历史事实。对于这一点，以往历朝历代的统治者不可能看不到，他们深知"水能载舟，亦能覆舟"的历史经验，因此都无一例外地发表各种重视人民群众的言论，甚至将此列入施政策略，为人民群众谋得某些实惠。但是，由于受阶级本性的局限，他们都不可能真正地去尊重人民，诚心诚意地为人民谋利益。唯有人民利益的忠实代表者中国共产党，才真正地把全心全意为人民服务作为自己的根本宗旨。

　　为人民服务是中国共产党的宗旨，也是一切社会先进分子所追求的人生目标，作为"统治阶级的意志"，它是社会主义制度下各行各业的人们都应当认真践履的人生价值观。因此，为人民服务也应当成为社会主义中国全社会道德生活的价值主导方向。

有人认为，在改革开放和发展社会主义市场经济的历史时期，实行的是"主观为自己，客观为他人"的人生价值观，强调的是个人的主观能动性和个性自由，尊重自我价值和"自我实现"，因此把集体主义和为人民服务作为国民道德生活的价值主导方向，是脱离中国道德国情的现实的。

这种看法，是对改革开放和社会主义市场经济的本质缺乏深刻理解的表现。不论是在历史还是在现实的意义上，任何劳动都是群体（集体）性的分工协作的过程。即使是小农经济，其自给自足也不可能离开其他方面的"他给他足"。这里有一个最简单不过的道理：没有手工业者的"给"与"足"，农民何以织布以"足衣"、何以烧饭以"足食"？社会主义市场经济通过资源的合理配置和公平竞争组织生产，其间个人的自由和主观能动性得到充分的发挥。但是，这种"充分"只是意味着增加了分工协作的合理性，扩大了群体（集体）协作的可能性空间，在充分发挥个人聪明才智的同时增加了群体（集体）的活力。而不是表明个人可以脱离群体（集体），支配群体（集体），群体（集体）可以不要以一种表明自己真实需要的"主义"来维护自己及其大多数成员的利益。

马克思说："只有在共同体中，个人才能获得全面发展其才能的手段，也就是说，只有在共同体中才可能有个人自由。"[1]在改革开放和发展社会主义市场经济的社会环境中，集体以其特有的内部和外部的空间联结方式，极大地扩大了人们的个人自由，在前所未有的意义上使人们获得了"全面发展其才能的手段"。

市场经济本质上是服务经济。市场经济内在的深刻矛盾表现为利润的最大化与获取利润的手段及方式之间的对立与统一。企业为了获取最大利润，就必须为市场提供优质服务。顾客是市场的主体，为市场服务也就是为顾客服务，在我国社会主义制度下也就是为人民服务。如果说小农经济

①《马克思恩格斯选集》第1卷,北京:人民出版社1995年版,第119页。

是为自己服务，计划经济是为国家服务，那么社会主义市场经济才是真正的为人民——消费者服务。当然，服务的目的是获取最大利润，但市场经济主体的主观动机和目的并不反映经济活动的本质，反映经济活动本质的是它的实际过程及其结果。社会主义市场经济活动的实际过程是为市场主体——人民群众提供优质服务，结果是人民在这当中得到好处。因此，把改革开放和发展社会主义市场经济与倡导集体主义和为人民服务的主导性价值对立起来，是没有道理的。

当然，在改革开放和发展社会主义市场经济条件下倡导集体主义和为人民服务的主导价值，真正使之成为全社会的人们的道德价值主导方向，将会是一个长期的历史过程。我们在认识上应当做好这种思想准备，任何急于求成和操之过急的想法与做法，同样也是不正确的。但是，现在的问题是，我们想的和做的仍不够。鉴于此，在面对当前坚持集体主义和为人民服务的价值导向问题上，值得人们注意的还并非是否树立了"长期作战"的思想，而是是不是在"作战"。我们更需要的是踏踏实实地"作战"。

二、以职业道德为道德规范体系的主体价值

社会主义道德规范体系是社会主义道德国情的主流文化。在集体主义和为人民服务的主导价值的指引下，这个体系应包含四个基本层次，即国民道德、社会公德、恋爱与婚姻家庭道德、职业道德。

国民道德，在任何一个国家都是所有国民必须遵循的基本的道德要求，它调整的对象是国民与国家整体利益之间的关系，一般都写在国家的根本大法——宪法之中，既是道德规范，也是法律规范。我国的国民道德，是宪法所确认和规定的爱祖国、爱人民、爱劳动、爱科学、爱社会主义（以下简称"五爱"）。"五爱"作为我国人民必须遵循的国民道德，其形成与确认的过程大体是：新中国成立初期，中国人民政治协商会议第一届全体会议所通过的《中国人民政治协商会议共同纲领》作了这样的规

定："提倡爱祖国、爱人民、爱劳动、爱科学、爱护公共财物为中华人民共和国全体国民的公德。"1982年第五届全国人民代表大会第五次会议通过的宪法再一次规定："国家提倡爱祖国、爱人民、爱劳动、爱科学、爱社会主义的公德。"1996年中国共产党第十四届中央委员会第六次全体会议通过的《中共中央关于加强社会主义精神文明建设若干重要问题的决议》，重申把"五爱"作为社会主义道德的基本要求，并不再称"五爱"为"公德"。

社会公德，即社会公共场所道德，是人们在社会交往的公共场合里应当遵循的道德要求，所以也有人称其为场所道德和交往道德。国民遵守社会公德的状况，是看一个国家和民族社会道德风尚的基本指标。人的道德生活，大多是在社会公共场所、在彼此之间进行交往活动的过程中进行的，所以，一个人遵守社会公德的情况也是看其道德品质优劣、精神生活质量高低的基本指标。在现代社会，人们出于维护自身生存和可持续发展的需要，把环境保护与社会公德建设联系起来，因为环境状况与国民遵守社会公德的状况密切相关。由此看来，我国社会主义社会的社会公德规范要求主要应当是：文明礼貌、助人为乐、爱护公物、保护环境、遵纪守法。

恋爱与婚姻家庭道德是相关当事人应当遵循的道德要求。家庭是社会结构的最基本也是最小的单位，婚姻关系是家庭的核心。在现代社会，爱情是婚姻家庭的前提与基础，恋爱中的"谈情说爱"是培养爱情的应有过程，婚姻家庭道德还应包含恋爱道德。恋爱道德应包含相互尊重、专一、文明等道德规范要求。婚姻与家庭的道德状况如何直接关系到婚姻与家庭的稳定，也关系到社会的稳定。社会主义的婚姻家庭道德与旧中国的婚姻家庭道德有着本质的不同，它是建立在男女平等、互相尊重的基础之上的新型道德。我国社会主义的婚姻家庭道德规范，主要应当包括尊老爱幼、男女平等、夫妻和睦、勤俭持家、团结邻里等方面的内容。

职业道德作为行为规范，是所有从业人员都必须遵循的道德要求。为了实现职业的价值，即是实现自己人生的价值，因而把自己的生命力，完全贯注于自己职业之中，把职业的进步，当作自己人生的幸福，此之谓职业观念、职业道德。职业是社会分工的产物和表现形式，职业道德是随着不同职业种类、部门的出现而产生、形成和发展起来的。

中国历史上是一个小农经济和封建专制的国家，职业分工比较简单，主要有三大行业：农业、手工业、商业，再者就是国家管理人员（官吏）。由于小农经济犹如汪洋大海，占据了职业活动的绝大多数空间，除了官吏，其他行业都很不发达。官吏是国家管理人员，掌握着财政和政治大权，也掌握着文化大权，广大的农民由于受贫困的物质生活条件的制约，很难形成自己的文化，所以，中国历史上的职业道德文化，最发达的还是官吏道德，即人们通常所说的"官德"。而官吏道德又是以儒家伦理文化为主脉，其主脉是"仁政"和"德政"主张。所以，在传统的意义上，过去我们的职业道德总体上是比较落后的。"官德"之外，作为中国职业道德规范的代表的商业道德、医德、师德，调整的范围多局限于人们相互之间，一般并不具有那种社会规范意义上的性质。

新中国的职业道德研究和教育普及，时间虽不长，但发展很快。这首先表现在伦理学界出了大量的科研成果，形成了一支致力于职业道德研究和教育普及的伦理学人。其次是把职业道德教育研究与现代企业文化建设联系了起来。第三是职业道德教育进入到课堂，被列入学校教育尤其是大学教育的课程体系。第四，关于职业道德的规范要求在全社会逐渐形成了一些共识，得到党和国家的认可并作为社会主义道德建设的重要内容加以推广。

但是，从改革开放和发展社会主义市场经济的实际需要看，我们对社会主义初级阶段的职业道德要求仍然需要有一个全面系统的思考、设计和倡导。我们在这方面的工作，离我国社会主义职业道德建设的实际需要还相差很远。面对在社会主义市场经济环境中人们的职业观念和道德观念发生许多变化的新形势，我们在职业道德的研究方面，有些工作可以说还刚刚开始。

从一般的意义上看，人类的第一需要是生存。为了生存，人们不得不去劳动，为了组织各种各样的劳动，人们又不得不去进行各种各样的管理活动，所以职业活动是人类从事社会生产和社会管理的最广泛、最基本也是最重要的活动。每天熙熙攘攘、忙忙碌碌的人们，或者是为了养家糊口，或者是为了个人的发展，或者是为了社会的繁荣和进步，都在从事某一职业。职业活动中的道德风尚，不仅直接关系到职业活动的水平和质量，而且直接体现了一定社会的道德风尚，历来是衡量一定社会道德风尚的主要指标。道德对经济政治乃至整个社会的发展和文明进步所具有的重要影响，说到底主要是通过职业道德体现出来的。人们关注社会道德问题，评价社会道德现象，总是首先想到各行各业的职业道德。在任何一个历史时代，职业道德的状况总是代表着它的道德文化的主体部分。所以，自古以来，职业活动中的道德需要和道德建设就是人们普遍关注的最重要的领域，在现代社会更是这样。

从我国目前的实际情况看，职业活动中的道德问题还较多，是国人关注的焦点。在全面思考社会主义道德规范体系的设计和建设的过程中，我们应当始终注意将职业道德看成是社会主义道德规范体系的主体价值。

坚持这个主体价值，就是要在职业道德建设中，坚持用爱岗敬业及与此相关的诚实守信、办事公道、服务群众、奉献社会等教育人、培养人、管理人。

在社会主义初级阶段，只要我们坚持以集体主义和为人民服务为道德规范体系的主导价值、坚持把职业道德作为道德规范体系的主体价值，我们所建立起来的道德规范体系，就体现了社会主义的基本特征，反映了社会主义初级阶段各项事业建设与发展的客观需要。

第三节　社会主义初级阶段道德国情的价值趋向

在整个社会主义初级阶段，中国道德国情中"多元"价值观并存的现象将会长期存在，其发展和演变客观上存在着不同的价值趋向。

可能走向西方，用现代资本主义的道德价值观主导我国今后的道德国情。如果我们不重视对传统道德的批判和继承，任凭西方的道德价值观的大量涌进，甚至给予推波助澜，这种可能也将会变为现实，虽然其间还会充满矛盾和争论，并且最终要回到重新审视中华民族传统道德和在新的历史发展时期生发和发展着的新的道德价值观念上来。

可能走向传统，以传统道德统摄或主导整个社会主义初级阶段的道德国情。如果我们坚持只以传统道德作为道德教育、道德评价、道德修养的基本内容和方式，这种可能并不一定不会成为现实，但是这条路将会越走越窄。

只要认真回顾一下改革开放以来的一些情况，我们就会发现上述两种价值趋向是客观存在的。在20世纪80年代，当固有的一些道德价值观念受到改革浪潮的冲击，价值观念紊乱、行为失范渐渐地成为一种普遍的社会现象，国人纷纷发出"中国人的道德生活向何处去"的时候，不是有一些人把解决问题的希望寄托在"全盘西化"上吗？在他们看来，中国要实现现代化，就必须彻底丢掉传统，包括彻底地丢掉道德传统。

进入20世纪90年代以后，一方面，我国经济建设继续高速度地向前发展，政治建设力度也不断加大，国人的物质和文化生活的需要不断地得到满足，水平不断提高。另一方面，道德和精神生活领域里的价值观念紊乱和行为失范的现象不仅没有消减，反而愈演愈烈。那时中国人的道德和精神生活问题，让人感到似乎"没救了"，"中国人的道德生活向何处去"的问题依然存在。

在这种情势下，一些伦理学人开始大力推崇中华民族的传统道德。一时间各种关于传统道德的读本纷纷出版，各级各类学校里还开设有专门的课程，但是，这些举措并没有真正解决中国人的道德和精神生活方面的问题。就是说，这条路也是很难走得通的，因为它并不能真正反映中国社会主义初级阶段道德国情演变的客观需要和价值趋向。

可能走向中国特色社会主义，真正建设与社会主义初级阶段各方面国情、各方面建设需要相适应的道德国情，这是绝大多数有觉悟有良知的中

国人所希望实现的美好图景。

经过了20世纪80年代以来的探索，绝大多数中国人已经深刻地认识到，在改革开放和发展社会主义市场经济的现实条件下，想用传统道德来统摄道德国情的建设，没有希望；在社会主义制度下，想用西方的道德价值观来主导道德国情的建设，也违背了中国道德国情自身发展的现实逻辑；只要我们坚持走社会主义道路，就必须坚持以中国现实的道德国情为立足点和发展主线，在此基本认识的前提下实行现实与传统的结合，中国与外国的结合，走出一条新路来。

加强我们国家和民族的道德与精神文明建设，是中国共产党的一项重要任务和新中国的一项建国基本方针，也是我们的一种优势。早在1940年，毛泽东就在《新民主主义论》中指出："我们不但要把一个政治上受压迫、经济上受剥削的中国，变为一个政治上自由和经济上繁荣的中国，而且要把一个被旧文化统治因而愚昧落后的中国，变为一个被新文化统治因而文明先进的中国"①。这里所说的文化，无疑是把道德与精神文明作为主要的内容。同时，毛泽东还指出，文化建设一定要本着剔除其糟粕、吸收其精华的精神，建设起能够反映中华民族特点的新文化："中国文化应有自己的形式，这就是民族形式。民族的形式，新民主主义的内容——这就是我们今天的新文化"②。虽然，自20世纪50年代末以后的近30年内，我们的道德与精神文明建设遭受过挫折，走了弯路，但是把文化建设特别是把道德与精神文明建设作为一项建国的基本方针的思路没有变，仍然是十分清楚的。

党的十一届三中全会胜利召开以来，在历届中共中央领导集体的决策和指挥下，中国人吸收了过去道德与精神文明建设的经验和教训，坚持解放思想、实事求是的思想路线，纠正了过去"左"的错误，提出了以经济建设为中心，坚持四项基本原则，坚持改革开放的基本国策，并在此基础上逐步形成和提出了坚持物质文明和精神文明两手抓、两手都要硬的基本

①《毛泽东选集》第2卷，北京：人民出版社1991年版，第663页。
②《毛泽东选集》第2卷，北京：人民出版社1991年版，第707页。

方针。

世人完全有理由相信，在中国共产党的坚强正确的领导下，中国人一定会根据改革开放和社会主义现代化建设事业的实际需要，促使社会主义初级阶段的道德国情健康地向前发展。

第四节　中国社会主义初级阶段的道德建设

中国目前的道德国情是极为复杂的，在价值趋向上存在着多种演变的可能性，但是，这种复杂的情况又是可以认识的，多种演变的可能也是可以把握的。在这里，至关重要的问题是建设。因为，道德国情的历史演进，历来都不是自然过程，而是人的实践过程。

可以说，中国人思考自己的道德建设问题，是与改革开放、发展社会主义市场经济同步的。改革开放以来，我们一直在努力探索这一重大历史性课题。这一探索过程也包含着对探索本身的探索，为后人留下了不少探索中国道德建设的经验。

以德治国问题的提出在一定程度上表明这一探索性思维的某种成熟。

在推进社会主义现代化建设进程中，我们必须在大力推进物质文明建设的同时，积极推动社会主义的思想道德建设，这已经成为国民的共识。从目前的实际情况看，不少人对这一治国的基本方略问题的认识，还存在不同的看法。因此，推进以德治国的基本方略，仍然不可忽视解决思想认识问题。

一、提出以德治国的时代背景和现实意义

前文说过，道德根源于特定的经济关系，而经济关系及其现实的运作方式本身不仅不能自发地产生道德，而且有时会同自己所需要的道德发生对立和对抗。市场经济由于是建立在个人充分自主自由的基础之上的经济

运作方式，更需要道德，对道德提出的要求更高，而市场经济本身不仅不能自发地生产自己所迫切需要的道德，而且会自发地在对立和对抗的意义上蔑视和诋毁自己所迫切需要的道德。这种"异化"现象反映了经济发展与道德进步之间客观存在的深刻矛盾。

人类社会的任何一个历史阶段，其社会发展模式都是实行物质文明与精神文明"两条腿"走路。在这个问题上，整个20世纪80年代，我们尽管曾有过"代价论"还是"同步论"的争论，尽管几乎天天都在强调要实行物质文明与精神文明两手抓、两手都要硬的治国方略，但毋庸讳言，我们社会发展的实际模式、实际运行过程是只抓了经济建设这个中心，走的是经济体制改革的单兵突进的发展道路。

在这个过程中，人们早已普遍感到价值观念紊乱、行为失范越来越成为一个严重的社会问题，中国社会的发展缺少一种必不可少的精神凝聚力，随着改革开放和社会主义市场经济发展，并没有产生多少与那一时代相适应的新的精神食粮，而是在吃老本。就是说，自改革开放至21世纪初，中国在物质生活方面的消费是改革开放的成果，而在精神方面的消费基本上还是传统的东西。这是一种深刻的矛盾。

如果说，这种深刻的矛盾在特定的历史发展阶段，可以被一种经济建设的凝聚力和热情所掩盖或淡化，那么到了一定的时候，就会爆发，并因此而引发许多其他新的矛盾。

自改革开放至21世纪初我国的实践表明，社会主义现代化建设需要精神力量的支撑，否则改革开放和社会主义市场经济就难以得到健康的发展，单兵突进就会变成孤军深入，最终会断送改革开放和社会主义市场经济的前程。

所以，中国的改革开放和社会主义市场经济之路，走到今天这个地步，提出以德治国的问题是具有重大的现实意义的。

二、什么是以德治国

在这个问题上，应当注意克服实际存在的种种误解。一是要纠正这样的误解：将以德治国的"以"，理解为依法治国的"依"，认为以德治国就像依法治国，必须把法律看成是最高的价值标准那样，也需要把道德看成是最高的价值标准。依法治国的"依"，是依靠、依照的意思，在实行依法治国的国家里，推行的是法律至上性的价值理念，实行的是法律面前人人平等的原则，一切的人们，一切政党和社会团体，都必须在法律所规定的范围内活动。而以德治国的"以"，是用的意思，不能视道德为最高的价值标准，不能推行道德至上性的价值理念，将以德治国仅仅理解为依靠、依照道德标准来治理国家。

所谓以德治国，说到底是以德"治人"，以德"治人心"，也就是要以道德教育人、优化人，改造和提升人的人格品位，使之与社会的发展相适应，最终达到治国的目的。

如果说，依法治国是通过规范人的行为达到治国的目的的话，那么，以德治国就是通过培育人的良知良能达到治国的目的。在改革开放和发展社会主义市场经济的条件下，以德治国，或以德治人心、培育人的良知良能，就是要使人在价值观念多元化、价值选择多元化的情况下，能够自觉地淡化、克服和纠正自己不正当的私心私欲和不应有的烦躁情绪；在面临多种发展机遇的情况下能够自立自强，充分展示自己的才华，实现自己的人生价值；在面临多种诱惑和可以做坏事错事的情况下能够自爱自律，不褪色、不蜕变、不丧志；在个人与社会、集体、他人之间出现矛盾性的利益关系的时候，能够自觉地把社会、集体和他人的利益放在第一位，不做损公肥私、损人利己的缺德事。

概言之，提出以德治国，本义就是要优化人的心灵，净化社会的环境，为依法治国提供必不可少的社会心理和人格基础，促使改革开放和社会主义市场经济健康发展。

二是不可将德治等同于人治。人治究竟指的是什么？人们在理解上并不一样。有的人认为是"治"人者和被"治"者凭借其个人的智慧（包含道德智慧）和德性，参与国家和社会的治理、管理活动，此即所谓德治；有的人则认为是个人或少数人"治"多数人，这是集权和专制社会的基本特征；还有的人认为是指个人说了算，通常指的是统治者的管理方式和作风，而此种方式和作风一般是专制制度的派生物或专制观念的表现形式。

那么，我们究竟应当在什么含义上来讨论人治与德治的关系？无疑应当是在第二种含义上。在这种意义上，我们不难看出人治与德治及其"联姻"方式是与人类社会同步的，并非为中国封建社会所特有，两者共同经历了原始社会、奴隶制社会和封建社会三个发展阶段。

从根本上说，人治与德治的诞生及其"联姻"方式可以归因于历史的选择，是一种历史的必然。在原始社会，低下的生产力和低微的消费水平，客观上需要将社会生产和社会管理的决定权和指挥权集于一个或极少数的"智者"手中，"智者"组织生产和消费活动靠的是个人的智慧、道德经验（风俗习惯）和德性，这可以视作人类社会早期的人治和德治或人治和德治的萌芽。那时，"治"者"治"人既靠其"智"，也靠其"德"，德治与人治在当时具有同质的含义和功能，人治就是德治。这种情况甚至延续到奴隶制时代早期，故而有流传至今的"美德即智慧"的古希腊哲理。

到了专制的奴隶社会和封建社会，人治的性质和职能发生了不同于原始集权社会的根本性变化，它直接体现的是专制国家的政权性质（国体）与政权组织形式（政体），实际上已经不属于"治世"方略的范畴，而成了社会根本制度即专制制度的代名词——专制即人治。专制集权国家的人治与原始集权社会的人治，已经有了本质的不同。在封建专制国家，治国的一切权力归中央，中央权力归一人（天子），所谓"朕即国家""礼乐征伐自天子出"等，正是人治国家本质特征的反映。须知，这时的德治及其与人治的"联姻"关系也相应发生了变化，德治由原始社会的治世方略转而演变成治国方略，失落了当初与人治同质的性质和功能，没有也不可能随着人治的变迁而上升到国家根本制度的地位，而只是成了人治的一种工具。所以，不作具体分析地将德治与人治混为一谈，简单地认为封建专制社会的德治就是人治，在与人治同质的意义上批评传统德治，是缺乏科学态度的，也不符合封建社会的实际情况。

世界各国在专制时代都无一例外地实行过人治的根本制度，同样也都在人治之下实行过德治的治国方略。其所以如此，主要是依据专制统治者的政治和道德经验。少数人治多数人，尽管可以依据"君权神授"的说教从"天"或"神"那里找到某种根据，但这种根据在现实世界里最终会如冰之见火，显得苍白无力，统治者在力量对比之中不得不接受"水能载舟，亦能覆舟"的经验和客观真理。怎么"治"家天下？便于选择的常用工具有两种：法律（刑法）与道德。前者是"猛"，后者是"宽"，而经验又总是表明"法不责众"，道德却可以"得民心"。于是，统治者强调用道德来"治"民心，施教化，"贵绝恶于未萌，而起教于微眇，使民日迁善远罪而不自知也"[①]，以弥补人治力量的先天性匮乏，主张"为政以德""德政"就成为开明的专制统治者的首选方略。

在人治社会和国家，德治与人治的关系及其功效可以概要地表述为："治"者如何治世、治国和治世、治国如何，受其道德智慧和个人德性即是否"为政以德"、是否"己身正"的制约和影响。传统人治之所以通常带有德治的特色，炎黄二帝和后来的明君明臣之所以必然高度重视德治，大力推行"敬德保民""明德慎罚""德主刑辅"的治国方略，原因正在这里。

不论怎么说，中国传统德治的历史功绩是不应抹杀的，它使中国封建社会赢得了几度太平盛世，使当时的炎黄子孙得以休养生息。但是，问题的另一方面是，德治既是一种策略，就既可用，也可不用。所以，中国历史上的专制国家虽然历朝历代无一例外地都实行了人治，但没有同时实行德治，并由此而造成民不聊生的"荒政""苛政"的情况，也并不鲜见。如果我们不是从国体和政体的意义上来认识专制国家的人治的本质，从经

[①]《汉书·贾谊传》。

验和策略的意义上来理解德治及其对于人治的依赖关系，而是将德治与人治看成是一回事，以为德治就是人治，当如何来解释这一历史现象？

人治适应的是特定历史发展阶段在治世治国问题上的客观需要，而德治反映的则是一种治世治国的普遍法则。这是德治与人治的又一重要区别。

在不发达和欠文明的社会里，人治是不可避免的历史过程。封建专制社会的人治发展到极致，最为完备，也最终走向了自己的反面，对此今人不应当进行刻意的指责。封建国家只能选择人治，不可能选择民主。时下有些人批评传统中国的人治，常用"民主政治"加以鞭笞，用意虽好，但未免显得苛求古人了。

德治之"德"的产生根源，自然是人类社会特定历史发展阶段的经济基础，但其"治"则是作为普遍实用法则存在。所以，尽管在人类社会不同的历史发展阶段，存在着由不同的经济基础派生的不同道德，德治的具体内涵也因此而不一样，但德治作为一种治世治国的普遍法则，却具有永恒的价值，适用于一切社会，只不过在原始集权社会，和将来无阶级、无国家的大同社会不具有治国的意义罢了。

资本主义国家的经济与政治结构，从根本上改变了封建统治的人治基础，实行法治成为一种历史必然趋势。但是，资产阶级并没有因此忽视传统德治对于治国的意义，相反，却始终注意在法治之下对全社会进行道德价值观引导；同时利用宗教的伦理精神慰藉和梳理人的灵魂，这是一种人所共知的事实。有些人由于将出现在封建专制社会的德治归结为人治，将德治与人治看成是一回事，因此认为资本主义社会的法治，是对于封建专制社会的人治所进行的历史性否定，也是对德治的否定；进而否定社会主义社会实行德治的必要性，这实在是一种以讹传讹的历史性误解。

实际上，任何社会的治理，都离不开政治、法律、道德等多方面功能的发挥。在社会主义国家，我们犹如可以实行有别于资本主义的市场经济一样，也可以实行有别于封建社会的德治。

由此看来，在人类社会历史发展的长河中，可以实行两种不同性质的德治，一种与人治形影相随，另一种与法治相辅相成。后一种在内涵和形式上，又存在着资本主义的德治与社会主义的德治的差别。

三是作为一种道德国情，要弄明白中国古人是怎样理解以德治国的，或者说中国传统的以德治国是什么意思。作为一个独立的概念，中国古代政治和伦理思想史上并没有出现过"德治"，只出现过"德政""仁政"，所谓"德治"是后人概括中国传统的政治与道德国情提出来的。1984年黑龙江人民出版社出版的《伦理学知识手册》首次将"德治"列入词条，并根据孔子所说的"道之以政，齐之以刑，民免而无耻。道之以德，齐之以礼，有耻且格"①，对"德治"作了这样的解释："儒家的政治思想……主张用伦理道德来治理国家，统治人民"。这种解释在我国伦理学界乃至整个学界比较通行，但它实际上却偏离了传统"德治"的本义。

应当怎样理解孔子的"道之以政，齐之以刑，民免而无耻。道之以德，齐之以礼，有耻且格"，一要看到，孔子所说的"礼"，有礼意、礼仪、礼制、礼法之义，不独指道德。孔子所说的"道"，在著名的儒学研究大师杨伯峻先生看来亦可作"引导""引诱"解，因此，所谓"道之以德，齐之以礼，有耻且格"，也可作"用道德来诱导他们，使用礼教来整顿他们，人民不但有廉耻之心，而且人心归服"之解。二要看到，在"道之以政，齐之以刑，民免而无耻。道之以德，齐之以礼，有耻且格"这个著名观点中，孔子的思维逻辑显然是要将"政—刑"之治与"德—礼"之治作一比较，其个人主张究竟如何并未明确提出，而后人的解释多认定他是反对"政—刑"之治而主张"德治"的，即用伦理道德来治理国家，统治人民，这就未免有些主观随意了。三要注意，从孔子的一贯思想看，他是崇尚和主张"仁本礼用"的，在治国之术上从来不是只讲仁义道德而不讲政治的典章制度，这也体现了中国古代统治者治国的基本做法和经验。

由此推论，所谓"道之以德，齐之以礼"，实则为"德—礼"之治，即"道德—典章制度"之治，主张将道德与政治的典章制度结合起来实行对人民的统治。这才应当是传统"德治"的本义。所以，认为"德治"仅

---

① 《论语·为政》。

仅是主张用伦理道德来治理国家，统治人民，并不符合孔子的原意，与中国封建社会的历史的实际进程也是相悖的。试想：中国封建统治者如果不是凭借专制政治和残酷刑法，而只依靠道德，能够维持几千年的稳定，并且还曾赢得几度繁荣吗？中国封建社会从来没有出现过只讲"德治"而不讲专制和刑法，或以讲"德治"为主而以讲专制和刑法为辅的历史发展阶段。

三、关于"法治至上性"的问题

在实行依法治国的环境里，必须推行法律至上性的价值理念，但不能因此而认为法治也是至上的，甚至认为法治必须在所谓的"党治"之上而不能在"党治"之下。因为总的来说，"法律至上性"与所谓的"法治至上性"是两种不同的至上性。前者强调的是在实行法治的历史环境中，法律必须具有绝对的权威；而所谓"法治至上性"，顾名思义，是强调法治在一切"治"中必须占有绝对的领导地位。

从理论和经验上来分析，"法治"不可能是"至上"的。首先，依法治国是一种治国的基本方略，在这种治国的基本方略之上，还有国体和政体。

其次，我们在讨论中国法治的时候需要明确它所称谓的是社会主义法治，实行依法治国是人民建设社会主义现代化国家的一个手段。既然如此，中国的法治就必须置于中国共产党的领导之下，因为中国共产党是社会主义中国的执政党，是人民利益的根本代表。《中国共产党章程》规定："中国共产党是中国工人阶级的先锋队，同时是中国人民和中华民族的先锋队，是中国特色社会主义事业的领导核心。"党的宗旨和性质决定了其对社会主义各项事业，包括社会主义法治负有不可推卸也是不应动摇的领导责任。

再说，中国共产党对于我国法治的领导地位也是中国实现依法治国的题中之义。否定中国共产党对社会主义法治的领导地位，是违背宪法规定的。

诚然，在党的历史上，确曾出现过以党代政和以党代法的情况，这种情况在今天的一些地方和部门也不是绝无仅有。但是，党的十一届三中全会以来，党在领导中国改革开放和社会主义现代化建设事业的过程中，丰富了自己的领导思想和经验。我们不应以某些地方和部门仍然存在的以党代法和以党代政的现象，就从整体和根本上否定党对依法治国的领导。在今天，坚持党对实行依法治国的领导，就是要坚持用马克思列宁主义、毛泽东思想、邓小平理论、"三个代表"重要思想、科学发展观、习近平新时代中国特色社会主义思想对法治建设和依法治国的指导，也就是要用马克思列宁主义、毛泽东思想、邓小平理论、"三个代表"重要思想、科学发展观、习近平新时代中国特色社会主义思想武装广大人民群众，指导和制约法律的制定与执行，使之与社会主义制度相一致，与人民的根本利益相一致。这也是中国特色社会主义法治与资本主义法治的一个重要区别。

总之，由"法律至上性"而推论出"法治至上性"，实际上是否认中国共产党在中国特色社会主义事业中的核心领导地位；在实行依法治国的历史条件下是否坚持中国共产党的领导，实际上是一个是否实行社会主义法治、坚持走社会主义道路的根本问题。

四、正确看待德治与法治的关系

围绕这两者的关系，中国学界已经有了数不清的文章。总的来看，以德治国与依法治国不仅不是矛盾和对立的，而且是相辅相成、相得益彰的，在治国这一点上，两者是完全一致的。

在传统的意义上，中国古人在推行以德治国的同时，也高度重视以法（刑法）治国。儒家关于德治的主张并不一般地反对封建社会的法（刑法）。从《论语》中说"刑"与"刑罚"的意思看，孔子对"刑"是给予肯定的，他甚至曾将此作为区分"君子"与"小人"的一个标准："君子

怀德，小人怀土；君子怀刑，小人怀惠"①。这种思想对后世产生深远影响。

依法治国的关键是"依法"，一切的法律都是要靠人来"依"的，而人是否"依法"并不取决于所"依"的是什么样的法，也不取决于人懂得多少法律知识，而是"依者"是什么样的人。人之所以能够"依法"，取决于他所具备的综合素质。

在人的综合素质结构中，居于核心地位、起着主导作用的部分是人的德性，具体来说就是人的良心和道德责任感。这是因为，人的一切思想和行动，在主观上都有一个关于是非善恶的价值判断和选择问题，在客观上都存在一个关于是非善恶的价值效应和评价问题，从而使人的思想和行动具有是非善恶的价值倾向。因此，关于人的思想和行动的判断和选择及其客观效应，主要不属于知识范畴，而属于价值范畴。良心和道德责任感正是这样的基本价值尺度，它以主体内在自律的方式从主客观两个方面制约和影响着人的思想和行动。良心和道德责任感对于人是否"依法"的制约和影响，自然也是这样。

人能否依法，对立法、司法、执法，乃至法学理论、法律价值观念和法律制度的形成、创新和发展，历来都具有举足轻重的影响。首先，道德是立法活动的必然和必要的前提与基础，因为关于立法、司法、执法和法学理论、法律制度的建设活动，都不可避免地包含着关于道德价值的思考和追求，这是一切立法机构和法律、法学工作者从事正常职业活动的必然、必要的前提和基础。

其次，法律工作者的道德良知是其司法、执法的心理基础。法治国家的主体是人民，但实际操作离不开知法的立法者、司法者和执法者。

因此，中国建设社会主义法治国家的进程必须以德治为基础，必须包含德治，必须同时是德治。

---

① 《论语·里仁》。

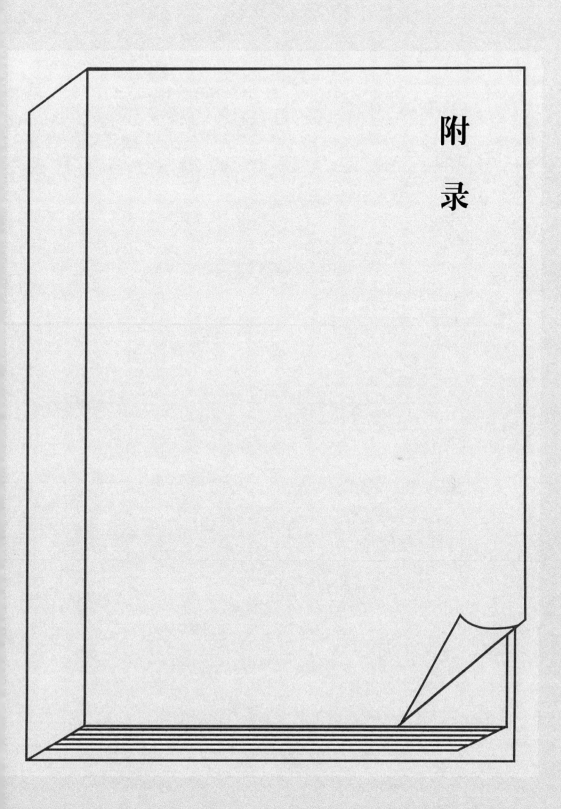

附

录

论我国社会主义初级阶段的道德国情*

国情是一个综合概念，反映一个国家经济、政治、文化教育、道德等方面的情况。道德国情是国情的重要组成部分。包含一个国家的国民普遍的道德心理和道德价值观念，社会道德教育的内容，社会道德评价活动方式及其舆论环境和传统习俗，社会的道德风尚和人的精神状态，以及由规范的文字文化表达、阐述和传播的道德行为准则、道德理论和伦理思维方式，等等。如同正确认识和把握国情是建设中国特色社会主义事业的首要问题要一样，正确认识和把握社会主义初级阶段的道德国情，是加强社会主义初级阶段道德建设的先决条件。

一个国家的道德国情，是在该国特定的经济政治结构的基础上，经过文化教育制度及其活动的长期浸润和影响而逐步形成的。恩格斯说："人们自觉地或不自觉地，归根到底总是从他们阶级地位所依据的实际关系中——从他们进行生产和交换的经济关系中，获得自己的伦理观念。"①就是说，经济制度是道德产生和发展的根源和原初推动力。建立在经济制度基础之上的政治制度和法律制度，以国家的力量使道德在特定的历史时代得到应有的"社会地位"，获得确认，获得其在发展与进步的过程中必不可少的后续推动力（如提出道德准则、道德进步的社会主导方向，道德建

＊原载《道德与文明》1998年第2期。

①《马克思恩格斯选集》第3卷，北京：人民出版社1995年版，第434页。

设的基本方针和保障监督机制等），因此政治制度和法律制度是道德发展与进步的根本保障。而文化和教育及其制度活动则使道德获得必要的"社会加工"和"社会传播"，使其由根源意义上的"伦理观念"和确认意义上的"国家形式"转化为社会意识形式（如宣扬道德准则、道德价值的社会主导方向、涉及和组织道德教育的内容、道德评价的方式和途径等），并使道德由社会意识形式转化为国民普遍的道德心理和价值观念，最终使道德以主体行为的活动方式发挥其应有的社会作用。一个社会的道德国情，就是在这样的社会系统工程中形成、发展，表现其综合状态和发展方向的。道德，由于其作为历史的价值形式具有"继承性"，总是顽强地以社会的价值意识和个体的价值心理的形式将其"根须"伸展到现实社会中，而作为现实的价值形式又总是扎根于现实的土壤，以"新"的伦理观念蔓延和活跃在人们的心理活动中，并与由历史延伸下来的价值意识和心理发生矛盾、冲突和磨合。所以，在一定的社会里，道德国情总是由历史与现实两种价值形式构成的，总是从历史与现实两个方面影响着现实社会的经济、政治、文化乃至道德本身的建设和发展。由此观之，考察一个国家的道德国情必须从历史道德和现实道德两个不同视角并将两者联系起来进行。

正因如此，我国社会主义初级阶段的道德国情有着不同于当代世界其他民族道德国情的特定内涵。众所周知，中国几千年封建社会基本的经济制度是自给自足的自然经济，生产和交换以一家一户的方式进行，这种普遍分散、汪洋大海的生产方式是中华民族传统道德之根。可以从两个方面来分析这种"实际关系"对中国人伦理观念产生的影响。一方面，由于最广大的小生产者是直接处身于"实际关系"的主体，所以自给自足的自然经济对中国人伦理道德观念的直接影响主要是在"平民阶层"。这种影响是双重的：一方面造就了中国平民阶层自力更生、艰苦奋斗的优良品性，同时也形成了他们不思进取、漠视集体、自私自利的不良品行。另一方面，与普遍分散、汪洋大海式的自然经济相适应的是封建专制政治，由于官僚阶级是"实际关系"中实际上的主人，经济上在主导方面享有对生产资料和产品的实际占有权和支配权，政治上享有对整个国家实行控制和主宰的特权，所以根源于自给自足的自然经济的伦理道德观念，在中国封建官僚阶层中的实际影响也是双重的：一方面造就了中国官僚阶层尊重和服从封建社会整体效应的心理趋向，同也形成了他们漠视平民阶层的个人利益和价值的不良品性。就是说，从历史上来看，不论是"平民道德"还是"官僚道德"都具有两面性，整体上都含有两种不同的价值趋向，即尊重和服从社会整体利益和需要而又漠视个人利益和需要的"整体主义"，重视个人利益和需要而又漠视整体利益和需要的自私自利思想。这就是我国传统道德特定内涵的基本情况。事实证明，在今天，这两种不同的道德价值取向都仍然在发挥着"继承性"的作用。过去，关于"中国的事情难办"有一种"一统就死，一放就乱"的说法，从伦理思维方式来看正是民族传统道德的这种特殊的价值心理的反映。由于体现中国传统道德文化主流的儒家道德文化实质是"官方道德"，儒家道德文化教育所产生的影响过去主要是在官僚阶层而今天已经影响到全社会，在人民革命战争年代对于斗争的需要我们更多的是强调服从整体需要和利益；由于我国是农业大国，生产力落后，农业生产至今仍采用"家庭联产承包责任制"，生产和交换过程中的"实际关系"还没有摆脱一家一户的传统方式，产生传统意义上的"平民道德"的温床实际上还广泛地存在着，所以，在审视今天的道德国情时，对中国传统道德中所包含的漠视个人价值和利益的所谓"整体主义"和漠视社会整体需要的自私自利思想，都应当给予特别的注意。

我国正处在社会主义初级阶段，我们是在对外开放中进行各项社会主义事业的。改革开放以来的变化表明，国民在这种开放环境和生产与交换的"经济关系"中，已经获得和正在获得许多不同于传统道德的"新"的伦理道德观念，其中既有进步因素，也有落后因素；与此同时，西方现代资本主义道德文明也随着改革开放大量涌了进来，其中同样优劣因素也有。前者如在生产经营的中能够树立真正当家作主的主人翁意识，与此相关的"我为人人，人人为我"的为人民服务意识和集体主义精神，以及尊重个人利益和价值、崇尚公平和竞争的平等观念等。后者如以个人为中心的个人主义、金钱至上的拜金主义、贪图个人享受的享乐主义等。这表明，根源于社会主义初级阶段的基本经济制度的"新"道德观念与历史上的情况一样，也具有两种不同的价值趋向，对于现实社会的经济、政治、文化和人们的道德生活同样具有两种不同的影响。值得注意的是，从目前的实际情况来看，传统道德中的优劣因素与现实社会中的优劣因素之间的多种磨合、混淆与矛盾同时存在，纠葛难辨，由此而导致人们在当前的道德生活中时常感到无所适从，道德失范、道德无序现象的大量存在。比如，如何在倡导尊重集体利益的同时又能尊重个人利益，把尊重集体利益与尊重个人利益结合起来，如何在尊重个人利益与价值的同时又能使人们自觉抵制自私自利和个人主义思想的侵蚀，如何在发展社会主义市场经济的历史推进下，防止我国传统的自私自利的小农意识与西方系统的个人主义价值观之间的磨合，等等。这些都是由道德国情提出来的重大理论和实践问题，都需要我们认真分析和研究，逐步加以解决。

这就是我国社会主义初级阶段的道德国情。它使我们当前的道德建设面临这样的现实：一方面要认真地继承和发扬中华民族的优良道德传统，吸收改革开放和发展社会主义市场经济所带来的"新"的道德观念中的进步因素，另一方面，又必须高度重视"封建主义、资本主义腐朽思想和小生产习惯势力在社会上还有广泛影响。"

依据社会主义初级阶段的道德国情，要反对和克服过去在"左"的思想影响下那种脱离道德国情实际，脱离广大人民群众实际的道德觉悟，简单地从马克思主义关于未来共产主义社会的道德原则和理想目标出发，人为"拔高"道德要求的思维方式。同时，要坚持社会主义道德的主导方向，以马克思列宁主义、毛泽东思想、邓小平理论、"三个代表"重要思想、科学发展观和习近平新时代中国特色社会主义思想为指导，大力弘扬爱国主义、集体主义、社会主义和艰苦创业精神。而且要看到，社会主义初级阶段是一个相当长的历史过程，道德建设必须树立长期作战的思想准备。

中国传统道德的制度化特质及其意义*

　　制度的本质在于它的约束性，任何具有约束特性的规范或准则都必须同时是制度，或必须同时以其他制度作可靠保障。道德，不论是从社会规范还是从个人素质看本质上都是一种"约束"——社会约束和自我约束，我国学界对此虽然有不同的声音但实际上并没有多大的分歧，分歧在于道德的"约束"是不是一种制度，或应不应该是一种制度。长期以来人们普遍地认为，道德约束只是一种精神性、自律性的约束，只愿在"社会舆论""传统习惯""内心信念"的意义上谈道德问题，将道德定义为自律性的"社会规范"，或一种"精神约束"，不赞成将道德与制度联系起来。在我看来，这种似乎无须争辩的看法实际上是一种根深蒂固的偏见，它的产生与对中国传统道德的特点及其真实情况缺乏了解不无关系。中华民族"以德治国"的传统源远流长，道德在社会调控系统中一直起着主要"调节器"的作用。其所以如此，固然与其在几千年的历史流变中形成的注重人的自觉、自律的特点有关，但与其同时形成的制度化特质也密切相关。在道德价值观念存在混乱、行为存在失范的今天，认真分析和研究中国传统道德的制度化特质，对于加强道德建设是很有现实意义的。

＊原载《安徽农业大学学报》(社会科学版)2000年第2期。

一

中国传统道德制度化特征集中表现在"礼"的制度化。

在中国历史上，"礼"是关于政治、法律、道德等方面的"一系列约束"，约束之旨归在立"序"存"差"。在古人看来，"道德仁义，非礼不成；教训正俗，非礼不备；分争辩讼，非礼不决；君臣、上下、父子、兄弟，非礼不定；宦学事师，非礼不亲；班朝治君、莅官行法，非礼威严不行；祷祠祭祀、供给鬼神，非礼不成不庄"①。"礼"具有"经国家，定社稷，序人民，利后嗣者"②的社会功用，只有行"礼"，才可以形成和保持国家的稳定和发展所需要的秩序、次序。因此，"礼"作为今人所说的"社会调节器"，被古人尊为"经天地、理人伦"之本，其社会价值至高无上。

一种社会"约束"是不是制度，首先要看其制定和实行的主体是不是国家，看道德约束也应如此。中国传统道德的"礼"，自始至终都是由国家颁布和实行的。"礼"创建于周代，周公总结了夏商特别是商的历史经验，采用了"明德慎罚"的治国方略，并据此制定了礼乐制度，对国家实行礼治，因而时有"礼仪三百，威仪三千"之说。周以后，孔、孟等相继提出的忠、恕、孝、仁、义、信、敬、诚、慈、悌、恭、俭、让、智、勇等，都是道德约束即道德规范和要求，多被历代的统治者逐渐地用制度的形式加以确认和规定，颁布于天下。

在中国古人看来，"礼"与法就具有质的同一性，而且"礼"先于法，比法更重要。荀子说："礼义生而制法度"③，"礼者，法之枢也"④。《明史·刑法志》对这种历史现象作过这样的评价："历代之律，皆以汉《九章》为宗，至唐始集其成。"据中国法学思想史学界称，汉《九章》之律

---

① 《礼记·曲礼》。
② 《左传·隐公十一年》。
③ 《荀子·性恶》。
④ 《荀子·王霸》。

已经失传，但从有关资料看汉律在宗旨上体现作为伦理道德的"礼"特别是"三纲五常"是没有问题的。著名的《唐律》明确地将"三纲五常"的伦理蕴涵作了诸多的规定，使之具有浓厚的法律制度色彩，即所谓唐律"一准乎礼"。此后历代这种传统精神不仅没有改变，而且各代律典体现"三纲"的原则精神更全面、具体。顺便指出，这类用法律形式确认的道德规范，既是法律规范又是道德规范。不仅如此，自先秦始法律还没有对违背道德规范的非道德行为进行惩罚的制度——用法律形式规定的"非道德规范"制度。自汉代董仲舒将"三纲"政治化、贾谊主张将"三纲"入律始，这类用法律的文字形式规定的"非道德规范"制度在封建社会的法典中就更是屡见不鲜。正因为如此，在中国历史上，人们发生道德方面的问题常常是用法律的形式解决的。

二

中国传统道德中除了如上所说由国家制定和颁布实行的"道德制度"以外，还有许多约定俗成的"道德制度"，通常称为"规""约"或"训"。它们多由名臣或儒学大家根据国家的"道德制度"演绎而来，在实际的社会生活中起着"道德制度"的作用。

"规""约"之类甚多，最常见的是"乡规"和"学规"。"乡规"是从伦理道德上调节乡里、邻里之间的利益关系的制度性规定，一般都很具体很严格。如由北宋吕氏大忠、大钧两兄弟提出后经朱熹修改而流传甚广的《吕氏乡约》，就有这样的规定："凡乡之约四：一曰德业相劝，二曰过失相规，三曰礼俗相交，四曰患难相恤。众推一人有齿德者为约正，有学行者二人副之。约中月轮一人为直月（约正副不与）。置三籍，凡愿入约者书于一籍；德业可劝者书于一籍；过失可规者书于一籍，直月掌之，月终，则以告于约正，而授于其次"。四项规定又各有其子项规定，如"道德相劝"的"德"，就又有如下的规定："见善必行，闻过必改，能治其身，能治其家，能事父兄，能教子弟，能御童仆，能肃政教，能事长上"①，等等。这类规定，其修饰词一般都用"必（须）"而不用"应（当）"，其制度特质显而易见。

"学规"是关于学校道德教育的制度。教师传经讲究按"规"行事，明确而又严格，信奉所谓"严师出高徒"。在这方面，朱熹亲自制订的《白鹿洞书院学规》最为典型：

父子有亲，君臣有义，夫妇有别，长幼有序，朋友有信。

右五教之目，尧舜使契为司徒，敬敷五教，即此是也。学者，学此而已。而其所以学之之序，亦有五焉，其别如左：

博学之，审问之，慎思之，明辨之，笃行之。

右为学之序，学问思辨，四者，所以穷理也，若夫笃行之事，则自修身以至于处事、接物，亦各有要，其别如左：

言忠信、行笃敬，惩忿窒欲，迁善改过。

右修身之要。

正其谊，不谋其利；明其道，不计其功。

右处事之要。

己所不欲，勿施于人；行有不得，反求诸己。

右接物之要。……

明代的国子监立有"监规"，刻在"卧碑"上立于学宫。规定学生必须站立听讲，如有疑问必须跪着听讲；并且绝对禁止学生对社会上人和事有所批评，绝对禁止学生进行任何形式的组织活动。有条"监规"是这样规定的："在学生员，当以孝悌忠信礼为本，必须隆师亲友，养成忠厚之心，以为他日之用。敢有毁辱师长及生事告讦者，即系干名犯义，有伤风化，顶将犯人杖一百，发云南地面充军。"明代有些地方学校也有此类的规定，都十分的严厉：

一、州府县生员有大事干己者，许父见陈诉。非大事，毋轻至公门。

二、一切军民利病，农工商贾皆可言之，惟生员不许建言。

---

①《吕氏乡约》。

三、生员听师讲说，毋持己长，妄行辩难，或置之不问①。

清顺治九年又刻新碑，共七条，其中有四条是这样规定的：

生员当立志学为忠臣清官。

生员……凡有司官衙，不可轻入。即有切己之事，只许家人代告，不许干与他人词讼，他人亦不许牵连生员作证。

军民一切利病，不许生员上书陈言。如有一言建白，以违制论，黜革治罪。

生员不许纠党多人，立盟结社，把持官府，武断乡曲②。

作为调节家庭成员之间的制度性的道德规范和要求，有各种各样的"家训"。历史上的中国是一种以家庭为本位、家国一体的社会结构模式，十分重视"教家立范""提携子孙"，这是中国传统道德的一大特色。家训都是训教家庭成员特别是子孙后代的"至理名言"，核心是儒家的"仁民爱物"思想；在实施过程中注重率先垂范、情法并用、奖惩结合。为了惩戒，使"至理名言"行之有效，许多人家还设有"家法"，一般是用竹片做的，专门用来惩治违背家训的子孙，也有用来责打违规的奴仆的。有鉴于此，笔者将"家训"看成是一种关于家庭道德教育的"道德制度"。

中国历史上的"家训"名目繁多，一般人家的"家训"是世代相传的经验，唯有君王和名臣、儒学学者等名门望族才立有成文的家训。君王的家训中要以一些开国者所立最有价值。开国君王一般都比较有朝气、有远见，他们从王朝永久不衰考虑，不仅能够做到严于律己，而且对后代都有极为严格的要求，其共同的特点都是道德方面的做人与治国。周公佐武王伐纣灭商大功告成后，因成王年幼而摄政。他在长子代其受封于鲁时对他作了这样的训诫：

我文王之子，武王之弟，成王之叔父，我于天下亦不贱矣。然我一沐三捉发，一饭三吐哺，起以待士，犹恐失天下之贤人。子之鲁，慎无以国

---

① 转引自毛礼锐、瞿菊农、邵鹤亭：《中国古代教育史》，北京：人民教育出版社1983年版，第369页。

② 《大清会典·学校典》。

骄人[①]。

德行广大而守以恭者荣，土地博裕而守以险者安，禄位尊盛而守以卑者贵，人众兵强而守以畏者胜，聪明睿智而守以愚者益，博闻多记而守以浅者广。去矣，其勿以鲁国骄士矣[②]。

这两段训子之辞的意思是说：我是文王的儿子，武王的弟弟，成王的叔父，我的地位在天下也不低了。然而我却仍在沐浴时多次握住头发、吃饭时多次吐出口中的食物，起身接待士，这样做是因为我恐怕失去天下的贤人。你去鲁国，一定不要因为是国君而对人骄傲。(作为一名国君)德行广大而能保持恭俭，必然荣盛；土地辽阔、物产富饶而能守住险要，可保安全；官高禄厚、地位尊贵而能谦卑自守的人品德高贵；人口众多、兵力强大而能保持戒备，就会胜利；大智若愚者知识增加会更多；博闻强记而能自视浅薄者，会获得更加广博的知识。你去吧，千万别因拥有鲁国而对士骄傲。《史记·鲁周公世家》有这样的记载："自汤至于帝乙，无不率祀明德，帝无不配天者。在今后嗣王纣诞淫厥佚，不顾天及民之从也。"意思是说：从商汤到帝乙，商代没有一个帝王不遵奉美德，也没有一个因失去天道而不能与天相配。但到了商的最后一个帝王纣，却荒淫骄佚，从不顾念顺从天命与民心。后来，像曹操的"不但不私臣吏，儿子亦不欲有所私"，刘备的"勿以恶小而为之，勿以善小而不为"，"惟贤惟德，能服于人"等，都是开国君王训诫后代的著名"家训"。

中国历史上最有影响的"家训"还是名臣名儒的家训，其中又以南北朝时期的颜之推的家训最为著称，以《颜氏家训》流传至今。颜之推在其《家训》中自誉"吾家风教，素为整密"，其言并不为过，因为其家训所涉及的内容全面又精到。此处我们不妨摘引一段关于训诫儿子的：

吾见世间，无教而有爱，每不能然。饮食运为，恣其所欲。宜诫翻奖，应诃反笑。至有识知，谓法当尔。骄慢已习，方复制之，捶挞至死而无威，忿怒日隆而增怨，逮于成长，终为败德。孔子云："少成若天性，

①《史记·鲁周公世家》。
②《戒子通录》。

习惯如自然。"是也。俗语曰："教妇初来，教儿婴孩。"诚哉斯语。

这段训辞的大意是："我看到世上有些父母对子女不加教育而溺爱，却常常不以为然。不论饮食言行，放纵他们的欲望，本来应该告诫的反而给予奖励，本来应该斥责的反而加赞赏。等到孩子长大到知事识理的年龄时，以为应该这样。直到骄横傲慢已经形成习惯，再来制止，即使把他打死，也没有什么威力了。忿怒渐渐增长而怨恨也会随之增加。待到长大成人，终于还是道德败坏。孔子说过：'年幼时养成的习惯，就像天生的一般；长期形成的习惯，好像本来就如此。'就是这个道理。俗语也说过：'教育媳妇要从刚过门时开始，教育子女要从婴儿时就开始。'这话很正确。"

除了"乡规""乡约""家训"之外，中国历史上还有许多制度性的道德要求，如为妇之道有要求贯彻"三从四德"的《女儿经》，为童之道有《小儿语》《三字经》《弟子规》等，本文由于受篇幅所限不再引用和分析。

"规""约""训"作为民间的"道德制度"，是对作为国家"大礼"的"道德制度"的分解与贯彻，不如"礼"的规范和严密，惩戒方式也不如国家之"礼"那样严酷。但是从以上举例看，其内容本身就是"一系列约束"，其价值趋向和贯彻方式都是"必须"的指令与劝诫，而不仅仅是"应当"的指导和劝说，因此其制度特质也是毋庸置疑的。

三

从以上简要的分析与考察可以看出，历史上的中国是一个注重"礼制"的国家，所谓"以德治国"也是"以礼治国"；"以德治国"的中国实际上也是以"礼"即以"道德制度"治国，其中也包含依法治国。

何以要如此？古人有许多精彩的哲学证明。如荀子说："礼起于何也？曰：人生而有欲，欲而不得，则不能无求，求而无度量分界，则不能不争，争则乱，乱则穷。先王恶其乱也，故制礼义以分之，以养人之欲，给人之求。"①宋代，程朱理学兴起。理学用"理"和"性"解说"三纲五常"："宇宙之间，一理而已。天得之而为天，地得之而为地。而凡生于天地之间者，又各得之以为性，其张之为三纲，其纪之为五常。"②古人是从哲学本体论的意义上加以论证的，虽然并不科学，但是在指说立"礼""三纲五常"等的必然性、必要性和重要性这一点上，还是值得今人重视的。

用"礼""规""训""经"之类的制度形式来规范和约束人们的道德行为，必然使整个社会的道德生活处在一种制度调控的系统中，保证了国家、社会、社区和家庭的稳定与发展。这是中国传统道德一个最为突出的特点，也是中国封建社会道德建设的一条重要的经验。当然，作为"道德制度"，中国传统道德中有不少不合理的成分，但那是历史和阶级的局限。但是，今人如果不带有"制度意识"去对"道德制度"进行接受和理解，就不可能真正认识和把握中华民族传统道德的特定内涵，学习、研究、批判和继承中华民族传统道德就难免带有很大的盲目性。

我们可以从三个方面来认识和理解中国传统道德制度特质的历史与现实的意义。

首先，它把以孔孟为代表的儒家的伦理价值观念和历代统治者以此为据而制定的道德规范之"虚"变成制度之"实"，把"精神约束"变成"制度约束"。就内在结构看，道德在社会的形态上是一种普遍的价值观念和行为准则，在个体品德结构中是一种稳定的情感和信念。道德对社会风气、风尚的影响，对人们品德和行为的指导和支配，说到底是凭借其特有的价值观念、行为准则和人的情感和信念起作用的。也许正因为如此，伦理学界乃至更多的人在关于道德建设问题上，注重道德的感化、规劝和诱导，而不重视它的制度建设，这是一种影响既广泛又深刻的偏见。事实上，道德的传播与道德的继承，从来都离不开道德自身及道德之外的制度约束作用。中华民族传统道德的制度特质，从根本上解决了这个问题。然

①《荀子·礼论》。
②《朱文公文集》卷七。

而不知从何时起，我们把道德与制度完全地脱离开来。不仅把道德解释为一种仅仅依靠社会奥论、传统习惯和内心信念来调节人们行为的准则，而且对遵循道德的行为和违背道德的行为，也都没有制度性的表扬和纠正措施，充其量只是进行精神性的表扬或批评，对于表扬或批评也很少有制度性的规定。不得不说，这是今人在伦理思维方式上存在的一个缺陷。

其次，正因为道德具备了制度化的特质，社会的道德规范才具备了与法律规范和行政准则"联姻"、参与社会综合治理的"社会资格"，并同时获得了最可靠的"社会保障"。将道德规范和要求用制度的形式加以确认，使之具备了制度的特质，道德就必然与法律、行政的准则与规范联系了起来，成为参与社会综合治理的重要力量，真正发挥它的社会功能。正是在这个意义上，近代学者张之洞认为，纲常名教乃"法律本源"。因为"君为臣纲，父为子纲，夫为妻纲"是"不变"的"天道"，假如人人都有自主权，必定是"子不从父，弟不尊师，妇不从夫，贱不服贵"，这样就会政局不稳，天下大乱。当然，张之洞的见解只是对将"三纲"之"礼"实行制度化、法律化的中国历史所作的客观描述，并没有也不可能做出具体、科学的分析，因此失之偏颇自不待说。但他注重道德与法律"联姻"的思想，确实揭示了中华民族道德的制度特质，是很值得我们注意的。

第三，将道德规范和要求用制度的形式加以确认、规定，便于国家对"庶人"进行"教化"，便于"庶人"进行"自化"。在中国历史上，几乎所有的道德教育内容和道德教育方式，都与"规矩"相关，都用制度的形式加以确认，这给教育者实施教育以很大的方便，也给受教育者接受教育、将道德知识转化为道德情感和道德信念以很大的方便。就是说，道德规范和要求一旦变成特定的制度即道德制度，那么在教与学方面，都会便于人们操作。今天不少中国人常常羡慕西方一些国家良好的道德风尚，殊不知在那些国家里许多道德问题都是以制度和法律来规定和加以解决的，那里是"道德制度化""道德法律化"的国度。

新中国成立后，特别是改革开放以来，我国在道德建设上取得了可喜的成绩，道德建设对于形成良好的道德风尚，提高国民的道德素质发挥了重要的作用。但是，应当看到，我们的道德建设与社会发展的实际需要还不完全相称。改变这种状况的根本办法，就在于要对适应改革开放和社会主义现代化建设需要的道德、价值观念，特别是要对那些影响全局的主导性的基本的道德价值观念进行"制度性"的"社会加工"，使之由"精神硬件"成为"道德制度"。

当代中国社会的"次道德"与"亚道德"问题*

20世纪90年代以来,"次道德"与"亚道德"现象在中国伦理学界引起一些人的关注,但更多的人则因其不是主流道德,对此采取不以为然的态度,不愿肯定其间的合理性和道德价值,进行深入的探究。

在我看来,"次道德"和"亚道德"是古来有之的普遍现象,其存在的合理性和道德价值是毋庸置疑的。开展对"次道德"和"亚道德"的合理性及其道德价值的研究,有助于加强和改善我国法治和道德建设,是中国伦理学不应回避的一个现实课题。本文试就此发表一些粗浅的看法,意在引起学界更多同行对这一问题的关注。

一、"次道德"种种及其合理性

案例一:2003年10月9日凌晨,外地来西安打工的魏某、鲁某等四人闲逛时,发现了在护城河河沿上行走的户县青年情侣刘某和高某(女),四人迎上去将两人堵住,欲图谋对高某不轨。高某见状异常惊恐,拼命挣脱,跳进了护城河。见女友跳河,刘某赶紧跳下去救女友。歹徒见状跳进河帮忙救人。上岸后,四劫匪还大声"教训"两人说:"我们只是抢钱,要色,不是要命的!"

* 原载《黄山学院学报》2006年第6期,原题目为《刍议"次道德"和"亚道德"及其合理性问题》。

案例二：2003年春季，突发"非典"期间，北京一个姓阎的男青年夜间窜至佑安医院、光明医院、大栅栏医院等大肆进行盗窃活动，共窃得笔记本电脑、现金、烟酒等物总价值一万余元，后来又主动到公安机关自首。当警察问及其为何要自首时，他说：在行窃中，目睹了医护人员与"非典"进行斗争的忙碌身影和忘我精神，于是，每次行窃后都寝食难安，每晚都要靠服大量安定药才能入睡，医护人员的身影总在他眼前闪现，良心的谴责让他感到精神压力极大，5月29日上午，阎某终于鼓起勇气拨打110投案自首。

诸如此类的"怪现象"，在旧中国，人们习惯上称其为"盗亦有道"。在旧中国的统治阶级和平民百姓那里，"盗之道"一般是被列在鄙夷和批判之列的，也难得为庶民社会所承认。新中国成立后，在很长时期内，人们对"盗之道"也都采取嗤之以鼻的态度。一个人只要犯了罪，沦为罪犯，就会被人们视若异类，扫地出门，在"文化大革命"中也有类似现象。即使经过拨乱反正和解放思想的洗礼，人们对"盗之道"也是不屑一顾的。

然而进入历史发展新时期以来情况发生了变化，还引起伦理学界一些人的重视，称其为"次道德"。所谓"次道德"，指的是违法犯罪者为终止其不法行为所作的道德选择。"次"，大约有三种含义，一为"其次"，属于道德行为的时序概念，是相对于"首先"发生的不道德的行为选择而言的。二为"次要"，即非"主要"也，属于道德提倡的概念，是相对于社会提倡的主流道德而言的。三为"次等"，属于道德价值的事实及其评价的概念，是相对于社会普遍存在的实际的道德风尚和道德事实及与此相关的评价活动而言的。

我认为，不论属于哪种含义，"次道德"是一种道德当是没有问题的。从伦理属性看，"次道德"本质上体现的正是社会主流道德的真实内涵和价值趋向。在主体的行为过程中，"次道德"也是"后道德"，是在主体不法行为发生之后主动进行的第二次行为选择，并因此而终止不法行为，结束侵害。在这里，不道德行为发生在前，合道德行为选择在后。如果把

"次道德"从主体的行为过程中抽出来单独审视就不难发现，所谓"次道德"其实就是"主道德"。先是侵害他人的人身权利后又救人，救人是见义勇为；先是盗窃医院财物后又主动送还并投案自首，可视其为公私分明；寄回被盗的电话号码，显然是与人为善的表现，如此等等。在这里，见义勇为、公私分明、与人为善，都是社会的"主道德"形式。这是"次道德"合理性的基本方面。

从社会功能看，"次道德"有助于淡化和纠正行为过程前期的不道德问题，矫正主体行为的价值取向，减轻前期不道德行为给他人或社会集体及自己所造成的危害。就是说，"次道德"具有明显的道德价值。当然，我们希望"次道德"之前不发生不道德现象。希望每个社会成员从来不做违背道德的事情。但事实表明一般是不可能的。既然如此，就应当承认"次道德"现象存在的普遍性，就应当看到讲"次道德"总比不讲道德好。相对于社会文明进步的历史过程和客观规律而言，某一阶段普遍存在的社会现象总是具有某种必然性，因而也就具有某种合理性。再说，如果不讲"次道德"，或不能给予"次道德"应有的价值肯定，一个人只要犯了罪错，就一无是处，在犯罪的道路上除了顽固到底、死有余辜就别无选择了，这会促使犯罪分子丧心病狂，给社会和他人带来更多的危害。这样的社会悲剧，我们可以从印度电影《流浪者》的故事情节和主题思想中看得很清楚。

在传统和现实的意义上，人们之所以对"次道德"采取排斥的态度，从认识方法看是割裂了主体的整体过程，把过程中主体的不道德行为与其道德行为混为一谈了，否认了"次道德"合乎社会主流道德的合理性。这种方法和态度等于是在说：你想改错吗？那你"早知今日，何必当初"呢！你是坏人吗？那就坏到底吧！

如果说"一个人有了罪错，只要改了就好"的话，那么，在犯罪错的过程中能够自我纠正，加以改正，就应当说更好。

这里需要指出的是，"次道德"是一种"盗之道"，但"盗之道"并不都是"次道德"。"盗之道"还有另外一种情况，这就是黑社会或带有黑社会性质的团伙的"盗之道"。大凡黑社会组织，内部一般都有一种严明的纪律，讲究忠诚守信、哥们义气，直至为朋友乐于两肋插刀、舍生取义。越是"黑"的团伙，越是具有这样的特点。"次道德"不应该包含这样的"盗之道"，因为它只适用于黑社会内部，不合社会提倡的主流道德，与社会主流道德的价值取向背道而驰。并且，它不是主体为终止不法行为的道德选择，而是主体发生和延续不法行为的选择。黑社会团伙盛行的"盗之道"，是其调整内部利害关系的行动准则和纽带，也是其赖以存在的精神支柱，布满其行为的整个过程。同时也应指出的是，黑社会的"盗之道"虽然不属于"次道德"，但是，也会发生"次道德"现象，如其成员选择了背叛组织、弃恶从善的道路，甚至还有立功赎罪的表现，对此，我们就应当视其行为为"义举"，以"次道德"的方法和态度来对待，而不应歧视。

二、"亚道德"种种及其合理性

与"次道德"问题相关的，还有一个"亚道德"的问题。"亚"者，第二也，顾名思义也是相对于社会提倡的主流道德或"第一道德"而言的。"亚道德"的情况要比"次道德"复杂得多，究竟有多少种，笔者难以说得清楚。但我以为，可以从智慧和德性两个不同角度进行分析，归纳出"智慧亚道德"与"德性亚道德"两种基本类型。

案例：一日晚，一个蒙面人冲进浙江温岭人赵冬妹、张玉凤夫妇俩的住所，进门便给了老赵胸部一刀，张玉凤操起床边放着的塑料桶往蒙面人身上砸去，并撕下了歹徒用来蒙面的衬衫，认出这个歹徒是曾经在公司打过工的韩建章。老赵厉声告诫对方："快把刀放下！我们有同伴，外面还有保安，他们马上都会过来！"歹徒狰狞地笑了："住在外面的人已经被我杀了。你们再不拿钱，就别想活命！"无奈，张玉凤给歹徒跪下了，边哭边求饶："我马上就去拿钱，你饶了我们吧！"赵冬妹也跪在地上："你饶了我们吧！我们把所有的钱都交给你！"张玉凤爬到柜子边，拿出了里面

150元现金。歹徒恶狠狠地说："太少了，再拿！"张玉凤又从枕头底下摸出手机交给歹徒："我们真的一无所有了，我给你磕头了！"歹徒终于离去，老赵艰难地向电话机爬去，拨通110。民警立即赶到，把老赵夫妇送到医院抢救。因为报案及时，公安人员仅仅用一个小时，就将韩建章抓获。事后，公安机关认为赵张夫妇的行为是见义勇为，便将材料报到见义勇为基金会，夫妇俩被评为见义勇为先进分子。消息传开后，人们拍手叫好。但也有人持有不同看法，认为向歹徒下跪是失去了道德原则。

在这个案例中，赵张夫妇所表现出来的道德精神就属于"智慧亚道德"。它本身不是道德，而是人们习惯上说的计策或手段，从形式上看有的甚至还"丧失"了道德，但其实际的道德价值却是存在的，不仅维护了主体正当的利益，而且捍卫了社会正义，因而具有明显的道德意义。赵张夫妇如果不愿下跪"求饶"，歹徒就可能伤其性命，结果弄得人财两空，歹徒还可能逍遥法外。作为"亚道德"的智慧，指的就是主体为保障自身正当的权益，捍卫社会正义原则而采取的具有道德价值和意义的手段和方式。

"智慧亚道德"发生的时候，主体往往是会丧失自己的一些人格的，给人以一种"不光彩"的印象，客观上削弱了"亚道德"的价值意义。相比较那些在不丧失人格的情况下展示的"双全"之"智"，"亚道德"是大为逊色的。因此，对"智慧亚道德"的价值，社会是不宜过多渲染的。但是，不论怎么说，"智慧亚道德"是一种道德，对此不应当有任何怀疑。假如我们不给"智慧亚道德"以应有的价值肯定，那么实际上就等于在说：在与"缺德"和不法行为作斗争的过程中，任何情况下都要不惜一切代价，都不允许考虑行为主体的个人牺牲问题，这显然是不合理的。道德行为的选择和价值实现，本身实际上存在着一种"成本"的问题，既伸张了社会正义和人格价值，又维护了社会或个人的正当权益，才是最佳方案；只有在两者难以两全的情况下，"舍生取义"才是可取的。由此看来，"智慧亚道德"所体现的道德智慧所包含的价值是不应当低估的，它具有某种普遍意义。

"德性亚道德"也是一种计策或手段意义上的道德，与"智慧亚道德"不同的是它本身就是一种道德，是主体德性水平的真实反映。

说到这里，有必要将"亚道德"与"次道德"作一比较。学界有人认为，"亚道德"与"次道德"是一种意义上的道德，这是不准确的。"次道德"是一种"盗之道"，是当事人在违法犯罪的过程中为终止自己行为的危害性所表现出来的一种道德精神，而"亚道德"不属于"盗之道"。"智慧亚道德"的行为主体不是违法犯罪者，而恰恰是违法犯罪或违规操作的受害者，不仅如此，主体选择"亚道德"行为还一般恰恰是为了制止发生在他人身上的违法犯罪或违规操作的侵害行为。赵张夫妇的行为就属于这样的"亚道德"选择。"德性亚道德"是一种"亡羊补牢"式的道德，虽然形式上与"次道德"似有雷同之处，但实质是不一样的，两者区别在于："次道德"是一种自我纠正行为，主要出于解救自己于不法行为之中、以免造成更大的自我伤害考虑。而德性亚道德"则是出于利他的考虑，行在己身，利在他方。

三、"次道德"与"亚道德"发生的原因及其与社会文明进步的关系

从主体方面看，"次道德"现象发生的原因，与主体的双重人格结构有关。一般说来，一个人的人格不大可能是纯粹合乎道德的，总会或多或少存在某些属于"私心杂念"或"不健康的东西"，真正完全超凡脱俗的"圣人"、真正"坏到顶"的坏人极少存在。人与人在道德上的差别，只在于有些人思想道德纯正一些，有些人"私心杂念"或"不健康的东西"多一些。在社会法制和道德规则的制约下，在社会惩恶扬善舆论的威慑和疏导下，加上主体的自律因素起作用，人的"私心杂念"和"不健康的东西"一般是不大可能成气候、酿成不道德以至违法犯罪的不良后果的，因而一般不会发生"次道德"的问题。但是，在一些特定的情形下，如外在的强烈诱惑、无人监督或为生存需要所迫，人的"私心杂念"和"不健康的东西"就有可能因"一念之差"发生恶性膨胀，失去自我约束力，干出

"缺德"甚至违法犯罪的事情来。当这种情况出现的时候，这类人群中的多数实际上是"做贼心虚"的，他们的内心中充满着矛盾。这种矛盾正是其人格中原有的道德因素与不道德因素展开的思想斗争，前者战胜了后者就会终止"缺德"或违法犯罪行为，出现"次道德"现象。可见，所谓"次道德"，反映的正是主体人格原有的道德品质。由此看，在一个"私心杂念"多而纯正因素少的人的身上如果发生"次道德"现象，就更是难能可贵了，社会更应当给予肯定。至于因"一念之差"而犯过的人，社会对其身上发生的"次道德"现象无疑应当给予更多的肯定。

而"亚道德"的发生，原因一般比较简单、比较直接，一般都是出自主体的"生存需要"。当主体选择"亚道德"行为的时候，他其实是作了一种"道德成本"的简单计算，反映主体人生经历的丰富和道德上的一种成熟。在面临生死抉择的关键时刻或道德人格可能丧失殆尽的情况下，为了保全自己生命、道德人格不受根本损害，采取"得大于失"的方法"挽回面子"，无论如何是值得称道的。"亚道德"一般发生在成年人的身上，在青少年身上很少见到。如果说，"亚道德"是合理的，那么在青少年的道德教育上就更应当注意培养他们这方面的意识和能力。有个省编写的小学思想品德教材，有一册原来写了个少年画家宁死不屈不给土匪头子画肖像的故事，号召小学生们向这位少年英雄学习，后来在审定时被专家否定了，理由是：违背了《中华人民共和国未成年人保护法》的立法精神。这故事的缺陷还可以从道德上看，它无视"亚道德"，鼓吹无谓的牺牲。除非在为了捍卫国家和民族的尊严，维护自己的根本人格，道德教育不应当无条件地鼓动人们为了"名节"而作不必要的牺牲。"大丈夫能屈能伸"，在有些情况下为保持"名节"恰恰是需要"屈"的，青少年更应当如此。

"次道德"和"亚道德"并不是现代社会才有的现象，但在学界引起反响却是近些年的事情。它引起重视绝非偶然，相对于以往历史时代来说正是人和社会走向文明进步的一种特殊表现。

"次道德"及其被肯定，表明当事者的人性没有泯灭，水平甚至在提升，能够以自我纠正的自觉方式运用"社会之道"终止"个人之盗"。

人性的进步与社会宽容度的提高是很有关系的。现在的中国人心里都明白，我们的社会正在形成或者说已经初步形成一种宽容的社会心理和文化氛围。人性水平的提升和社会宽容度的提高，是相辅相成的两个方面，整体上表明以人为本精神的复苏和回归。

"亚道德"的出现及其受重视，表明我们的社会对道德价值的认识和把握开始走向成熟。道德从来不是纯粹的，道德价值的实现也从来不是运用纯粹的道德方式。而在传统意义上，中国人看道德和运用道德价值所采用的基本上是纯粹的方式。一个人，一种行为，善就是绝对的善，恶就是绝对的恶，若说既包含善，又包含恶，许多人难以理解，难能接受，这叫"两极判断法"。具体到道德价值实现的过程，那也必须是从内容到形式都是彻头彻尾、彻里彻外的"善举"，否则就会招致非议。事实证明，如此讲道德太难，最终反而可能会引起道德的缺失。

中国传统和谐观的多层多级内涵及现代认同*

如今不少中国人对自己民族传统和谐观内涵的理解习惯于停留在"和为贵"的层面，而对"和为贵"的理解又多拘泥于"一团和气"，因而他们认为建设社会主义和谐社会的任务就是要消灭贫富差别和社会矛盾。这种思想和情绪不仅不利于推动和谐社会的建构，而且还会产生新的社会不和谐因素。因此，正确分析和认识中国传统和谐观的内涵并给予现代认同，是很有必要的。

就构词逻辑来看，和谐属于补充结构或述补结构，即"和"是主词，"谐"是用来补充说明"和"的，因此在古代汉语中"和谐"之意常用"和"来表达。"和"在春秋以前具有多方面的含义，经过孔子的创新和梳理其伦理含义才凸显出来。《论语》中讲的"和"有三种意思。一是恰当与适中，是针对"过"与"不及"而言的。如"礼之用，和为贵"①，意思是说，礼的作用，在于使人的关系变得更加和谐。二是和睦与团结，是针对不"合群"或不当"合群"而言的。如"和无寡"②，"君子和而不同，小人同而不和"③。前一句的意思是说，与人相处要注意讲和睦与团结，这样就不会使自己落于孤单；后一句的意思是说，君子与人相处注重

---

*原载《阜阳师范学院学报》(社会科学版)2007年第4期。

①《论语·学而》。

②《论语·季氏》。

③《论语·子路》。

和睦与团结，但并不与人苟同，小人恰恰相反，注重的是苟同而不是真正的和睦与团结。三是附和与随同，是针对盲从而言的。如"子与人歌而善，必使反之，而后和之"①，意思是说，孔子听人歌唱时如果感觉好，首先要反问自己好在何处，然后再附和。孔子以后，在儒学著述家的文本里，"和"与"中""庸""合"等词义常发生融会贯通，含义也因此发生一些变化，但并没有偏离孔子所奠定的基本的思想蕴涵。

不难看出，传统和谐观的上述三种意思反映的是三个层面的含义，三个层面又具有"级差"的性质。恰当与适中（"礼之用，和为贵"）是第一级含义，价值倾向是"不偏不倚"，漠视或无视事物之间实际存在或势必会出现的差别。和睦与团结（"和而不同"），可视为第二级含义，以正视事物之间的差别为前提，强调实现和谐应坚持的原则精神。附和与随同（"必使反之，而后和之"），显然是最高层次的含义，因为它不仅正视事物之间存在的差别，而且看到存在差别的事物之间的内在联系，强调实现和谐应采取理性态度。同时也不难发现，三个层面的含义是一个有着内在逻辑联系的统一体，都属于封建国家的"统治阶级意志"和政治伦理教条，反映的对象是封建专制社会不同阶级、不同人之间的等级差别和不平等地位，表现出一代英才试图缩小和弱化专制社会存在的阶级差别和不平等现象的思想倾向。

由于客观上顺应了历史时代发展的客观要求，孔子奠定的和谐观及其后来的演绎形式（特别是"中庸"），对于维护封建社会的稳定和经济繁荣，发展和丰富封建伦理文明直至教化臣民等，都曾发挥过极为重要的作用。但是，由于阶级和历史条件的局限，封建社会的人们对孔子奠定的传统和谐观的认同是有限的，传统和谐观所能发挥的作用也是有限的。其一，统治者"用礼"不能践履"和为贵"的情况时常发生，以至于"苛政猛于虎"的历史时段也不鲜见。其二，在上尊下卑的统治者集团内部，官吏们之间"必使反之，而后和之"的情况其实是很少的，倒是唯唯诺诺、阿谀奉承的事比比皆是。其三，把人分为"君子"与"小人"，包含着阶

①《论语·述而》。

级偏见，从根本上抽去了建构和谐人际与和谐社会的阶级基础。这些阶级和历史的局限性，使得孔子奠定的传统和谐观在文本以外的实际社会生活中的认同出现了较大的偏移，被"芸芸众生"的小生产者广泛地作了平均主义的解读。这种认同和解读的倾向可以集中表述为：肢解了由孔子奠定的传统和谐观作为"统治阶级意志"的三个层面的内涵，只重视"和为贵"；又舍弃了"和为贵"的政治伦理的价值原则，只赋予"和为贵"以人伦伦理的旨趣，并依照"均贫富"的理解范式作了"一团和气"的改造。为什么如今的中国人一提到自己民族传统的和谐观，就会"自然而然"地在人伦伦理的意义上将其解读为"和为贵"——"一团和气"，我以为原因就在这里。

如何正确认同中国传统和谐观，以为建设现代和谐社会提供有价值的历史文化基础，是至关重要的。

首先，应理解和把握传统和谐观的核心和要义。中国传统和谐观的核心和要义是第二、第三层含义，其观念形成的对象和基础是人与人、个人与社会之间存在的等级差别，主张在不放弃原则精神和理性态度的情况下，促使差别的各方处于相依共存、协调发展的状态。今天构建和谐社会，就是要通过制定和实行相关的政策，采取相关的措施，将不适当的差别和失衡了的社会关系调整到相依共存、协调发展的状态。因此，我们不能在否认社会差别和矛盾的意义上来理解传统的和谐观，思考构建现代和谐社会的问题。从根本上说，任何和谐观念的形成都是针对某种实际存在的差别和矛盾而言的，不承认差别和矛盾也就无所谓构建和谐人际与和谐社会的目标和任务。

事物之间存在的差别与矛盾即事物发展的不平衡具有两面性，既可以成为事物发展的内在动力，推动事物向前发展，也可能成为事物发展的内在破坏力，阻碍事物向前发展，究竟是动力还是破坏力，取决于事物发展进程中的特定条件。同样，社会内部不同方面、不同人群之间存在的差别（包括社会矛盾）即不平衡也具有两面性，可以成为社会发展的内在动力，也可能成为社会发展的内在破坏力，究竟是动力还是破坏力取决于特定时代的人们能否创造特定的社会条件。构建和谐社会和实现社会和谐就是要创造这样的条件，其根本宗旨就是要把在改革和发展中出现的影响深化改革和持续发展的社会差别和社会矛盾调整到适中协调的状态，促使相关的社会关系处于相依共存、协调发展的状态，从而使之成为深化改革和持续发展的内在动力，弱化以至消解其已经出现或可能演化成的破坏力。由此看来，社会差别和社会矛盾内在的统一性即差别各方的共同性和共同需求，正是深化改革和持续发展的内在动力源，也是构建和谐社会和实现社会和谐的实践基础。今天建设和谐社会，我们就是要在适中和协调性差别或相依共存、协调发展的意义上来认同和借鉴传统和谐观的历史价值。

其次，应看到和谐与和谐社会都是历史范畴，不同的社会有不同的甚至根本不同的和谐，同一社会的不同时代也可能会有不同的和谐。与此相关，和谐观也是历史范畴，不同的社会有不同的社会和谐观，甚至同一社会的不同时代的和谐观也有所不同。中国封建社会赞美的和谐"盛世"和推崇的和谐标准，在政治伦理方面是"为政以德，譬如北辰，居其所而众星共之"[1]，在人伦伦理方面是"己所不欲，勿施于人"[2]，"己欲立而立人，己欲达而达人"[3]强调从"大一统"的政治和谐与"推己及人"的人际和谐两个方面来实现社会整体的和谐。但是，封建社会的和谐"盛世"不可避免地存在它的历史局限性，这就是：轻视个人的尊严和价值、漠视个人的心态和谐即内心世界的和谐、忽视人的尊严和价值及心态和谐对于社会和谐的重要意义。所以，封建统治者所追求的社会和谐本质上是为维护和巩固其封建专制统治服务的，并且不可能真正实现如同孔子所希望的那样的社会和谐，这与社会主义社会所追求的和谐社会显然不可同日而语。

再次，应看到和谐社会自古以来都是一种系统，是由不同方面、不同层次的和谐要素构成的。《礼记·礼运》所描绘的原始初民"大同"式的

①《论语·为政》。
②《论语·颜渊》。
③《论语·雍也》。

和谐社会，如国家能够"选贤与能，讲信修睦"，"使老有所终，壮有所用，幼有所长，鳏寡孤独废疾者皆有所养"等，每个人都能做到"不独亲其亲，不独子其子"，"货恶其弃于地也，不必藏于己；力恶其不出于身也，不必为己"等，就是不同方面、不同层次的和谐要素。人类社会文明的历史发展表明，社会越是走向文明进步，标志和谐社会的不同方面、不同层次的和谐要素就会越复杂。党的十六届六中全会提出的构建社会主义和谐社会的战略目标和任务，其内涵也是一种系统，也是由不同方面、不同层次的和谐要素构成的，如"人与自然相和谐相处""促进社会公平正义""和谐文化""社会安定有序""社会团结和睦"等等。正因和谐社会是一种系统，所以构建和谐社会和实现社会和谐需要循序渐进，这将是一个长期过程。

中国共产党所提出的构建和谐社会的战略目标和任务，不仅与中国传统的社会和谐有着根本性的区别，而且与新中国成立后"左"的思潮盛行时期的社会和谐也有重要的不同。一是它明确指出社会和谐是中国特色社会主义的本质属性，是我们党不懈奋斗和追求的目标。中国共产党自创建始就把推翻剥削制度和建立人民当家作主的社会主义和谐社会作为自己的追求目标。社会主义制度建立后，党经过艰难的探索最终把工作重心由"革命"转向"建设"，结束了"以阶级斗争为纲"和"继续革命"的旧有思路，而"建设"的重要目标和任务应是构建社会主义的和谐社会。历史上的统治者所推崇的和谐社会无一不掩盖了阶级压迫和剥削的不平等事实，唯有在整体上消灭了剥削制度，社会主义国家才真正具备了建设和谐社会、全面实现社会和谐的历史条件。二是社会主义的和谐社会不是以社会为本的社会，而是以人为本的社会，也不再把人之间的差别分为"君子"与"小人"，而把人的和谐发展、人与人的和睦共处、人与社会的和谐发展放在第一位；不是主张不思进取、故步自封的"和谐社会"，而是推崇以改革促发展的和谐社会；不是实行高度集中或无序自由的和谐社会，而是实行民主与法治的和谐社会，如此等等。总之，社会主义的和谐社会，是广大人民群众当家作主的和谐社会，全社会意义上的全面和谐的社会。三是强调建设社会主义和谐社会，作为战略目标和任务是全社会成员的共同责任，共同任务，依靠全社会成员共同努力：作为社会资源和精神财富，则是广大人民群众共同享有的幸福家园。

综上所述，认同传统和谐观需要把握它的价值本义，看到它是特定的社会关系范畴、历史范畴、系统范畴，构建社会主义和谐社会就是要调整和缩小人民内部存在的社会性差别，弱化以至化解人民内部存在的社会性矛盾，营造更加适宜社会发展和人民安居乐业的和谐环境；而这是一个复杂的系统工程，是渐进的历史过程，需要全国人民在党的领导下团结一致，作不懈的努力。

中国古代和谐伦理思想的文明样式及其当代传承[*]

　　马克思当年曾基于唯物史观，把复杂的社会关系划分为物质的社会关系和思想的社会关系两种基本类型。后来，列宁在批驳俄国自由主义民粹派"看不到唯物主义历史观"时进一步指出，思想的社会关系"即通过人们的意识而形成的社会关系"，它在归根到底的意义上是由物质的社会关系决定的①。一切伦理，作为由"物质的社会关系"决定的"思想的社会关系"②，其价值核心和目标都是和谐，以"同心同德""心心相印"之类的道德价值取向和事实，为社会稳定与发展进步提供最深刻的观念基础，也为人们的人生发展与价值实现提供最重要的精神动力。和谐伦理思想由此成为一切人类在思想的社会关系层面上谋求共生共荣的永恒主题。中国古代和谐伦理思想源远流长、博大精深，且相当复杂。面对当代中国改革发展和社会转型中出现的种种不和谐问题，承接与创新中国古代和谐伦理思想的现实意义是不言而喻的。

---

　　* 原载《道德与文明》2012年第3期。

　　①《列宁专题文集　论辩证唯物主义和历史唯物主义》，北京：人民出版社2009年版，第161页。

　　② 伦理正是思想的社会关系的基本形式。笔者曾在拙著《中国伦理学引论》（安徽人民出版社2009年版，第2—6页）和拙文《"伦理就是道德"置疑》（《学术界》2009年第6期）中指出：伦理"以广泛渗透的方式存在于物质的社会关系和其他的思想的社会关系之中"；道德作为特殊的社会意识形态和价值形态，是因由维护和优化各种伦理之需而被一定时代的人们建构和倡导的，因此，"伦理与道德的逻辑关系应当被解读为：伦理是本，道德是末；伦理是体，道德是用。两者相辅相成、相得益彰"。

一、中国古代和谐伦理思想的文明样式

所谓文明样式，是指一种文化和精神文明体系的结构、功能、属性和建构机理的总体特性。我们可以从儒、道、佛三家和谐伦理思想各自的基本结构、相互关系及其意义向度与建构机理等方面，来分析和说明中国古代和谐伦理思想的文明样式。儒学和谐伦理思想的内在结构大体上可以描述为：核心思想和母体语义是"仁"，即"爱人"；由"仁"推衍和分解出孝、忠、悌、恕、义、信等具体的道德标准和行为准则。孔子是经由贯通"仁"与"礼"、"道"与"德"、"己"与"人"之间的逻辑关联，创建其以"仁"为核心的和谐伦理思想体系及道德学说主张的。《论语》有一种独特的语言逻辑程式：说"礼"之处多同时说到"仁"，如"人而不仁，如礼何？"[①]"克己复礼为仁。一日克己复礼，天下归仁焉。"[②]这表明，孔子要在他的伦理思想和道德主张中实现道义与政制的和谐，即所谓"为政以德"。儒学最早赋予"道"与"德"以俗世意义，实现了"社会之道"与"个人之德"的和谐，孔子说："志于道，据于德"[③]。"人"与"己"是《论语》中两个最基本的"人学"范畴，孔子将两者贯通起来旨在倡导"推己及人"的道德主张，以实现人际伦理和谐，如"己所不欲，勿施于人"[④]，"己欲立而立人，己欲达而达人"[⑤]，"君子成人之美，不成人之恶"[⑥]等。孟子基于其"天下之本在国，国之本在家，家之本在身"[⑦]的政治关系观和"仁政"主张，发展了孔子的和谐政治伦理思想，强调指出："君之视臣如手足，则臣视君如腹心；君之视臣如犬马，则臣视君如国人；

[①]《论语·八佾》。

[②]《论语·颜渊》。

[③]《论语·述而》。

[④]《论语·颜渊》。

[⑤]《论语·雍也》。

[⑥]《论语·颜渊》。

[⑦]《孟子·离娄上》。

君之视臣如土芥，则臣视君如寇雠"①。概观之，儒学和谐伦理思想的核心主张和意义向度是推崇世俗社会的全面和谐，追求的伦理目标是政通人和、天下太平。

道家和谐伦理学说推崇人与自然和谐，其最高范畴和中心范畴是"道"。对此，我们可以从老庄哲学的相关著述中看清楚。何为道？中国学界至今大体上有两种代表性的看法：一种是指独立于人和社会的自然规律，这种看法最为普遍；另一种是关涉到人类思维和生活的所有领域而又超越了这些领域的本体或本原。在笔者看来，这两种看法其实都有些言过其实，是在用现代人的思维方式和话语形式诠释"道"。笔者认为道家之"道"其实是指独立于俗世社会而实际存在的神秘力量，可以感知、描绘却又因其神秘而不可言说，即所谓"道可道，非常道"。

就和谐伦理思想和道德主张而言，"道"的意义在于以敬畏人之外的神秘力量，劝人规避和超越人世间的是是非非，实则为一种人生智慧。佛学崇拜参禅，重视人的内心和谐，主张除却尘世妄想以明心见性，以求得心灵安宁，也可视其为一种人生智慧。历史地看，儒、道、佛的和谐伦理思想在中国古代和谐伦理思想史上曾各显其功，也各得其所。

儒、道、佛三者的意义向度和价值取向大体上是一致的，对于封建国家安宁与社会稳定以及人的精神需求可以产生互补、圆融性的协同效应。对此，明代佛学大师德清曾发表过这样的见解："为学有三要，所谓不知《春秋》，不能涉世；不精《老》、《庄》，不能忘世；不参禅，不能出世。此三者，经世出世之学备矣。缺一不可，缺则一偏②，缺二则隘，三者全无而称之为人者，则肖之而已③。"德清又作进一步的推理性解释道："三者之要在一心，务心之要在参禅，参禅之要在忘世，忘世之要在适时，适时之要在达变，达变之要在见理，见理之要在定志，定志之要在安分，安分之要在寡欲，寡欲之要在自知，自知之要在重生，重生之要在务内，务内之要在专一，一得而

---

① 《孟子·离娄下》。

② 原版本"缺则一偏"这句应为"缺一则偏"之误。

③ 此句"肖"应同"消"，衰微、残弱之意；"则肖之而已"意即"那就不像个（正常的）人了"。

天下之理得矣。"德清的"为学之要"立足于现实人生的客观要求，生动而又深刻地解说了儒、道、佛和谐伦理思想的可圆融性。进一步探索，就人生选择和价值实现而言，儒、道、佛的和谐伦理思想的主旨其实都是主张涉世。所不同的只是在于，儒学主张的是直接参与的涉世态度，道学和佛学主张的则是间接参与的涉世方法或智慧。有的学者就此指出，《老子》正是一部主张"不争而（有）大争，居后而（可）占先""无为而（能）有为，守柔以（便）克刚""淡泊以隐世，深藏以涉世"，以及禅宗的"顺性而生"的生命价值观、"顺心随俗"的处世之道、"顺世（势）而立"的人生选择，所主张的其实都是涉世的方法和智慧。可见，所谓"忘世""出世"，不过是两种特殊的"涉世"方法而已。但是据此认为佛教文化自印度传入后，经过中国化的改造便与儒、道文化形成"三足鼎立之势"，却是需要商榷的。所谓"三足鼎立之势"并不符合历史事实，没有描述中国古代和谐伦理思想整体结构的主导方面，因而也就没有抓住中国古代和谐伦理思想文明样式的本质特性。事实上，汉以后的儒学虽然曾因受到道佛的挑战而屡遭蒙垢，但其"独尊"的主导地位并没有发生过根本性的动摇，与此同时，道、佛是在"附儒"的方式下才赢得各自生存和发展的文化条件的。尽管如此，此处仍然有必要指出，儒学在汉初被推上"独尊"地位以后的演变发展中，其实从未真正"独尊"过。

这是合乎文化发展的历史逻辑的。在任何历史时代，由于域内经济和政治制度等方面存在的差异以及域外文化的影响，伦理思想和道德意识形态都不可能是一元的，多元伦理文化观念的存在既是必然的也是必要的。但是从国家管理和社会建设的客观要求来看，多元伦理道德文化的实际地位和所发挥的作用又不是"鼎立"的，或者说是不允许"鼎立"的，这就决定了必有一种伦理思想和道德价值观占据多元结构的主体地位，发挥主导作用。中国古代和谐伦理思想文明样式的历史功能，自然也是这样。

中国古代和谐伦理思想的结构样式归根到底是中国封建社会基本结构的产物。恩格斯说："人们自觉地或不自觉地，归根到底总是从他们阶级地位所依据的实际关系中——从他们进行生产和交换的经济关系中，获得自己的伦理观念。"①这里所说的"生产和交换的经济关系"是伦理思想"归根到底"意义上的生成之根,"伦理观念"是伦理思想实现理性建构的观念质料,它在未经过理性梳理和建构之前还只是"物质决定意识"之反映论意义上的自发性的伦理经验,尚有待被提升到特定的伦理思想层次。在漫长的中国封建社会中,汪洋大海式的小农经济,生产方式和生活方式是自给自足,"伦理观念"是"各人自扫门前雪,休管他人瓦上霜",这就决定了作为经济集中表现的政治必然是高度集权的形态,形成以高度集权的专制政治以适应普遍分散的小农经济的社会基本结构;作为"统治阶级意志"的伦理思想和道德意识形态,必然是在全社会凸显和倡导"大一统"的整体意识和"推己及人"的"他者意识",以实现人际关系和社会关系的全面和谐。这正是儒学和谐伦理思想形成的社会机理,也是儒学在上层建筑的意义上被推崇至"独尊"(实则为主导)地位的根本原因所在。

从另一方面看,落后的小生产和高度集权的专制政治决定了"芸芸众生"包括一些"学而优则仕"的知识分子之"涉世"势必受诸多社会限制,因而他们至多只能在追寻与自然的和谐或信仰自我的心灵对话中,忘却现实人生的不公和苦难,体味红尘或来世的伦理意义,从而使得道佛的"忘世"和"出世"之和谐伦理价值成为对儒学"独尊"和主导价值的一种必要补充。这种补充也有利于剥削阶级的国家安宁和社会稳定,所以历史上的道学和佛学都曾受到最高统治者的青睐,以至身体力行。

二、中国古代和谐伦理思想当代传承的认识理路

恩格斯在描述"我们自己创造着我们的历史"时,强调指出:"第一,我们是在十分确定的前提和条件下创造的。""第二,历史是这样创造的:最终的结果总是从许多单个的意志的相互冲突中产生出来的,而其中每一个意志,又是由于许多特殊的生活条件,才成为它所成为的那样。这样就有无数互相交错的力量,有无数个力的平行四边形,由此就产生出一个合

---

①《马克思恩格斯文集》第9卷,北京:人民出版社2009年版,第99页。

力，即历史结果，而这个结果又可以看做一个作为整体的、不自觉地和不自主地起着作用的力量的产物。因为任何一个人的愿望都会受到任何另一个人的妨碍，而最后出现的结果就是谁都没有希望过的事物。所以到目前为止的历史总是像一种自然过程一样地进行，而且实质上也是服从于同一运动规律的。"①

其实，人类"创造"自己的伦理思想和道德文明史也是在"十分确定的前提和条件"下进行的，也是一种"自然历史过程"。这种创造过程可以简要描述为：一代代的人们立足于其当时的社会和人的发展进步的客观条件和要求，承接此前伦理思想和道德价值学说的有益部分，在逻辑与历史相统一的意义上实现创新。这是我们传承中国古代和谐伦理思想最基本也是最重要的认识理路。

在当代中国，需要与时俱进地创建中国特色社会主义的和谐伦理文化。实施这种创建工程之"十分确定的前提和条件"，首先就是中国古代和谐伦理思想。它要求，一方面要把握中国古代和谐伦理思想内涵的永恒性价值因子，使之古为今用；另一方面要看到，中国古代和谐伦理思想本质上是反映和适应封建专制社会经济与政治基本结构的意识形态和价值形态，当代传承与创新只能"接着说"，不可"照着说"，因此必须在唯物史观的指导下进行。其次，就是当代中国特色社会主义的基本社会制度。它们作为现实的经济基础和上层建筑，在"归根到底"的意义上决定和深刻地影响着中国特色社会主义的和谐伦理文化的本质属性。最后，是西方发达资本主义国家的相关的伦理思想和道德价值观，它们的强势渗透和传入及带来的具有积极和消极甚至破坏性的双重影响，同样是"十分确定的"，一概规避或加以排斥或任其传播，都不是科学的态度和正确的选择。

不难理解，上述三种因素对创建中国特色社会主义和谐伦理文化的影响是一种综合效应，其间中国古代和谐伦理思想作为本土文化的"十分确定的前提和条件"，其影响无疑是先决性的前提和条件。舍此，中国特色社会主义和谐伦理文化便会成为无源之水、无本之木。也就是说，中国古

①《马克思恩格斯文集》第10卷，北京：人民出版社2009年版，第592—593页。

代和谐伦理思想的当代传承就是要在唯物史观视野里促使中国特色社会主义和谐伦理文化与中国古代和谐伦理思想"自然"地"相承接"，从而使得中华民族和谐伦理思想的发展演变在今天新的历史条件下呈现一种"自然历史过程"。

为此，我们需要视唯物史观为最高范式，进行关于和谐伦理思想承接与创新的范式转换。范式即研究范式，是当代美国学者托马斯·库恩发现并在其《科学革命的结构》中正式提出和系统阐述的。范式的本义是指自然科学研究共同体及其共同拥有的理论框架、研究传统和话语体系整合而成的研究模式。托马斯·库恩在高扬范式的科学意义的同时又指出：不能以为"一个范式就是一个公认的模型或模式（Pattern）"，用"paradigm"（范式）一词并不能"完全表达""范式"通常包含的意义，只是在找不出更好的词汇的情况下，为了避免"可能误导读者"才使用"paradigm（范式）"这一概念的。

中国古代和谐伦理思想的文明样式，如上所说是在历代儒、道、佛各家学者的共同努力下形成和发展起来的。其"科学共同体"自周公姬旦经孔孟、程颢、程颐、朱熹至明末清初诸学者多为"士君子"阶层或"世外高人"，研究方式多为注经立说，理论框架和话语体系之成果形式被分别归入"正册"和"另册"，缺乏研究范式的整体结构和认同感。中国古代和谐伦理思想文明样式的当代传承应持有的范式不可与之同日而语，必须实行范式转换。

关于如何进行范式转换，首先，把握"科学共同体"的视界不应局限于少数伦理学专家，而应拓展至伦理学以外的广大知识界人士，如政治学、教育学、社会学界等。其次，应将承接和创新的立足点置于当代中国改革和社会转型的现实基础之上，反映当代中国社会发展对和谐伦理文化建设的客观要求。最后，思维方式和话语体系要走出"纯粹伦理思想"和"纯粹道德"主张的窠臼，拓展伦理学的理论框架和学科视野，将承接和创新中国古代和谐伦理思想列入深化文化体制改革和推动社会主义文化大发展大繁荣的总体布局。

三、中国古代和谐伦理思想当代传承的方法原则

传承中国古代和谐伦理思想的方法原则，总的来说应在历史唯物主义指导下实现逻辑与历史相统一，具体可从如下几个方面来理解和把握。

一是整体性原则。不仅要承接和创新历史上曾处于"独尊"地位的儒学和谐伦理思想，也要承接和创新道学和佛学的和谐伦理思想。如果只着眼于儒学和谐伦理思想，视道家和佛家和谐伦理思想为"糟粕"，将其归于"另册"，弃之不问，那就是在肢解中国古代和谐伦理思想的整体传统。当然，主张整体性传承，只是指古代和谐伦理思想整体中的优秀成分之整体。

二是主导性原则。任何社会实践理性之文明样式的整体结构，必定存有其主体并在价值取向上体现主导功能的方面。不能在方法上把握整体的主体和主导方面，主体必定会混沌一片，包容多元的整体实际上也就不复存在。中国古代和谐伦理思想的当代传承，就是要坚持以儒学和谐伦理思想之精华为主导，引导人们持和谐伦理观去积极地"涉世""经世"。今天，在传承中国古代和谐伦理思想中坚持主导原则，就是要坚持儒学"仁者爱人""推己及人"和"为政以德"的涉世和经世精神，将其与与时俱进的创新精神和对共同理想的追求结合起来，同时也应当看到，坚持涉世、经世本身就要求要有"忘世"和"出世"的思想情怀。

三是相容性原则。这一方法原则与整体性、主导性原则是一致的，因为不能相容也就无所谓整体和主导。贯彻相容性原则，首先要对中国古代和谐伦理思想体系进行整合，也就是要在坚持儒学和谐伦理思想为主导的前提下，对儒、道、佛和谐伦理思想进行"圆融之思"，将道、佛和谐伦理思想合乎逻辑地融进儒学和谐伦理思想的体系。其次，要实行"时间刷新"，使之与时俱进，将整合过的中国古代和谐伦理思想合乎历史逻辑地融进中国特色社会主义和谐伦理文化体系，成为后者的有机组成部分。在这个问题上，要反对各执一端、各说其是，即只片面推崇传统或现实的方

法。就是说，传承中国古代和谐伦理思想要能够与社会主义和谐伦理文化相容，能够在实施建设社会主义和谐社会的战略中发挥积极的现实作用。因此，贯彻相容性原则，最重要的是要科学处理承接与创新的逻辑关系。

四是实践性原则。是否用实践的方法看人类伦理道德文化的传承问题，是唯物史观与唯心史观在伦理观和道德论上的一个根本区别。唯物史观主张，"不是在每个时代中寻找某种范畴，而是始终站在现实历史的基础上，不是从观念出发来解释实践，而是从物质实践出发来解释各种观念形态"①，"社会生活在本质上是实践的"②。实践性原则要求，中国古代和谐伦理思想的当代传承应当确立"实践第一"的方法论观念和思维品质。其一，明确传承的根本目的不是要做"纯粹"的学问或学术，而是为了丰富和发展当代中国和谐伦理的思想文化，促进社会主义和谐社会建设。其二，使传承中国古代和谐伦理思想的理论研究与道德教育的实践活动结合起来，适时转化当代传承的理论研究成果，使之成为家庭、课堂和社会公共生活场所开展道德教育和宣传的重要内容。其三，创建传承中国古代和谐伦理思想的社会倡导和评价机制，推广先进经验，表彰先进典型，以促使当代中国社会普遍形成崇尚"不同而和"的新风尚和新人格。

①《马克思恩格斯文集》第1卷,北京:人民出版社2009年版,第544页。
②《马克思恩格斯文集》第1卷,北京:人民出版社2009年版,第505页。

儒家道德的本来精神

　　20世纪初，社会主义国家在有着封建主义传统的国度里相继诞生，至20世纪末却又被老牌资本主义国家联盟凭借其先发的价值观和精神文化软实力接连颠覆。社会主义运动史上发生的这两类重大历史事件，一方面验证了马克思主义经典作家的著名预言，表明社会主义制度可以经过武装革命跨越资本主义制度而创生①，另一方面又提出了一个极具挑战性的重大问题——新生的社会主义国家应当如何传承本国源远流长的带有"封建特色"而又可为今天发展进步所必需的价值观传统，在精神共同体软实力层面上深度把握自己的前途和命运。

　　中国仍然在坚定不移地走着自己的社会主义道路，为化解这种挑战并视其为一种发展机遇，需要认知和传承中华民族传统文明的优良元素，特别是儒家道德推崇伦理共同体的本来精神。

　　儒家道德创生于春秋战国时期，其本来精神对中华民族及"共同构成人类文明的建设基础"所具有的"意义"和"效果"，已经并将继续为历

---

　　① 1881年2月底，马克思在给维·伊·查苏利奇的复信草稿中指出：亚细亚生产方式的"农村公社能够逐渐摆脱其原始特征，并直接作为集体生产的因素在全国范围内发展起来。正因为它和资本主义生产是同时代的东西，所以它能够不通过资本主义生产的一切可怕的波折而吸收它的一切肯定的成就"，由此而创生社会主义；一年后，马克思和恩格斯又进一步指出："假如俄国革命将成为西方无产阶级革命的信号而双方互相补充的话，那末现今的俄国土地公社所有制便能成为共产主义发展的起点。"（《马克思恩格斯全集》第19卷，北京：人民出版社1963年版，第431、326页）

史所证明。然而，中国学界由于长期存在"伦理就是道德"的学理误解，注重解读儒家道德的学说和主张而轻视其推崇伦理共同体的本来精神或原典精神，致使儒家道德的当代传承存在未得要领的问题。因此，今天涉足这一领域仍然具有"人类精神考古的一次演练"的性质，投身这种"演练"需要从解构"伦理就是道德"的固有认知起步。

黑格尔在《法哲学原理》中指出："伦理性的东西是主观情绪，但又是自在地存在的法的情绪"，"无论法的东西和道德的东西都不能自为地存在，而必须以伦理的东西为其承担者和基础，因为法欠缺主观性的环节，而道德则仅仅具有主观性的环节，所以法和道德本身都缺乏现实性。"①恩格斯在《反杜林论》之道德论中注意到区分伦理与道德本是两个不同的概念。他在分析道德与经济关系的关系时用"伦理观念"，而不是"道德观念"，在论涉道德的历史发展时用"伦理规律"，而不是"道德规律"，并用"伦理规律"与"道德世界"与之相对应。虽然，恩格斯如同黑格尔那样并没有直接说明伦理与道德的不同内涵及相关性，但他作这种概念的学理区分显然是要说明，伦理作为特殊的"思想的社会关系"是一种"永恒性"的精神元素，而维护伦理关系的道德则是一种民族的历史的范畴，不可能如同杜林鼓吹的那样是什么"永恒真理"。

20世纪50年代之后，后现代伦理思潮的一些代表人物反对致力于反对传统的"道德普遍原则"，多从解构"伦理就是道德"的传统命题起步。如齐格蒙特·鲍曼在《生活在碎片之中：论后现代道德》开篇便指出：今人之所以普遍感受到"生活在碎片之中"的"道德危机"，与如今社会推行的道德多是"无伦理的道德"、违背了"伦理普遍性之道德限度"有关。W.T.阿多诺在评论康德的"道德哲学的问题"时，"首先分析了道德哲学与伦理学这两个概念的区别，他认为，虽然道德与伦理都出自同一个词源'ethos'，但现在人们过于强调伦理概念所包含的个体意义，奢谈所谓'良心的良知'，而忽视了道德和伦理中理应具有的社会关系和社会秩序的内

①［德］黑格尔：《法哲学原理：或自然法和国家学纲要》，范扬、张企泰译，北京：商务印书馆2017年版，第85—86页。

涵。"①当代中国社会为应对改革开放进程中出现的"道德领域突出问题"而不断强化道德教育和道德建设、包括大力宣传儒家道德的主张的结果，在许多方面存在的低效、无效以至"负效"的情况，也引发了一些伦理学人对"伦理就是道德"的解构性思考，他们发表了不少让学界不得不关注的意见。这类意见目前大体是：马克思和恩格斯曾将复杂的全部社会关系划分为"物质"和"思想"两种基本类型，后来列宁又进一步强调指出："思想的社会关系不过是物质的社会关系的上层建筑"②。伦理就是一种特殊的这样的"思想的社会关系"。伦理之"伦"，表达的是不同"辈分"和"身份"的人们之间的"思想的社会关系"，而伦理之"理"则是应维护不同之"伦"的需求而设定的国家意志和社会理性，包括经济、政治、法制、文化等方面之"理"。道德作为一种特殊的社会意识形态和价值准则，不过是表达和维护伦理之"理"的一"理"，是特定社会的人们为表达和维护伦理之需而创设的，并非伦理之"理"的全部。道德之"社会之道"（社会道德价值标准和行为规范）经由转化为"个人之德"（个体道德品质），而分化其表达和维护伦理的功能。伦理作为特殊的"思想的社会关系"是一种特殊的精神共同体，价值和功能的真谛在于协调有差别事实存在的"物质的社会关系"，使之趋于和谐，在"心照不宣"和"心心相印"、"同心同德"和"齐心协力"之"人心所向"的意义上成为人们须臾不可或缺的"精神家园"，充当一国一民族最重要的文化软实力。故而，自古以来的治国理政者都十分重视建构伦理的精神共同体，尽管他们并不是都持有这样的伦理自觉，所用以建构和培育伦理共同体的"精神质料"也不尽相同。

纵观从古至今道德哲学和伦理学的著述史，人们的理论分野其实多不在对伦理的看法上，而在于对道德及其与伦理的学理逻辑的意见存在分歧。

中国经过40多年的社会改革和创新，在取得辉煌成就的进程中缩短着

---

① ［德］阿多诺：《道德哲学的问题》，谢地坤、王彤译，北京：人民出版社2007年版，第3—4页。

② 《列宁专题文集 论辩证唯物主义和历史唯物主义》，北京：人民出版社2009年版，第171页。

与发达资本主义国家的距离，同时又面临一些严重的社会问题，特别是亟待凝聚人心和构建"人心所向"之和谐社会的伦理共同体问题。在这种情势下，基于伦理与道德的逻辑理性，研究儒家道德推崇伦理共同体的本来精神及其当代传承问题，无疑是一项有重要意义的选题。

一、儒家道德的本来精神探赜

孔子承接此前"亲亲为仁"的亲缘伦理观而创立儒学，刷新了中华民族重视伦理与道德生活的文明之旅，后经孟子等儒学思想家的承接和拓展而形成儒学体系。

不少年来，国内学者从不同的视角对儒学体系的内涵结构、内在精神和发展逻辑进行了分析和阐发。如：基于道德与政治互涉的角度，将儒学体系归结为以理想主义为核心的政治学说；基于中国古典人文精神的视角，认为儒学体系是以"仁"为核心的德目体系；基于政治道德的视角，认为"儒学体系伦理中心主义"的伦理学体系；基于"做人"的视角，将儒学体系归结为教导人"成人""成圣"的道德学问；还有的学者将研究的目光延展到儒学发展的历史逻辑；等等。综观国内学界关于儒学体系的研究意见，较为全面地涉论到儒学伦理道德的基本方面，欠缺之处在于因为受到"伦理就是道德"的影响而也就没有基于伦理与道德的学理逻辑彰显儒家道德的本来精神。国外的研究情况大体也是这种状况，人们可以从发表在《国际儒学研究》丛书和《现代儒学学研究》上的《儒学与中华人文精神：欧洲儒学研究之现况》《现代儒学在美国》等较有影响的文论中看清楚这一点。

本文谨基于伦理与道德自在的学理逻辑，确认儒学体系包含伦理理念与道德主张两个基本部分，两个部分又分别自成体系，并由这种学理展开分析，探究和说明儒家道德推崇伦理共同体之本来精神的基本问题。

儒学伦理的核心理念是"仁"，认为不同"辈分"和"类别"的人们之间在思想上应是"爱人"即"泛爱众"的关系。孟子将这种关系高度概括和抽象为"五伦"即君臣、父子、夫妇、兄弟、朋友关系，并分别以义、亲、别、序、信的道德观念与之相匹配。五伦关系在社会现实生活中，具体存在于家庭之中、人己之间、家国之间、国家（诸侯国）之间四个基本领域，相应地存在四种基本形态。由"仁者爱人"之伦理理念而提出的儒家道德要求，基本主张是"推己及人"（即道德俗语"将心比心"），在学理上可划分为"社会之道"（社会道德准则）及其教化的"个人之德"（个体道德品质）两个部分（两者逻辑即《论语·述而》记述的"志于道，据于德"），具体包含家庭内部道德、人己之间道德、国民之间的道德、国家（诸侯国）之间的道德四种基本类型，与之相应的"个人之德"即个人道德品质一般也有四种基本形态。基于这种理解范式，我们可以将儒家道德表达和维护儒学伦理的逻辑简述如下：

第一种是家庭道德，核心主张是"善事父母"之孝及围绕"善事父母"的悌、恭、敬等，反映和维护的是"家和万事兴"的家庭伦理共同体，亦即所谓家风。家庭道德及其推崇的伦理共同体，在流传至今的名臣名儒家训文本中多有精致的记叙，其中不少具有当代传承价值。第二种是人际关系道德，多是基于人际相处和交往的社会公共关系所需的道德准则而阐发的，主张"己欲立而立人，己欲达而达人"[1]，"己所不欲，勿施于人"[2]，"君子成人之美，不成人之恶"[3]，特别推崇"礼尚往来"[4]，笃信"德不孤，必有邻"[5]，目标是要建构"礼仪之邦"的伦理共同体。第三种是国之与民的政治道德，基本主张是"为政以德"和实施"仁政"，强调为政者要以身作则即所谓"政者，正也"，反映和维护的是"譬如北辰居其所而众星共之"[6]之"众星捧月"式的政治伦理共同体。第四种是"天下"道德，即诸侯国之间的道德，核心主张是"亲仁善邻"[7]，反对攻战

①《论语·雍也》。
②《论语·颜渊》。
③《论语·颜渊》。
④《礼记·曲礼上》。
⑤《论语·里仁》。
⑥《论语·为政》。
⑦《左传·隐公六年》。

杀戮——"不战而胜，不攻而得，甲兵不劳而天下服"①，推崇"仁者为能以大事小""智者为能以小事大"②，目标是建构"以邻为友""以邻为伴"的国际关系中的伦理共同体。

不难想见，四种道德如果都实现了各自表达和建构伦理共同体的目标，就能在整体上实现"天下为公"和"大同社会"，这就是道德主张实现的社会生活共同体，并在"思想关系"上形成"人心所向"的伦理共同体。其实质内涵和意义取向，是以"推己及人"的道德体系表达和维护"仁者爱人"的伦理关系，建构"人心所向"的伦理共同体。这就是儒家道德的本来精神。

《礼记·礼运》曾以生动的笔触，描绘了这幅"人心所向"的美妙图景："大道之行也，天下为公。选贤与能，讲信修睦。故人不独亲其亲，不独子其子；使老有所终，壮有所用，幼有所长，鳏寡孤独废疾者皆有所养；男有分，女有归；货恶其弃于地也，不必藏于己；力恶其不出于身也，不必为己。是故谋闭而不兴，盗窃乱贼而不作，故外户而不闭，是谓大同"。这种美妙图景，与柏拉图发表《理想国》的"理想"和亚里士多德阐发的城邦共同体思想，近乎是异曲同工，但是由于各自的生态环境和社会结构的内在机制与逻辑张力存在差异，后来才分道扬镳。

如果基于政治制度分析，封建专制制度下的所谓"天下为公"的"大同社会"是不可能成为现实的，不过是马克思所说的"虚幻共同体"而已，这样看儒家道德本来精神合乎阶级分析的要求，自然无可厚非。但是，看封建专制社会的"虚幻共同体"还应当持有另外一种视角，这就是政治伦理的分析方法。马克思恩格斯在《德意志意识形态》中指出，国家"是统治阶级的各个人借以实现其共同利益的形式"③，同时又指出由于分工而产生单个人或单个家庭的"特殊利益"与共同利益的矛盾，也是不争的事实，统治阶级"正是由于特殊利益和共同利益之间的这种矛盾，共同

---

① 《荀子·王制》。

② 《孟子·梁惠王下》。

③ 《马克思恩格斯文集》第1卷，北京：人民出版社2009年版，第584页。

利益才采取国家这种与实际的单个利益和全体利益相脱离的独立形式，同时采取虚幻的共同体的形式"①。实际上，这里所涉论的"特殊利益"，还应当包括不同阶级或阶层的人们因由"辈分""身份"和"类别"不同而产生的各自的"特殊利益"，并由此而产生人们对于共同利益的愿景和诉求。这就决定了在这种阶级社会的"虚幻共同体"或具有虚幻性质的共同体中，有着各自"特殊利益"的人们为了自己的"特殊利益"而持有共同心愿——"人心所向"于政通人和、社会安宁，相安无事、各得其所，是一种总体的必然趋势和秩序。这种"思想关系"上的认同，属于政治伦理共同体的常态范畴，其"虚幻共同体"的真实性道义在"文景之治"和"贞观之治"那个年代曾得到真切的验证，它们都是流传至今的经典型政治道德故事。本来，阶级社会和有阶级存在的社会是人类社会发展历史进程不可逾越的必经阶段，在国家建设和社会发展能够反映当时代客观要求的情况下，被统治阶级不会也不应当持有要推翻统治阶级政权的心态和谋略，不然，视其为阶级偏见也无可厚非。当一种政治制度和政权因走向衰败而引发尖锐的阶级矛盾、需要实行社会变革或政权更替时，被统治阶级的人们在思想的社会关系的层面上呼应开展针锋相对的斗争，直至组织和发动旨在推翻旧政权的革命，才是合乎历史发展规律的正义之举。

"天下为公"和"大同社会"作为一种人心所向的政治伦理共同体，深度表达和支撑了中国封建社会实行家国整体性同构的必然性要求。它一方面淡化了专制统治者狭隘的"家本位"意识，培育了一批"明君"以及"天下之忧而忧，后天下之乐而乐"的"名臣"，另一方面涵养了中华民族大一统的国家观念和以爱国主义为核心的民族精神。这就是"看不见"却能感悟到的儒家道德本来精神的历史意义所在。如此来认知和把握儒家道德的本来精神，是需要借助海德格尔辨析"为什么在者在而无反倒不在"的形而上学智慧的②。经由儒家道德诸方面"看得见"的具体主张及其功

①《马克思恩格斯文集》第1卷，北京：人民出版社2009年版，第536页。

②海德格尔在《形而上学导论》中开篇提出的"为什么在者在而无反倒不在"这个"形而上学基本问题"的经典命题，适合我们用来理解和把握儒家道德推崇伦理共同体的本来精神。在海德格尔看来，"在"有"具体的在者"与"全体在者"的区分，而"全体在者"是看不到的——"无"。

能的"在者"，悟出其"全体在者"的伦理共同体的整体之"无"，是探赜和认知儒家道德推崇伦理共同体之本来精神最重要的方法论，不可忽视。

孔子之后的儒者，持有人性善论、"气"论、天人合一论、人与自然和谐论（与天人合一论相似，不同之处在于将人的存在论推演到人的生存论与发展论视域，强调人与自然共生共荣的整体生态）、"理一分殊"论等观点，在冥冥之中为儒家道德推崇伦理共同体的本来精神在原初性和统一性的意义上作形而上学的辩证。这种辩证实则多为主观性注释而并非科学抽象，未能显露儒家道德本来精神的"本原"。

儒家道德推崇伦理共同体的本来精神的"本原"，是历史必然选择的结果。在社会急剧转型的时代，原始共同体已是久远的记忆，奴隶专制在分崩离析中向显现新的阶级差别和对立的封建专制社会过渡，客观上需要有尊重整体利益的道德理性参与调整和整饬社会乱象，重现留在记忆里的原始"大同社会"的美景，于是儒家道德及其推崇伦理共同体的本来精神应运而生。就是说，儒家道德推崇伦理共同体的本来精神，形成的必然性历史条件是正在形成过程中的以新的高度集权政治统摄（集中）普遍分散的小农经济的社会结构，而偶然的创生机缘则是孔子的人生志向和思维范式。孔子尊重历史经验又顺应变革之势，矢志不渝地要"吾从周"，希冀当时"礼崩乐坏""不伦不类"的动荡社会能够像周朝那样的有秩序①。孔子的人生创造活动，示范了中国古代"士阶层"在社会变革中勇于和善于担当的伦理自觉和高尚人格。由此来看，孔子的品格也应是儒家道德本来精神的一个必然性元素。

历史地看，由于生成和发展的社会物质条件和历史进程相似或具备相似的因素，不同地域和时代的文明成果会内含一些相似质元素乃至主体质元素，存在某种跨越时空实行"对话"的可能性。探赜儒家道德推崇伦理

---

① 这里顺便指出：《论语》注释家们多将孔子的"郁郁乎文哉，吾从周"注解为"我遵从周朝那样的制度"，这是一种流传甚久的误解，影响到人们对孔子创立儒学伦理和道德主张的中肯认知。其实，"有那样的秩序"和"那样的有秩序"因"有"的词序和指称对象不同而并非同一含义的命题。这种差异，如同今人怀念20世纪五六十年代新中国社会那样的有道德，不能被简单地解读为怀念那个时期的道德一样。对孔子力主"克己复礼"的"复礼"，也应作如是解读。

共同体的本来精神的奥秘之处，不可或缺这种"对话"。

儒家道德本来与黑格尔哲学伦理学体系中的"伦理实体"（或"伦理性实体"）存在相似之处。"伦理实体"是黑格尔政治共同体思想——国家学的底色和学理基础。黑格尔认为，关于法、伦理与道德的哲学不是要阐明国家应当怎样，而是要说明如何认识国家，如同施特劳斯在《政治哲学史》中叙述的那样，哲学的职能不是教导国家应该如何，而是教导人们如何理解国家。哲学不能超越自己时代的现实，而只能使自己与现实相一致，……表达现实已经显示的真理。在黑格尔看来，"国家是伦理理念的现实——是作为显示出来的、自知的实体性意志的伦理精神，这种伦理精神思考自身和知道自身，并完成一切它所知道的，而且只是完成它所知道的。"①他在《精神现象学》中阐发彼岸"伦理世界"和"伦理生活"时又指出："当它（即"伦理实体"和"伦理精神"——引者注）处于直接的真理性状态时，精神乃是一个民族——这个个体是一个世界——的伦理生活。""因此，伦理世界，分裂成此岸与彼岸的那个世界，以及道德世界观，乃是这样一些个别形态的精神"。②可见，儒家道德推崇的伦理共同体精神与黑格尔的政治共同体思想实行"对话"，并不存在任何实质性的困难。

关于"对话"的可能性，特别值得关注的是"马克思恩格斯论中国"中的共同体思想，尤其是关于"真正共同体"的思想、无产阶级只有解放全人类最后才能解放自己的思想、共产主义自由人联合体思想的伦理意蕴。有学者统计，在《马克思恩格斯全集》中文第一版50卷的著作中，直接提到中国古代社会及其"共同体文明"的地方有800多处。仅《资本论》及其手稿就有90多处。这里还不包括他们在其他著述中间接提到中国的那些内容③。沿着马克思和恩格斯"观中国"或"中国观"的著述，特别是关于东方"农村公社"和"自然共同体"的思想史料，拓展"马克

---

① [德]黑格尔：《法哲学原理》，范扬、张企泰译，北京：商务印书馆1961年版，第253页。
② [德]黑格尔：《精神现象学》下卷，贺麟、王玖兴译，北京：商务印书馆2013年版，第8—9页。
③ 参见韦建桦：《马克思和恩格斯怎样看待中国——答青年朋友问》，《马克思主义与现实》2015年第1期。

思恩格斯论中国”的研究视野是必要的①，若是再能联系马克思关于无产
阶级解放和共产主义远景的“天下为公”的共同体思想，促使儒家道德推
崇伦理共同体的本来精神与马克思的共同体思想实行跨越时空的“对话”，
将有助于这项有意义的学术工作被置于科学的社会历史观的视野之内。

　　在当今世界各类文明的冲突和融合中，探赜儒家道德的本来精神与异
域相似质文明成果展开“对话”的可能，切实推助“对话”活动，能够彰
显儒家道德本来精神的“世界历史意义”，有益于推动人类的文明进步。
这是一个有待拓荒和深耕的学术园地。

二、儒家道德传承与传播的历史反思

　　儒家道德的传承和传播历史，总体情况是其道德主张的纲常条目呈不
断凸显和固化的趋势，而其推崇伦理共同体的本来精神则同时逐渐弱化和
淡化，直至曾出现完全淡出人们视野的倾向。

　　《孔子家语》的译注者王国轩、王秀梅曾在前言中指出，孔子曾以
“各种不同形象”出现在中国传统道德文化历史发展的不同时期。如《论
语》中的孔子克己重仁、诲人不倦，《易传》中的孔子哲理深邃、道究天
人，《礼记》中的孔子知识广博、思想宏大，还有魏晋时期被融入道家自
然论的孔子等。这里所描述的不同时期“各种不同形象”的孔子，真实可
信。然而却忽略了创立儒家道德意在推崇“天下”伦理共同体的博大情
怀。这种忽略始于董仲舒。

　　董仲舒于元光元年（公元前134年）提出的“罢黜百家，独尊儒术”
谏议被朝廷采纳，将儒家道德乃至整个儒学定性为“儒术”，即统治“权
术”，从而给儒家道德的传承划定了一种基本范式：传承与封建地主阶级
专制统治直接相关的道德主张和教条，从此而遮蔽了儒家道德推崇伦理共

---

　　① 关于“马克思恩格斯论中国”的“对话”研究，所涉领域主要是马克思恩格斯研究中国问题的立
场、观点和方法，中国近现代经济和政治的历史、基本国情和社会属性，以及中西关系与未来走向等，
尚未真正涉足中国传统伦理与道德文化特别是儒家道德本来精神领域的“对话”。

同体的本来精神。就是说，封建专制统治者厉行政治实用主义是导致儒家道德本来精神散失的直接推手，致使儒家道德在被"独尊"为"儒术"之后渐渐散失其维护"仁者爱人"——"泛爱众"之伦理共同体本有的道义内涵，而逐渐沦为封建专制政治的"婢女"，以至于最终在家庭伦理等领域蜕变为"吃人礼教"。

关于儒家道德，国内传承方式大体上有三种：一是注经立说，所注的经典多是记述儒家道德的文本，所谓立说也多为解说，少有接着说和创新说，缺失道德文本之外或背后的伦理理念，即使理学大师朱熹那样以"生生为仁"来解说"爱人"，也没有复兴和凸显儒家道德的本来精神。二是"传道授业解惑"的道德教育，多与"读书做官"的科举考试制度相关联，受教育者多视儒家道德文本为"敲门砖"，缺失"齐家治国平天下"的共同体意识。三是以文载道的文学欣赏，大体有被官府允准的正统和民间自发流传的两种具体形式。自发流传多为俗文化形式，在旧中国所起的作用至关重要。

总体来看，儒家道德传承既缺乏对其伦理共同体本来精神的继承和发挥，也缺乏对于其道德学说和主张的批判与创新。

探讨儒家道德在国内的传承问题，还有一点特别值得今人反思，这就是：儒家道德推到"独尊"地位之后被当作"统治之术"，渐渐形成与道学和佛学的道德主张"圆融"共存之势。这表明，国家治理除了儒家道德参与之外还需要"看不见"的"非常道"之"道"的配合，人生在世除了儒家道德之外还需要有自由和对于来世的期待，就是说，儒家道德在现实社会共同体中的功用其实并不是"独尊"，不过是"主导"而已。

关于儒家道德的对外传播，大体有"走出门"和"闯进门"两种方式。前者为主动传播，多因曾与中国历朝存在藩国关系而缘起，在不同年代里陆续传播至日本、越南、新加坡等国家。后者为被动传播，多与西方传教士入华的传教活动相关联，传播地为英国、法国等西欧国家，远至美国。

儒家道德对外传播的内容多为四书五经原版的道德文本，途径多与

"一带一路"的经济走廊相关。传播的时间一般认为始于公元前108年，因为是年汉武帝灭卫氏朝鲜后设郡置官，儒家文化随之被携往，而正式传播至朝鲜应是在公元372年设太学、教授儒学并派留学生入朝①。紧随其后，儒家道德陆续向其他有着藩国关系的国家传播。儒家道德向西欧国家传播始于明清之际，得益于资本主义兴起初期来华的耶稣会传教士②。传播的代表人物，当数意大利人利玛窦（1552—1610年）和卫匡国（1614—1661年）、比利时人柏应理（1623—1693年）和卫方济（1651—1729年）、法国人白晋（1656—1730年）和雷孝思（1663—1738年），以及美国人阿瑟·史密斯（1845—1932年）等。他们是最早向西方世界展示儒家道德"世界历史意义"的学者。

西方资本主义国家打破政教合一的旧制度步入资本主义社会之初，"从头到脚流着血和肮脏的东西"的资本除了"自然而然"地为生发自由、平等和公平观念提供经济基础之外，并不能为生机勃勃又乱象横生的现实社会提供更多的逻辑理性支持。那期间，马克斯·韦伯在《新教伦理与资本主义精神》中阐发的"新教伦理"尚在宗教改革浪潮的孕育之中，未经改革洗礼的宗教的本来精神尚难能真正发挥调和资本主义社会矛盾的伦理共同体作用。这是儒家道德能够传播进那些国度的文化逻辑。其传播形式多为外国人翻译或编撰的儒学经典。如利玛窦用拉丁文翻译的"四书"、卫匡国著述的旨在介绍孔子儒家思想的《中国上古史》、柏应理等人撰写的《中国哲学家孔子》、阿瑟·史密斯的《中国人的性格》，等等。

儒家道德向国外传播与在国内传承的内容大致相同，多为儒家道德学说和主张的文本，并未真正传播儒家道德推崇伦理共同体的本来精神。这种缺陷直接影响到儒家道德作为中国古典文明与西方传统道德哲学和伦理思想平等的理性对话。黑格尔在其《哲学史讲演录》中曾说：孔子"述而不作"的《论语》不过是道德经验的汇集，根本没有形而上学和辩证法的

---

① 参见张敏：《儒学在朝鲜的传播与发展》，《孔子研究》1991年第3期。

② 此前，早在十三世纪，意大利的旅行家和商人马可·波罗（1254—1324年）曾来中国商旅，并以客卿的身份任职于元朝宫廷。其"述而不作"的《马可·波罗游记》虽然全面记述了当时中国社会的现状，却未曾涉及中国传统文化尤其是儒学伦理的精神文明。

思辨精神，说："我们看到孔子和他的弟子们的谈话（按即'论语'——译者注），里面所讲的是一种常识道德，这种常识道德我们在哪里都找得到，在哪一个民族都找得到，可能还要好一些，这是毫无出色之处的东西。孔子只是一个实际的世间智者，在他那里思辨的哲学是一点也没有的——只有一些善良的、老练的、道德的教训，从里面我们不能获得什么特殊的东西"①。不难理解，儒家道德向国外传播范式存在的这种缺陷，与其国内传承范式存在的缺陷是有关的。由此看，黑格尔不识儒家道德推崇伦理共同体的本来精神，以至于认为儒家道德"毫无出色之处的东西"及其中国式的形而上学，并不奇怪。这种偏见，至今仍影响着西方人理性地看待以儒家道德为代表的中国传统伦理文明。

汉初"独尊儒术"和20世纪初的新文化运动，可视为儒家道德国内传承史的两块界碑。新文化运动的初衷和进步意义自然不言而喻，但其"打倒孔家店"的批判范式却彻底否定了儒家道德及其推崇的伦理共同体精神，强化了对于儒家道德推崇伦理共同体之本来精神的"集体无意识"，也开了20世纪不时涌动反对民族传统伦理文化的虚无主义的先河。须知，脱离当时代中国国情及社会变革的客观的自身要求而鼓吹"彻底批判"，本身恰恰就是缺乏科学和民主精神的，难免会致使科学与民主成为脱离中国国情的西学符号。今天，或许没有必要细致评论新文化运动的是非功过，但它提出应当如何学习西方先发文明的问题却是令人深思的。罗国杰先生在阐述传承中华民族优良传统道德对于构建我国社会主义伦理（共同体）的重要性时，曾以福泽谕吉当年主张日本应当如何学习西方为例，指出：福泽谕吉认为，"西方的文明是进步的，但是有很多缺点的，日本人在学习西方文明的同时，要有自己的精神文明。他特别强调道德智慧的意义，认为一国文明程度的高低，可以用人民的道德智慧的水准来衡量"②。毋庸讳言，新文化运动的倡导者们在发起向西方学习先发文明的问题上，缺乏这种辩证思维的科学态度。

---

① [德]黑格尔：《哲学史讲演录》，贺麟、王太庆译，北京：商务印书馆1959年版，第119页。
② 罗国杰：《罗国杰文集》上卷，保定：河北大学出版社2000年版，第114页。

20世纪70代后，新儒学运动在美国再度兴起，以杜维明为代表的学者向世界提出"儒学应否发展""儒学前景如何"的时代话题。在他看来，儒学不仅是中国和东亚的精神财富，也应该是世界的精神资源："儒家是既在这个世界里又不属于这个世界的轴心文明，所体现的是一种内在而超越的精神价值"①。但他并没有明说，所谓的"超越的精神价值"正是儒家道德本来精神的伦理共同体。概观现代新儒学思潮的基本主张，旨在返本开新，推进传统儒学的现代转型，推动儒家道德学说和主张哲学化，在形而上学的层面上给予解释学的新意见，却多未曾涉及儒家道德推崇伦理共同体的本来精神。

自20世纪90年代始，在"大国崛起"的时代背景下，"国学"逐渐兴盛起来，人们在或显或潜的意识中演绎的学理逻辑是：国学的核心是经学，经学的核心是儒学，儒学的核心是儒家道德，那么，儒家道德对中国社会现代转型中出现的"道德领域突出问题"能够发挥什么样的功能？当伦理精神共同体的学术话题被提出来后，儒家道德作为反映和维护封建社会伦理共同体的本来精神，在民族认同的基础上是否还应当或能否成为社会主义国家政治学说或政治学说之基础或历史资源？能否同时展现其当今世界的某种普遍意义？继而可否逐渐演化为中国公民的一种宗教性的信仰？顺延此类学理逻辑推论，就要探讨当代传承儒家道德和建构中国伦理共同体的可能性、必要性和可行性。

三、儒家道德本来精神的当代传承

任何一种制度建构的社会生活共同体的解体，总是从维护这种共同体的精神共同体特别是"人心所向"的伦理共同体开始的。传承儒家道德推崇伦理共同体的本来精神，是当代中国坚持走中国特色社会主义道路、实现中华民族伟大复兴的中国梦的必然选择，也是中国参与和推进构建人类命运共同体的必要选项。传承的主要目标，应是在历史与逻辑相统一的视

---

① 杜维明：《现代精神与儒家传统》，北京：生活·读书·新知三联书店1997年版，第393页。

野里，促使儒家道德本来精神与时俱进，具备当代性和面向未来的精神品质，促进中国特色社会主义伦理共同体的建构。

儒家道德本来精神的当代传承，是由其自身内在逻辑发展决定的。任何道德，都是具体的历史范畴，是一定的民族范畴。黑格尔认为："民族的宗教、民族的政体、民族的伦理、民族的立法、民族的风俗。甚至民族的科学、艺术和机械的技术都带有民族精神的标记。"①恩格斯指出："善恶观念从一个民族到另一个民族、从一个时代到另一个时代变更得这样厉害，以致它们常常是互相直接矛盾的。"②正因如此，道德也是一种国情，充当一国之中综合国情整体结构的精神质料和价值观基础，当代传承儒家道德的本来精神应当以建构中国特色社会主义伦理共同体为目标。

上文已经述及，儒家道德自孔子始，就已初步具备通涉人类社会道德生活基本领域的基本内涵。虽然，由于受到小农经济生产和生活方式的制约，儒家道德未能涉足近现代以来随着工业化进程兴起的职业道德领域，但人们完全可以从其"推己及人（将心比心）的基本主张自然而然地引申出近现代的职业道德准则。（如今职业道德领域出现的突出问题，归根究底难道不正是缺失"推己及人"之儒家道德基本观念的缘故吗？）从精神文化的本质属性来看，儒家道德的本来精神与社会主义要求解放和发展生产力，最终消灭剥削和消除两极分化，实行共商共建共享的本质特征，在"人心所向"的伦理关系上有着"天然"的内在联系，社会主义思想道德体系和伦理共同体建构完全可以借助这份珍贵的精神遗产发力，同时展现其对于构建人类命运共同体的世界意义。这种贯通"把握现在"与"理解过去"的互动逻辑，体现了马克思所说的"人体解剖对于猴体解剖是一把钥匙"③的历史辩证法。

党的十八大以来，习近平总书记多次在国内外重要场合用"命运共同体"的话语，表达实现中华民族伟大复兴的中国梦及其关联世界前途与命

---

① ［德］黑格尔：《历史哲学》，王造时译，上海：三联书店1956年版，第104—105页。

②《马克思恩格斯文集》第9卷，北京：人民出版社2009年版，第98页。

③《马克思恩格斯文集》第8卷，北京：人民出版社2009年版，第29页。

运的国际观念，又用"人心是最大的政治"的警语告诫执政党必须高度重视建构和培育"人心所向"的伦理共同体。所谓命运共同体，一般是指现实社会生活共同体因受其各要素的影响而呈现的发展变化的趋势和前途。其中，伦理共同体的价值观认同和心灵秩序无疑应是命运共同体的核心和灵魂，在根本上影响现实社会生活共同体的性状及其发展的前途与命运。儒家道德推崇"天下为公"和"大同社会"的本来精神，在构建人类命运共同体的进程中完全可以充当横向逻辑方向的精神纽带和策动力。虽然，如今有的超级大国试图阻挡经济全球化的大趋势，但是正如有的学者早已指出的那样，经济全球化的进程已经使得"各民族之间的普遍联系更加密切，而一些全球性问题也更加严峻，人们期待着建立一种能使各民族和平相处、给全人类带来普遍社会福祉的全球伦理"①。

　　当代传承儒家道德本来精神，要以记忆儒家道德历史传承包括传播的缺陷为认知背景，汲取新中国伦理共同体建构一度失衡的教训。新中国成立后，由于受国内外多种因素的影响，曾一度忘却革命战争年代"我们都是来自五湖四海，为了一个共同的革命目标，走到一起来了"②之类的伦理共同体话语，违背了关于"从孔夫子到孙中山，我们应当给以总结，承继这一份珍贵的遗产。这对于指导当前的伟大的运动，是有重要的帮助的"③的庄严承诺。那时，人们除了搞阶级斗争和政治运动就不知道"人心所向"何处，不同"身份"和"辈分"的人们之间的伦理关系被搞乱，不伦不类的现象比比皆是。

　　要摈弃"社会本位"或"个体本位"的两极思维方式，倡导社会主义共同体的思维方式和价值观，形成在伦理共同体视域内解读和调解各种"思想的社会关系"的新风尚，这是当代传承儒家道德本来精神的认识前提和逻辑基础。其实，"社会本位"和"个体本位"的思维方式及其主体价值观都是阶级对立和对抗的产物，与儒家道德推崇伦理共同体的本来精

---

① 李存山：《孔子的世界主义与民族文化认同》，《中华文化论坛》2001年第3期。

②《毛泽东选集》第3卷，北京：人民出版社1991年版，第1005页。

③《毛泽东选集》第2卷，北京：人民出版社1991年版，第534页。

神并不相符，与在整体上消灭了阶级的社会主义思维方式和主导价值观更是相抵触。诚然，儒家道德推崇伦理共同体的本来精神，只作"辈分"和"身份"区分，并不主张"人"的阶级差别，这是它的历史局限，但这种局限性恰恰是它可为今用的精华所在，对建构社会主义伦理共同体是大有益处的。在社会主义社会，"官"与"民"的关系不存在阶级差别，在伦理关系上的"身份"或"类别"差别一般也不应被视为阶级或阶层的差别，更不可被赋予封建社会那样的家族和世袭的"辈分"意义。就是说，在社会主义制度下，不可视社会主义现实共同体中的"官"与"民"为两种对立的人群，更不应刻意制造官民差别，人为造成普遍的"伦理隔阂"，扰乱"人心所向"的伦理秩序。当然，这样说并不是要主张将"官"与"民"混为一谈，而是要强调"官"的履职理念和方式必须基于社会主义社会生活共同体，真心实意担当"公仆"或"勤务员"的角色，真心实意为共同体服务。在这个问题上，社会主义国家之"民"，也应以当家作主人的理性态度，理智看待"官"的履职，包括视一些"官"的蜕化变质为大浪淘沙的规律使然。

要确立"人心是最大的政治"的政治伦理信念，高度重视"得人心"的政治伦理共同体建设，这是当代传承儒家道德本来精神的关键环节。民心历来是政治伦理的实质内涵和晴雨表。儒家道德推崇伦理共同体，一直把政治伦理建设放在首要位置，强调"水能载舟，亦能覆舟"，形成"得民心者得天下"的伦理共识。中国有史以来流传许多关注民生和从严治吏的政治道德故事，如"大禹治水""微服私访""陈州放粮""铡美案"等，一直起着"凝聚人心"的巨大作用。中国社会日新月异，使得人们对物质文化生活水平的要求不断提高，关注民生的内涵不能仅限于民众的温饱，关注民生的道义意义也不应局限于其自身来理解，而应同时富含"得民心"的伦理意蕴。这就要求，关注民生在解决民众的温饱问题的同时，还应基于社会主义伦理共同体的本质要求，把关注民生与关注民心结合起来，促使关注民生产生"人心所向"社会主义伦理共同体的正能量效应。为此，在政治伦理共同体建设方面须告别道德观念中实际存在的"为民做主"的旧的阶级意识。要通过加强社会主义民主法治建设，充分尊重广大人民群众关心国家和社会大事的知情权和发言权，包括公民维护自己正当权利的社会协商权。

要刷新儒家道德本来精神的话语体系，拓宽传承的渠道。传承儒家道德本来精神，不能只说原话，也不应自说自话，而要创新儒家道德本来精神的话语体系，使其能够顺理成章地以"新面孔"出现在当代中国伦理共同体生活的相关领域。如：促使"己所不欲，勿施于人"，"己欲立而立人，己欲达而达人"的话语对接和解读现代法制权利与义务相对应的核心范畴；将儒家道德及其推崇的伦理共同体本来精神作为精神文化背景，解读社会主义核心价值观，等等。总之，传承儒家道德本来精神要与当代中国社会道德和精神文明建设同向而行，"并轨"而行，不可另搞一套，自行其是，更不可奉行"回到孔子那里去"。有学者批评道，儒家道德正在变成"任人打扮的小姑娘"。儒家道德本来精神的当代传承，贵在传承其"心心相印"和"心照不宣"、"同心同德"和"齐心协力"之"人心所向"的伦理共同体精神，扎实推进社会主义思想道德和精神文明建设，因而应坚决反对一切形式主义的做派。

要刷新"道德人"的品德规格，将培育共同体成员具备"共同体素质"作为建构社会主义伦理共同体的主要任务。学界过去曾发生过关于个人与集体的关系的激烈争论，意见至今仍莫衷一是，但争论却已偃旗息鼓，事实上是已将社会主义的集体主义道德原则束之高阁。不难理解，集体主义也就是"共同体主义"，如果将这种争论置于社会主义伦理共同体的视域之内就会迎刃而解，而解开这种"死结"的钥匙，就是共同体成员具备"共同体素质"。毫无疑问，在社会主义现实生活的共同体中，个人应享有充分的个性自由，但这种自由更多地应被理解为以个体的独特方式表达对于共同体的尊重，与共同体相依共存，相得益彰，而不是相反。正是在这种意义上，马克思恩格斯在说到个人与集体（共同体）的关系时指出："只有在共同体中，个人才能获得全面发展其才能的手段，也就是说，只有在共同体中才可能有个人自由"①。如今，一些人仍在坚持不合逻辑不切实际地鼓吹个性至上的所谓个性自由，殊不知这样的自由从来就没有被哪一种共同体允许过。

要厘清道德价值的真谛，刷新道德建设（道德培育、道德宣传等）的宗旨。如上所说，道德培育是为了促使共同体成员成为具备"共同体素质"的"道德人"。若要进一步追问"道德人"应是什么样的"人"，就涉及道德价值的真谛和道德建设的宗旨这个根本问题了。道德，不论是社会道德要求还是个体道德品质，都可以说在嘴上、写在纸上、挂在墙上、让人可闻可见，而伦理作为"心心相印"和"心照不宣"、"同心同德"和"齐心协力"之"人心所向"的思想关系是"看不见"的，人们只能"心知肚明"地感悟到。道德对社会和人的终极关怀，不在于让人们发现和宣示自己的价值形式，而在于通过转变为乐于善于表达和维护一定社会的伦理关系的"共同体素质"来证明自己的价值真谛，道德建设唯有以此为追求的目标才是遵循和实现了自己的宗旨。不这样看，道德和道德建设就容易成为图解社会生活的标签或表面文章，抑或沦为心地不良分子用作伪装门面的说辞。古有伪君子，今有"老虎"或"苍蝇"，此类反道德现象是一种毁损道德和道德建设价值的最为典型的负能量，久之反而会损伤人们对于道德功能的信念和道德建设的信心，致使道德建设出现低效、无效，甚至反效的结果。当代中国社会在厉行改革中求发展进步。社会和人的道德进步，需要人们具备乐与人处和善待社会的伦理共同体品质，儒家道德本来精神的当代传承应将此放在第一位。

结语

19世纪末，美国传教士阿瑟·史密斯（1845—1932年），中文名明恩溥）在其《中国人的特性》中曾肯定并预言："'中国问题'现在已经变得远非一个国家、一个民族的内部问题了，可以说，它已是一个国际性的

①《马克思恩格斯文集》第1卷,北京:人民出版社2009年版,第571页。

问题，而且有充分的理由相信，在未来的二十世纪，它将是一个比现在更为紧迫的问题。任何一个对人类生活抱有美好愿望的人，对如此庞大的一个民族的进步、发展，不可能不产生兴趣"①。他发表这些见解，固然未曾立足于儒家道德推崇伦理共同体的本来精神，也无法避免西方文化中心主义和基督教文化的偏见，但他认为"中国问题"具有"世界历史意义"，却是颇有见地的。

随着中国特色社会主义现代化建设的快速发展，"中国问题"必将越来越具有"国际性"，对中国问题和"中国方案"感兴趣的外国有识之士也必将会越来越多。深度解读和传承儒家道德推崇伦理共同体的本来精神，既是为了增加中国特色社会主义伦理共同体之国情的"地方特色"，也是为了彰显其"世界历史意义"。就此而论，传承儒家道德的本来精神，既是中国话题也是世界话题，既是关心中国也是关心世界。

---

① [美]明恩溥:《中国人的特性:西方人眼中的中国》,匡雁鹏译,北京:光明日报出版社1998年版,第6页。

后　记

　　总结和提炼是人们成就事业的重要方法和手段，是推动事物发生质变的重要环节，任何人都概莫能外。通观钱老师的这套文集，也正是在总结和提炼的基础上形成的重大成果。从微观看，老师在伦理学、思想政治教育、辅导员工作等领域的研究，多是以总结的方式用专业的话语表达出来的。从宏观看，老师的总结和提炼站位高远、视野宽阔、格局恢弘。这又成就了老师在理论上的纵横捭阖、挥洒自如，呈现出老师深厚的学术底蕴和坚实的理论功底。

　　比如在谈到思想政治教育整体有效性问题的时候，老师说：马克思主义认为，世界是不同事物普遍联系的整体，某一特定的事物也是其内部各要素之间普遍联系的整体，事物内部各要素之间的关系是怎样的，事物的整体就是怎样的。恩格斯说："当我们通过思维来考察自然界或人类历史或我们自己的精神活动的时候，首先呈现在我们眼前的，是一幅由种种联系和相互作用无穷无尽地交织起来的画面。"[①]为了"足以说明构成这幅总画面的各个细节"，"我们不得不把它们从自然的或类似的联系中抽出来"[②]。就是说，人们只是为了细致分析和把握事物某部分的个性，也是为了进而把握事物的整体，才"不得不"在许多情况下把事物某部分从整体关联中"抽出来"。然而，这样的认识规律却往往给人们一种错觉和误

---

①《马克思恩格斯文集》第9卷，北京：人民出版社2009年版，第385页。
②《马克思恩格斯文集》第3卷，北京：人民出版社2009年版，第539页。

导：轻视以至忽视从整体上把握事物内在的本质联系，惯于就事论事，自说自话。这种缺陷，在思想政治教育有效性的研究中也曾同样存在。

20世纪80年代初，中国改革开放和社会转型的序幕拉开后，由于受到国内外各种因素的影响和激发，人们特别是青年学生的思想道德和政治观念发生着急剧的变化，传统的思想政治教育面临严峻挑战，受到挑战的核心问题就是思想政治教育的"缺效性"以至"反效性"问题。思想政治教育作为一门科学、进而作为一种特殊专业和学科的当代话题由此而被提了出来。因此，在这种意义上完全可以说，推进新时期思想政治教育走向科学化的原动力，正是思想政治教育有效性问题的研究。然而，起初的思想政治教育有效性问题的研究只是围绕思想政治工作展开的，关注的问题只是思想政治教育实际工作的原则和方法，缺乏从思想政治教育专业和学科整体上来把握有效性问题的意识。而当思想政治教育作为一门学科的"原理"基本建构起来之后，关于思想政治工作有效性问题的学术话语却又多被搁置在"原理"之外，渐渐地被人们淡忘，以至于渐渐退出学科的研究视野。不能不说，这是一种缺憾。

推进思想政治教育科学化是解决这一问题的根本途径。思想政治教育科学化本质上反映的是全面贯彻党和国家的教育方针，培养和造就一代代社会主义事业的合格建设者和可靠接班人提出的理论与实践要求，具体表现为大学生思想政治素质的全面发展、协调发展和可持续发展，即凸显整体有效性。这种整体有效性，不只是大学生思想政治教育单个要素的有效性，也不是各个要素有效性的简单相加，而是思想政治教育要素、过程和结果的整体有效性；大学生思想政治教育要素、过程和结果的整体有效性不是静态有效，也不是各个阶段有效性的简单叠加，而是各个要素在各个阶段有效性的有机统一，是整体有效性的全面协调可持续提升。

…………

当我们合上老师的文集，类似的宏论一定会在我们的脑海里不断涌现，或似深蓝大海上的朵朵浪花，或似微风吹皱的湖面上的粼粼波光，令人醍醐灌顶、振聋发聩。

　　在老师的文集付梓之际，我们深深感谢为此付出过辛勤劳动的同学们。在整理文稿期间，一群活泼阳光的思想政治教育专业的同学通过逐字逐句的阅读、录入和校对，为文集的出版做了大量的最基础的工作。

　　感谢安徽师范大学副校长彭凤莲教授为文集的出版所做的大量努力。

　　感谢安徽师范大学马克思主义学院领导给予的高度关注和大力支持。

　　感谢安徽师范大学出版社，在文集出版的过程中，从策划、编校到设计、印制，同志们付出了许多的心血。

　　感谢我们的师母，在老师病重期间对老师的温暖陪伴和精心呵护。一个老人是一个家庭的精神支柱，一个老师是一个师门的定盘星。我们衷心祝福老师健康长寿，带着愉悦的心情看到自己的理论成果在民族复兴的伟大征程中发光发热，能够在中华民族伟大复兴即将来临之际，安享晚年。

执笔人　路丙辉

二〇二二年八月